大 数 据 系 列 丛 书

Hadoop
大数据开发技术

申时全　陈强 主编

杨胜利 黎学军 姜荣正 邱林润 副主编

U0337881

清华大学出版社

北京

内 容 简 介

本书较为全面地介绍了大数据开发技术平台 Hadoop 及其生态系统的相关知识。全书共 12 章,包括 Hadoop 概述、大数据开发平台 Hadoop 环境的搭建、Hadoop 通用命令与编程原理、Hadoop 分布式文件存储 HDFS、作业调度与集群资源管理框架 YARN、Hadoop 分布式计算框架 MapReduce、Hadoop 数据库 HBase、Hadoop 数据仓库 Hive、Hadoop 数据的快速通用计算引擎 Spark,以及大数据应用开发综合实例。本书从应用角度出发,重点培养学生应用大数据技术平台 Hadoop 解决实际问题的能力。

本书内容新颖,简明易懂,可操作性强,可作为普通高等学校、高职高专院校数据科学与大数据、软件工程等计算机相关专业和信息管理类专业"大数据开发技术"课程的教材,也可作为大数据技术培训的教材,还适合大数据技术研发人员和广大计算机爱好者自学使用。

图书在版编目(CIP)数据

Hadoop 大数据开发技术/申时全,陈强主编. —北京:清华大学出版社,2021.5(2022.7重印)
(大数据系列丛书)
ISBN 978-7-302-57970-0

Ⅰ.①H… Ⅱ.①申… ②陈… Ⅲ.①数据处理软件 Ⅳ.①TP274

中国版本图书馆 CIP 数据核字(2021)第 065978 号

责任编辑:郭 赛
封面设计:常雪影
责任校对:胡伟民
责任印制:曹婉颖

出版发行:清华大学出版社
     网 址:http://www.tup.com.cn,http://www.wqbook.com
     地 址:北京清华大学学研大厦 A 座   **邮 编:**100084
     社 总 机:010-83470000   **邮 购:**010-62786544
     投稿与读者服务:010-62776969,c-service@tup.tsinghua.edu.cn
     质 量 反 馈:010-62772015,zhiliang@tup.tsinghua.edu.cn
     课 件 下 载:http://www.tup.com.cn,010-83470236
印 装 者:三河市君旺印务有限公司
经 销:全国新华书店
开 本:185mm×260mm   **印 张:**18   **字 数:**453 千字
版 次:2021 年 7 月第 1 版   **印 次:**2022 年 7 月第 2 次印刷
定 价:59.80 元

产品编号:090635-01

出 版 说 明

WORD FROW PUBLISHER

随着互联网技术的高速发展,大数据逐渐成为一股热潮,业界对大数据的讨论已经达到前所未有的高峰,大数据技术逐渐在各行各业甚至人们的日常生活中得到广泛应用。与此同时,人们也进入了云计算时代,云计算正在快速发展,相关技术热点也呈现出百花齐放的局面。截至目前,我国大数据及云计算的服务能力已得到大幅提升。大数据及云计算技术将成为我国信息化的重要形态和建设网络强国的重要支撑。

我国大数据及云计算产业的技术应用尚处于探索和发展阶段,且由于人才培养和培训体系的相对滞后,大批相关产业的专业人才严重短缺,这将严重制约我国大数据产业及云计算的发展。

为了使大数据及云计算产业的发展能够更健康、更科学,校企合作中的"产、学、研、用"越来越凸显重要,校企合作共同"研"制出的学习载体或媒介(教材),更能使学生真正学有所获、学以致用,最终直接对接产业。以"产、学、研、用"一体化的思想和模式进行大数据教材的建设,以"理实结合、技术指导书本、理论指导产品"的方式打造大数据系列丛书,可以更好地为校企合作下应用型大数据人才培养模式的改革与实践做出贡献。

本套丛书均由具有丰富教学和科研实践经验的教师及大数据产业的一线工程师编写,丛书包括《大数据技术基础应用教程》《数据采集技术》《数据清洗与 ETL 技术》《数据分析导论》《大数据可视化》《云计算数据中心运维管理》《数据挖掘与应用》《Hadoop 大数据开发技术》《大数据与智能学习》《大数据深度学习》等。

作为一套从高等教育和大数据产业的实际情况出发而编写出版的大数据校企合作教材,本套丛书可供培养应用型和技能型人才的高等学校大数据专业的学生使用,也可供高等学校其他专业的学生及科技人员使用。

编委会主任
刘文清

编 委 会
EDITORIAL BOARD

前　言

PREFACE

随着大数据时代的到来,许多企业和组织都越来越重视大数据技术,尤其是我国已将大数据技术上升到国家战略层面,更多的企业都在大数据技术的平台建设、解决方案等领域花费了很多精力开展研究,并加大人才培养的力度。

广东轩辕网络科技股份有限公司近几年致力于云计算、大数据领域的服务研究,并在云计算、大数据等领域积极与高校开展产学研合作,进行协同育人工作,并取得了较好的成效。该公司在充分调研市场的基础上组织专家进行充分论证,提出了"数据科学与大数据技术"应用型本科人才培养方案,并将培养目标明确定位为:掌握数据科学的基础知识、理论及技术,包括面向大数据应用的数学、统计、计算机等学科基础知识,数据建模、高效分析与处理,统计学推断的基本理论、基本方法和基本技能。重点培养具有以下三方面素质的人才:一是工具的掌握,掌握数据采集和数据分析的基本工具的使用;二是数据分析能力,拥有实用数据分析和初步数据建模能力;三是应用性,主要是利用大数据的方法解决实际问题的能力。

在此基础上设计了专业课程体系,将"Hadoop 大数据开发技术"定位为一门重要的专业选修课。本课程的目标是:依据业务或产品应用需求,运用大数据平台及相关组件进行技术开发,搭建大数据应用平台以及开发应用程序。学习本书的内容后,读者应掌握 Hadoop 数据操作的 API(主要是 Java API),熟悉大数据的分析和使用方法(Spark 和 MapReduce 技术),搭建大数据应用平台以及开发应用程序,熟悉工具、算法、编程、优化以及部署不同的 MapReduce,研发各种基于大数据技术的应用程序及行业解决方案。

编者在研究了现有大数据开发以及 Hadoop 平台资料的基础上,展开了本书的编写工作。本书首先介绍相关平台的构建。Hadoop 是基于 Linux 平台运行的,因此本书首先介绍 Linux 操作系统和 Hadoop 平台的搭建方法。然后,本书根据 Hadoop 系统的组成及生态,分别介绍 HDFS、MapReduce、YARN、Spark、HBase、Hive 等技术。由于在 Hadoop 应用中 shell 命令十分重要,API 编程是重点和难点,因此每部分都通过具体案例讲述 shell 命令的应用方法,通过实例介绍相关技术的编程方法。最后,本书介绍大数据应用开发综合实例。

本书分为三篇:第 1 篇(第 1～6 章)主要介绍大数据开发技术平台 Hadoop,分为 6 章介绍 Hadoop 各部分的主要技术及其应用,包括 Hadoop 架构及组成、平台搭建、HDFS、YARN、MapReduce 等内容;第 2 篇(第 7～9 章)介绍 Hadoop 家族的其他几个重要项目,这些都与基本的大数据开发应用紧密相关,包括数据库 HBase、数据仓库 Hive、快速通用计算引擎 Spark;第 3 篇(第 10～12 章)介绍大数据应用开发综合实例,包括编程环境与数据准备、大数据分析与数据可视化、"电影推荐"的具体实施方法。

  本书由广州软件学院申时全教授和东莞理工学院城市学院陈强副教授负责统稿并担任主编,由杨胜利、黎学军、姜荣正、邱林润老师担任副主编,并承担部分章节的编写工作。其中,第1~3章由申时全编写,第4章和第9章由黎学军编写,第5章和第6章由杨胜利编写,第7章和第8章由陈强编写,第10~12章由邱林润和姜荣正编写。

  在本书的编写过程中,得到了广东轩辕网络科技股份有限公司和本丛书编委会专家的大力支持。厦门大学林子雨老师担任主审,并对本书的编写提出了许多很好的建议,在此深表感谢。

编　者
2020 年 10 月

目 录

CONTENTS

第 1 篇　大数据开发技术平台 Hadoop

第 2 篇　Hadoop 家族的其他项目

第 1 篇　大数据开发技术平台 Hadoop

在大数据领域，Hadoop 是人们掌握的技术工具之一。Hadoop 还在继续发展，适用于大数据分析。Hadoop 主要运行于 Linux 平台。在运行 Hadoop 前，用户需要配置 Linux 操作系统、Java 开发工具、Eclipse 集成开发工具。本篇主要介绍 CentoOS 7.0 的安装与配置、JDK 工具的配置、在 Linux 环境下配置 Eclipse、安装与配置 Hadoop、Hadoop 的分布式文件系统（HDFS）、作业调度与集群资源管理框架（YARN），以及 Hadoop 的分布式计算框架 MapReduce 等基本内容。

Hadoop 概述

学习目标

- 了解大数据的基本概念。
- 掌握 Hadoop 的基本概念及 Hadoop 与大数据的关系。
- 了解 Hadoop 的发展历史。
- 理解 Hadoop 的体系结构。

随着互联网技术的发展及通信设备和各类网站的出现,人类产生的数据量每年都在迅速增长。美国到 2003 年产生的数据量为 50 亿 kMB,如果以堆放数据磁盘的形式表示,则可以填满一整个足球场,而在 2011 年,创建相同的数据量只需要 2 天时间,截至 2020 年,人类产生的数据总量已达到 40ZB,全球范围内服务器的数量已经增加 10 倍;而由企业数据中心直接管理的数据量已增加 14 倍,IT 专业人员的数量已增加 1.5 倍。虽然这些信息是有意义的,处理起来是有用的,但是很多都被忽略了。要想处理如此海量的数据,并从中获取有用信息,需要更有效的系统和方法。

Hadoop 是一个开源框架,它允许在整个集群中使用简单编程模型进行计算机的分布式存储并处理大数据。Hadoop 的目的是从单一的服务器扩展到上千台机器,每台机器都可以提供本地计算和存储。Hadoop 与大数据处理技术有十分紧密的关系,它是一个适用于大数据处理的优秀平台。

本章从大数据的概念和应用出发,简单介绍 Hadoop 的发展和体系结构,让读者初步认识大数据与 Hadoop 的基本概貌,为后续学习打下基础。

1.1　大数据与 Hadoop

人们在生产与生活中制造了大量数据。例如,一个顾客到银行办理了一笔业务,就会产生一条相关的数据记录。在现代社会,为了安全起见,当人们办理一笔重要业务时,还要进行身份验证和拍照,这样就会产生包括图像在内的数据,可以想象,一家银行一年将产生多少数据。再以交通管理为例,在众多的十字路口、高速公路上有多少摄像头,它们记录了多少车辆的行驶数据,显然这些数据不是简单形式的文字或数字,还包括图像、视频等。互联网的发展,特别是移动互联网的发展更是推动了在互联网上产生的各种数据的爆炸式增长。有些数据是有用的,但很多是无用的,从大量数据中分析出有用的信息很有价值,这使得大数据这个概念广为人知。

1.1.1 大数据概述

1. 大数据的概念

大数据(Big Data)是指不能用传统的计算技术处理的大型数据集的集合,它不是一个单一的技术或工具,而是涉及业务和技术的许多领域。麦肯锡全球研究所给出的定义为:大数据是一种规模大到在获取、存储、管理、分析方面大大超出了传统数据库软件工具能力范围的数据集合。大数据定义的另一种说法是:大数据是无法在一定时间范围内用常规软件工具进行捕捉、管理和处理的数据集合,是需要新处理模式才能具有更强的决策力、洞察发现力和流程优化能力的海量、高增长率和多样化的信息资产。

目前关于大数据的定义为:大数据或称巨量资料,所涉及的资料量规模巨大,无法应用目前的主流软件工具在合理时间内获取、管理、处理和整理,使之成为帮助企业进行经营决策的有用信息。

大数据具有 4V 特点,即大量(Volume)、高速(Velocity)、多样(Variety)、价值(Value)密度相对较低。

大数据技术的战略意义不在于掌握庞大的数据信息,而在于对有意义的数据进行专业化处理。换言之,如果把大数据比作一种产业,那么这种产业实现盈利的关键在于提高对数据的加工能力,通过"加工"实现数据"增值"。

2. 大数据的来源

大数据包括通过不同的设备和应用程序产生的数据,具体有以下几类。

(1)黑匣子数据:这是直升机、飞机、喷气机的一个组成部分,它可以捕获飞行机组的声音、麦克风和耳机的录音,以及飞机的性能信息。

(2)社会化媒体数据:社会化媒体,如 Facebook 和 Twitter 上发布着世界各地人们的意见和观点。

(3)证券交易数据:证券交易所保存了有关股票的"买入"和"卖出"数据、客户数据、不同公司所占份额的信息。

(4)移动通信数据:电信运营商保存的移动手机用户数据及各种通信数据。

(5)交通运输数据:包括车辆的型号、容量、距离和可用性。

(6)搜索引擎数据:搜索引擎获取大量来自不同数据库的数据。

因此,大数据包括体积庞大、高流速和可扩展的各种数据,它的数据有以下 3 种类型。

(1)结构化数据:关系型数据。

(2)半结构化数据:XML 数据。

(3)非结构化数据:Word 文件、PDF 文件、文本文件、媒体日志文件、图像数据。

3. 大数据的用处

在互联网应用领域,通过保留"百度""淘宝"等网站的浏览或购物信息,市场营销机构可以了解"网民"的活动,为消费者提供产品或服务的企业可以利用大数据分析进行精准营销。

在医疗应用领域,通过掌握患者以前的病历资料,医院可以提供更好和更快速的服务。

在物联网应用领域,企业组织利用相关数据以及对数据的分析,有助于降低成本、提高效率、开发新产品、做出更明智的业务决策等。

4. 大数据技术

从技术上看,大数据与云计算的关系就像一枚硬币的正反面一样密不可分。大数据显然无法用单台计算机进行处理,必须采用分布式架构,它的特色在于对海量数据进行分布式数据挖掘,但它必须依托云计算的分布式处理、分布式数据库和云存储、虚拟化技术的分析。这可能会影响更多的具体决策,提升运行效率和降低成本,并降低业务风险。

利用处理大数据的基础设施,有助于管理和处理实时的结构化和非结构化的海量数据,保护数据隐私和安全。

大数据需要特殊的技术,以便可以在可容忍的时间内有效地处理大量的数据。适用于大数据的技术包括大规模并行处理(Massively Parallel Procesoor,MPP)数据库、数据挖掘、分布式文件系统、分布式数据库、云计算平台、互联网和可扩展的存储系统。

数据最小的基本单位是 bit,数据单位按从小到大的顺序依次为 bit、Byte、KB、MB、GB、TB、PB、EB、ZB、YB、BB、NB、DB。

目前,市场上的大数据技术主要包括以下几类。

1) 数据采集与预处理

需要把分布的、异构数据源中的数据抽取到分布式文件系统(Hadoop Distributed File System,HDFS)中,以便进行清洗、转换、集成操作,并加载到数据仓库或数据集市,成为联机分析处理、数据挖掘的基础。日志采集工具可将实时采集的数据处理成流式计算系统的输入,从而进行实时处理。

2) 数据存储和管理

利用分布式文件系统(如 Hadoop 中的 HDFS)、数据仓库、关系数据库、NoSQL 数据库(非结构化的非关系数据库)等,可以实现对结构化、半结构化和非结构化海量数据的存储和管理。

3) 数据分析与处理

利用分布式并行编程模型和计算框架,结合机器学习和数据挖掘算法,可以实现对海量数据的分析和处理。数据分析技术包括 MPP 数据库系统、MapReduce 系统(提供用于回顾性和复杂的分析)以及可能触及大部分或全部数据的分析能力的系统。

MapReduce 在提供分析数据的基础上,可以按比例增加从单个服务器向成千上万的高端和低端机的互补 SQL 提供的功能。

4) 数据可视化

一般情况下,分布式处理系统(如 MapReduce)处理的结果存储在分布式文件系统中,不便于阅读和应用,这就需要对分析结果进行可视化呈现,以便人们更好地理解数据、分析数据。

5) 数据安全与隐私保护

人们可以从大数据中挖掘潜在的商业价值和学术价值,但在获取大数据的过程中,会涉及个人隐私问题,这就需要在处理数据前,将拥有敏感数据的机构先进行脱敏处理,构建隐私数据保护体系和数据安全体系,有效保护个人隐私和数据安全。

大数据技术是很多技术的集合体,这些技术包括关系数据库系统、数据仓库、数据采集、数据挖掘技术、数据隐私和安全、数据可视化等。Hadoop 体系中涉及的大数据技术包括 HDFS、MapReduce、HBase、Hive、Spark 等。

1.1.2　什么是 Hadoop

Hadoop 是使用 Java 编写,允许分布在集群中的 Apache 开源框架,它使用简单的编程模型对计算机大型数据集进行处理。Hadoop 框架应用工程提供跨计算机集群的分布式存储和计算环境。Hadoop 框架应用工程将单一计算机扩展到上千台计算机,每台计算机都可以提供本地计算和存储。

1.1.3　大数据与 Hadoop 的关系

早在 1980 年,著名未来学家阿尔文·托夫勒就提出了大数据概念。2009 年,美国互联网数据中心证实大数据时代来临。随着 Google MapReduce 和 Google 文件系统(Google File System,GFS)的发布,大数据不再仅用来描述大量的数据,还涵盖了处理数据的速度。

大数据目前分为四大块:大数据技术、大数据工程、大数据科学和大数据应用。云计算为大数据技术提供了技术支持,它是一种通过 Internet 以服务的方式提供动态可伸缩的虚拟化资源的计算模式,这种计算模式通过 Hadoop 实现。Hadoop 是 Apache 的一个开源项目,它是一个对大量数据进行分布式处理的软件架构。在这个架构下的组织成员有 HDFS、MapReduce、HBase、ZooKeeper(一个针对大型分布式系统的可靠协调系统)、Hive(一个基于 Hadoop 的数据仓库工具)等。

由此可以看出,Hadoop 是一个在大数据来临的时代为分析和处理大数据而建造的技术平台,它是一个基于集群系统环境的分布式数据存储和处理平台,使人们可以比较方便地处理大数据,从而获得所需的信息。Hadoop 平台也需要其他工具的协同和支持才能很好地分析和处理大数据,从而获得需要的结果。

简单理解,Hadoop 是一个开源的大数据分析软件,或者说是编程模式,这种编程模式通过分布式的方式处理大数据。因为开源,现在很多企业都或多或少地在运用 Hadoop 的技术解决一些大数据的问题。在数据仓库方面 Hadoop 是非常强大的,但在数据集市以及实时分析展现层面,Hadoop 有明显的不足,为解决 Hadoop 分析时间长及其他问题,现在比较好的解决方案是架设 Hadoop 的数据仓库,而数据集市以及实时分析展现层面则使用相关的大数据产品。

Hadoop 在大数据处理中的广泛应用得益于其自身在数据提取、变形和加载(Extract Transform Load,ETL)方面的天然优势。Hadoop 的分布式架构将大数据处理引擎尽可能地靠近存储,对 ETL 这样的批处理操作相对合适,因为类似这种操作的批处理结果可以直接走向存储。Hadoop 的 MapReduce 功能实现了将单个任务打碎,并将碎片任务发送到多个节点上,之后再以单个数据集的形式加载到数据仓库中。

1.2　Hadoop 的发展历史

1.2.1　Hadoop 的产生

Hadoop 起源于全球 IT 技术的引领者 Google。Google 是云计算概念的提出者,它在自身多年的搜索引擎业务中构建了突破性的 Google 文件系统。自此,文件系统进入分布式时代。

Google 在 GFS 上快速分析和处理数据方面创立了 MapReduce 并行计算框架,让以往的高端服务器计算变为廉价的 x86 集群计算,也让许多互联网公司能够从 IOE(IBM 小型机、Oracle 数据库以及 EMC 存储)中解脱出来。例如,淘宝早就开始了去 IOE 化的道路;Google 在 2002—2004 年发表了 3 篇论文,介绍了其云计算的核心组成部分 GFS、MapReduce 以及 BigTable;道格·卡丁(Doug Cutting)使用 Java 语言对 Google 的云计算核心技术(主要是 GFS 和 MapReduce)做了开源的实现。

后来,Apache 基金会整合道格·卡丁以及其他 IT 公司(如 Facebook 等)的成果,开发并推出了 Hadoop 生态系统。Hadoop 是一个在廉价 PC 上搭建的分布式集群系统架构,它具有高可用性、高容错性和高可扩展性等优点,并提供了一个开放式的平台,使用户可以在完全不了解底层实现细节的情形下开发适合自身应用的分布式程序。

1.2.2　Hadoop 的发展阶段

2004 年 12 月,Google 发表了与 MapReduce 相关的论文,MapReduce 允许跨服务器集群运行超大规模并行计算。道格·卡丁意识到可以用 MapReduce 解决 Lucene 的扩展问题。

道格·卡丁根据 GFS 和 MapReduce 的思想创建了开源 Hadoop 框架。

2006 年 1 月,道格·卡丁加入 Yahoo 公司,领导 Hadoop 的开发。道格·卡丁任职于 Cloudera 公司。

2009 年 7 月,道格·卡丁当选为 Apache 软件基金会董事,2010 年 9 月当选为基金会主席。

在此基础上,各大企业纷纷开发自己的发行版,并为 Apache Hadoop 贡献代码。Hadoop 的发展过程如图 1-1 所示。

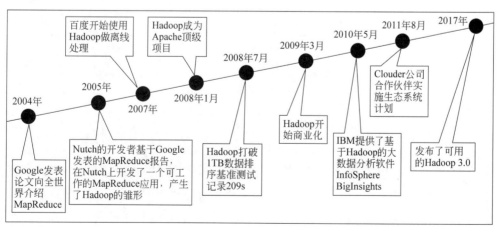

图 1-1　Hadoop 发展过程

1.3　Hadoop 的体系结构

　　Hadoop 的体系结构为主从结构,其中,硬件系统由被称为名称节点(NameNode)的主机与若干台被称为数据节点(DataNode)和一些被称为辅助节点的计算机集群构成,并在此硬件系统上配置的操作系统以及 Hadoop 为软件环境。这样,硬件系统和软件环境就构成了分布式的大数据处理系统。最简单的 Hadoop 系统可以部署到单台计算机主机上。该主机既作为 NameNode,也作为 DataNode,这就是伪集群系统。

　　Hadoop 由许多元素构成,其核心主要由以下 4 个部分组成。

　　(1) Hadoop Common:支持其他 Hadoop 模块的公共支持实用程序。

　　(2) Hadoop HDFS:分布式文件系统,提供对应用程序数据的高吞吐量访问。

　　(3) Hadoop YARN:作业调度和集群资源管理的框架。

　　(4) Hadoop MapReduce:基于 YARN 的大型数据集并行处理系统。

　　另外,围绕 MapReduce 和 HDFS 的其他模块还有许多,它们共同构成了 Hadoop 的生态圈。Hadoop 的体系结构如图 1-2 所示。

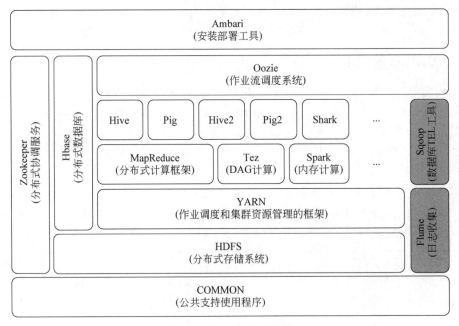

图 1-2　Hadoop 体系结构

1.3.1　Hadoop 的 Common

　　Hadoop 的 Common 提供支持其他模块的一些实用程序模块,在 Hadoop 3.2.1 版本中,其模块存放于 share/hadoop/common 目录和 share/hadoop/common/lib 中,以 jar 文件方式提供。

1.3.2 Hadoop 的 HDFS

对外部客户机而言,HDFS 就像一个传统的分级文件系统,可以创建、删除、移动和重命名文件等。HDFS 的架构是基于一组特定节点构建的,这些节点包括 NameNode(仅一个),它在 HDFS 内部提供元数据服务;DataNode 为 HDFS 提供存储块。仅有一个 NameNode 是 HDFS 的缺点之一(单点失败)。HDFS 的架构如图 1-3 所示。

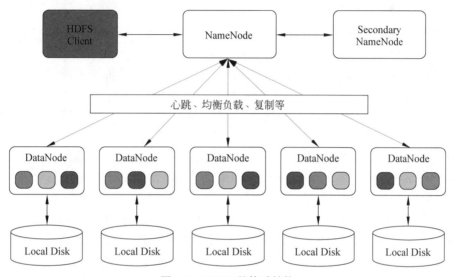

图 1-3　HDFS 的体系结构

存储在 HDFS 中的文件被分成块,然后将这些块复制到多台计算机中(DataNode),这与传统的 RAID 架构大不相同。块的大小(通常为 64MB)和复制的块数量在创建文件时由客户机决定,NameNode 可以控制所有文件操作,HDFS 内部的所有通信都基于标准的 TCP/IP。

NameNode 和 SecondNameNode 均是在 HDFS 实例中的单独机器上运行的软件,负责管理文件系统名称空间和控制外部客户机的访问。NameNode 决定是否将文件映射到 DataNode 的复制块上。对于最常见的 3 个复制块,第一个复制块存储在同一机架的不同节点上,最后一个复制块存储在不同机架的某个节点上。注意:这里需要了解集群架构。

实际的 I/O 事务并没有经过 NameNode,只有表示 DataNode 和块的文件映射的元数据经过 NameNode。当外部客户机发送请求创建文件时,NameNode 会以块标识和该块的第一个副本的 DataNode IP 地址作为响应。NameNode 还会通知其他将要接收该块的副本的 DataNode。

NameNode 在被称为 FsImage 的文件中存储所有关于文件系统名称空间的信息。这类文件和包含所有事务的记录文件(这里是 EditLog)存储在 NameNode 的本地文件系统上。FsImage 和 EditLog 文件也需要复制副本,以防文件损坏或 NameNode 系统丢失。NameNode 本身不可避免地具有单点失效(Single Point of Failure,SPOF)的风险。主备模式并不能解决这个问题,只有通过 Hadoop Non-Stop NameNode 才能实现 100% 的可用时间(Uptime)。

SecondNameNode 用于帮助保持文件系统最新的元数据,它的职责是合并 NameNode 的 EditLog 到 FsImage 文件中。

DataNode 也是一个通常在 HDFS 实例中的单独机器上运行的软件。一个 Hadoop 集群包含一个 NameNode 和大量的 DataNode。DataNode 通常以机架的形式组织,机架通过交换机将所有系统连接起来。Hadoop 的一个假设是:机架内部节点之间的传输速度快于机架之间节点的传输速度。

DataNode 响应来自 HDFS 客户机的读写请求,它们还响应来自 NameNode 的创建、删除和复制块的命令。NameNode 依赖来自每个 DataNode 的定期心跳(Heartbeat)消息。心跳消息是指 DataNode 周期性地发给 NameNode 的一种消息,每条消息都包含一个块报告。NameNode 可以根据这个报告验证块映射和其他文件系统的元数据。如果 DataNode 不能发送心跳消息,则 NameNode 将采取修复措施,重新复制在该节点上丢失的块。

HDFS 并不是一个万能的文件系统,它的主要目的是支持以流的形式访问写入的大型文件。如果客户机想将文件写到 HDFS 上,则首先需要将该文件缓存到本地的临时存储。如果缓存的数据大于所需的 HDFS 块大小,则创建文件的请求将发送给 NameNode。NameNode 将以 DataNode 标识和目标块响应客户机,同时也通知将要保存文件块副本的 DataNode。当客户机开始将临时文件发送给第一个 DataNode 时,将立即通过管道方式将块内容转发给副本 DataNode。客户机也负责创建保存在相同 HDFS 名称空间中的校验和(Checksum)文件。

在最后的文件块发送之后,NameNode 将文件创建提交到它的持久化元数据存储(EditLog 和 FsImage 文件)中。

1.3.3　Hadoop 的 YARN

Hadoop 的 YARN 是一个作业调度和集群资源管理框架,其体系结构如图 1-4 所示。

YARN 的基本思想是将资源管理和作业调度/监控的功能分解为单独的守护进程。要实现这个想法,就需要有一个全局的资源管理器(ResourceManager,RM)和应用程序管理器(ApplicationMaster,AM)。应用程序可以是单个作业,也可以是具有有向无环图(Directed Acyclic Graph,DAG)结构的作业。

ResourceManager 和 NodeManager 组成数据计算框架。ResourceManager 是仲裁系统中所有应用程序之间资源的最终权威机构。NodeManager 是负责容器的每台机器的框架代理,监视每台机器的资源使用情况(CPU、内存、磁盘、网络),并将情况报告给 ResourceManager/Scheduler。

每个 ApplicationMaster 是一个特定于框架的库,负责从 ResourceManager 协商资源,与 NodeManager 一起工作以执行和监视这些任务。

1.3.4　Hadoop 的 MapReduce

Hadoop 的 MapReduce 是基于 YARN 的大型数据集并行处理系统,可以在集群上对

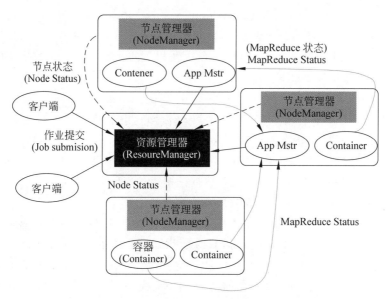

图 1-4　YARN 体系结构

大型数据集进行分布式处理。

Hadoop MapReduce 是一个软件框架,用于编写应用程序,并以可靠的容错方式在大型群集(数千个节点)的大型商业硬件上并行处理大量数据(多 TB 数据集)。

MapReduce 作业通常将输入数据集分成独立的块,由 Map 任务以完全并行的方式处理。框架对 Map 的输出进行排序,然后输入 Reduce 任务。通常,作业的输入和输出都存储在文件系统中,该框架负责调度任务,监视它们并重新执行失败的任务。

通常,计算节点和存储节点是相同的,即 MapReduce 框架和 Hadoop 分布式文件系统(请参阅 HDFS 体系结构指南)在同一组节点上运行。该配置允许框架在数据已经存在的节点上有效地调度任务,从而在整个集群中产生非常高的聚合带宽。

MapReduce 框架由单个主资源管理器、每个集群节点的一个从属 NodeManager 和每个应用程序的 MRAppMaster 组成(请参阅 YARN 体系结构指南)。

从最小程度上,应用程序通过实现适当的接口或抽象类指定输入/输出位置并提供 Map 和 Reduce 函数,这些和其他作业参数构成作业配置。

Hadoop 客户端将作业(jar 可执行文件等)和配置提交给 ResourceManager,然后负责将软件/配置分发给从服务器,调度任务并监控它们,向客户端提供状态和诊断信息。

尽管 Hadoop 框架是用 Java 实现的,但 MapReduce 应用程序不一定要用 Java 编写。

1.3.5　Hadoop 家族的其他成员

在 Hadoop 体系结构中,除了基础架构中的 Common、HDFS、YARN、MapReduce 这几个部分外,与 Hadoop 一起协同工作的其他部分被称为 Hadoop 家族成员,主要包括以下模块。

(1) Ambari 是 Apache Software Foundation 中的一个项目,并且是顶级项目。

Ambari 的作用是创建、管理、监视 Hadoop 集群,但是这里的 Hadoop 是广义的,指 Hadoop 整个生态圈(如 Hive、HBase、Sqoop、Zookeeper 等),而并非特指 Hadoop。用一句话来说,Ambari 就是一个为了让 Hadoop 以及相关的大数据软件更容易使用的工具。

(2)Avro 是数据序列化系统。

(3)Cassandra 是可扩展的无单点故障多主数据库。

(4)Chukwa 是用于管理大型分布式系统的数据收集系统。

(5)HBase 是可扩展的分布式数据库,支持大型表的结构化数据存储。

(6)Hive 是数据仓库基础架构,提供数据汇总和临时查询。

(7)Mahout 是可扩展的机器学习和数据挖掘库。

(8)Pig 是用于并行计算的高级数据流语言和执行框架。

(9)Spark 是 Hadoop 数据的快速和通用计算引擎,它提供了一个简单而富有表现力的编程模型,支持广泛的应用程序,包括 ETL、机器学习、流处理和图计算。

(10)Tez 是基于 Hadoop YARN 的通用数据流编程框架,它提供了一个强大而灵活的引擎,可执行任意 DAG 任务以处理批处理和交互式用例的数据。Hadoop 生态系统中的 Hive、Pig 和其他框架以及商业软件(如 ETL 工具)正在采用 Tez,用来取代 Hadoop MapReduce 作为基础执行引擎。

(11)Zookeeper 是面向分布式应用程序的高性能协调服务。

本书重点介绍 HBase、Hive、Spark、Zookeeper 等内容。

1.4　本　章　小　结

本章首先简要介绍了大数据的基本概念,由于大数据与 Hadoop 的关系十分紧密,所以重点介绍了 Hadoop 的由来、Hadoop 的发展过程、Hadoop 的体系结构,并简要介绍了 Hadoop 的重要组件以及 Hadoop 家族成员。这些内容将为后续内容的学习做较好的铺垫。

习　　题

1. 什么是大数据?大数据有哪些特征?

2. 简述大数据有哪些方面的应用。

3. Hadoop 由哪些模块组成?

4. 简述 Spark 的作用。

大数据开发平台 Hadoop 环境的搭建

学习目标

- 掌握在 CentOS Linux 7.0 下的 Hadoop 环境配置方法。
- 熟悉 Java 开发工具 JDK 的安装配置方法。
- 掌握开发工具平台 Eclipse 的配置和使用方法。
- 掌握 Hadoop 环境的配置方法。

Hadoop 主要运行在 Linux 操作系统。Hadoop 环境搭建需要读者基本熟悉 Linux 操作系统环境的搭建。鉴于开源的原因,本书选用 CentOS Linux 7.0 操作系统作为运行环境,该版本便于从网上下载安装包。因为目前多数计算机是基于 64 位处理器的,所以采用 64 位版本系统。

读者可自行下载 CentOS Linux 7.0 安装包搭建 Linux 操作系统平台。

2.1 Linux 系统下的参数配置

2.1.1 Linux 系统的网络配置

1. 配置网络连接

通常在系统安装过程中可以配置网络连接参数,也可以在安装系统后再配置网络连接参数。首先,在 CentOS Linux 7.0 图形界面进行系统设置。因为必须以超级用户身份登录系统,所以在启动虚拟机后,应单击"未列出"按钮并输入 root,然后输入密码后登录超级用户。先双击虚拟机右下方的"网络适配器"图标,进入如图 2-1 所示的"虚拟机设置"对话框,设置网络适配器为"桥接模式(自动)",然后单击"确定"按钮返回系统界面。在 CentOS 系统图形界面中选择"应用程序"→"系统工具"→"设置"菜单项,如图 2-2 所示,进入如图 2-3 所示的界面进行配置。

在如图 2-3 所示的界面中选择"网络"选项,进入网络参数配置界面。通常要先建立一个有线连接,然后单击打开这个连接。如果已经将虚拟机网络配置设置为桥接模式,就可以看到如图 2-3 所示的网络连接状态。如果网络是关闭的,则需要单击右上角的设置按钮使其变为打开状态,网络即可连通。

图 2-1 "虚拟机设置"对话框

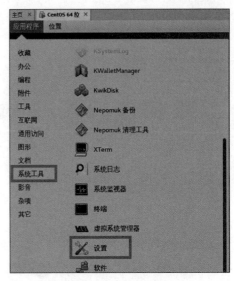

图 2-2 系统设置菜单选择界面

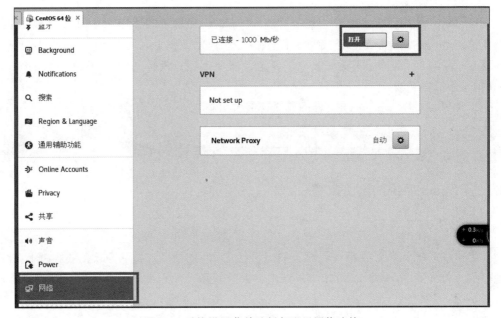

图 2-3 系统设置菜单选择与配置网络连接

2. 查看网络连接参数

进入命令终端,输入命令 ifconfig,可以看到有关的网络参数,如图 2-4 所示。

从图 2-4 中可知,网络接口名称是 ens33,IP 地址是 192.168.1.6,子网掩码是 255. 255.255.0。这个网络 IP 地址是由 DHCP 自动分配的,是动态的。实际上,网络接口 virbr0 的 IP 地址 192.168.122.1 也是可用的。

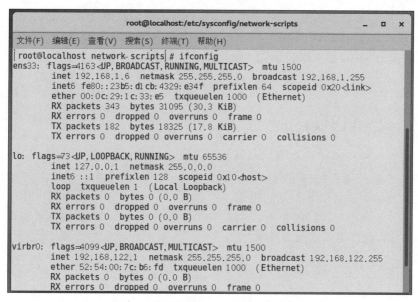

图 2-4　执行 ifconfig 命令后的网络参数

3. 设置主机文件

假定为 Hadoop 设置主机名为 myhadoop,映射地址是 192.168.1.6,修改主机配置文件/etc/hosts,在命令终端输入如下命令。

```
#vi /etc/hosts
```

如图 2-5 所示,/etc/hosts 文件给出了主机到 IP 的映射关系,修改/etc/hosts 文件,添加如下一行。

```
192.168.1.6  myhadoop
```

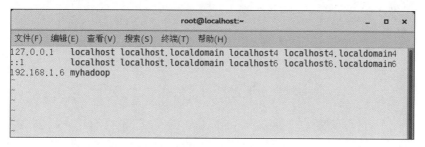

图 2-5　编辑配置文件/etc/hosts

配置完毕,执行 reboot 命令重新启动系统。

2.1.2　为 Hadoop 设置专门用户

为了便于操作 Hadoop,有必要设置专门的用户账号,例如专门设立用户账号

myhadoop。实际上如果在 CentOS 7.0 系统安装配置中设置用户账号为 myhadoop，则没有必要再重新设置。如果在安装过程中没有配置专门的用户账号，则可用 useradd 命令添加此用户账号，并与超级用户设置为同组用户。执行如下命令。

```
# useradd –g root myhadoop
```

2.1.3 设置无密码登录用户

假定系统中已经安装了安全外壳协议（Secure Shell，SSH）服务器端和客户端软件。SSH 是建立在应用层和传输层基础上的安全协议。SSH 是目前较为可靠，专为远程登录会话和其他网络服务提供安全性的协议。

可以用 ssh 命令登录特定主机。对于本地主机（主机名为 localhost，这里将主机名设为 myhadoop），可以用下述命令登录。

```
# ssh myhadoop
```

一般要输入登录密码才能登录。但在 Hadoop 集群中，名称节点（NameNode）要登录到某数据节点（DataNode），不可能人工输入密码，所以必须设置成 SSH 无密码节点登录。

先用 exit 命令退出刚才登录的 SSH，回到命令窗口，再用 ssh-keygen 命令生成密钥，并将密钥加入授权（执行命令 cat ./id_rsa.pub ＞＞ ./authorized.keys），此后再用 ssh 命令登录主机，无须密码就可以登录了，如图 2-6 所示。在集群中，为了能无密码访问各节点，可使用 ssh-copy-id 命令复制 SSH 的公钥到其他节点主机上。例如，复制到从节点 Slave_hadoop1 的命令如下。

```
# ssh-copy-id –i ~/.ssh/id_rsa.pub Slave_hadoop1
```

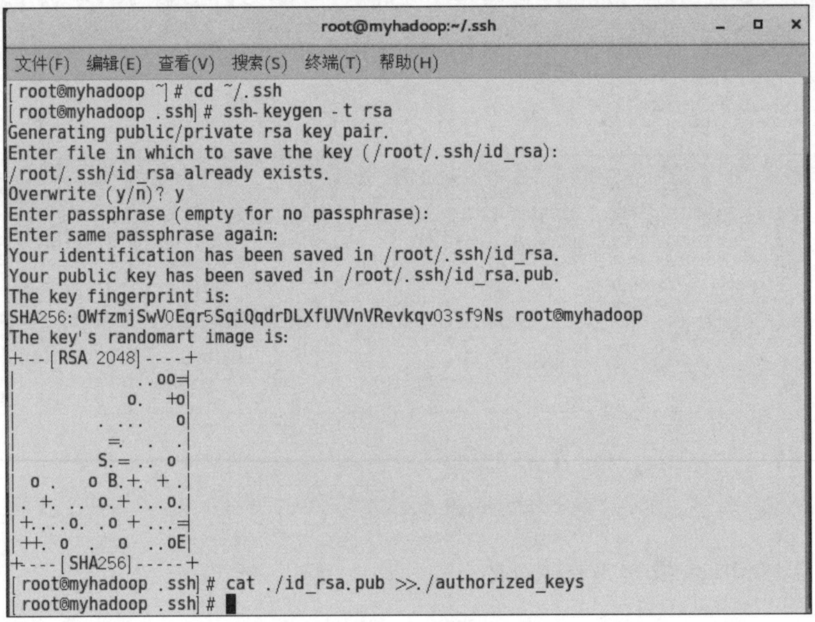

图 2-6　设置 SSH 无密码登录

2.2　基于 Linux 系统的 JDK 安装与配置

Hadoop 是基于 Java 开发的,因此必须配置 Java 开发工具 JDK。

2.2.1　Java 开发工具 JDK 的下载与安装

首先从官网下载 JDK 安装包,下载基于 Linux 系统的安装包 jdk-14.0.1-linux-x64.tar.gz,下载的文件自动保存到用户主目录下的"下载"目录中。下载软件包后,在根目录下建立一个目录"/soft",将/soft 目录设置为对任何用户都具有读、写、执行的权限,执行如下命令。

```
#mkdir /soft
#chmod 777 /soft
```

将软件包文件复制到/soft 目录,然后切换到该目录解压缩软件包,执行下述命令。

```
#cd
#mv 下载/jdk-14.0.1-linux-x64.tar.gz /soft
#cd /soft
#tar -zxvf jdk-14.0.1-linux-x64.tar.gz
#ls -l
```

此时会产生一个新的目录 jdk-14.0.1,这表示 JDK 的软件包解压到了目录/soft/jdk-14.0.1 中,因此接下来可以设置该目录为 Java 的路径。

2.2.2　配置与 Java 有关的环境参数

在配置与 Java 有关的环境参数时,可使用文本编辑器修改系统配置文件/etc/profile。在该文件尾部添加设置环境变量 JAVA_HOME 和重置命令搜索路径环境变量 PATH 的命令,如图 2-7 所示。

然后执行如下命令刷新配置,使配置文件内容生效。

```
#source /etc/profile
```

执行如下命令验证 JDK 是否安装成功。

```
#java -version
```

显示 Java 版本信息,如下所示。

```
java version "14.0.1" 2020-04-14
Java(TM) SE Runtime Environment (build 14.0.1+7)
Java HotSpot(TM) 64-Bit Server VM (build 14.0.1+7, mixed mode, sharing)
```

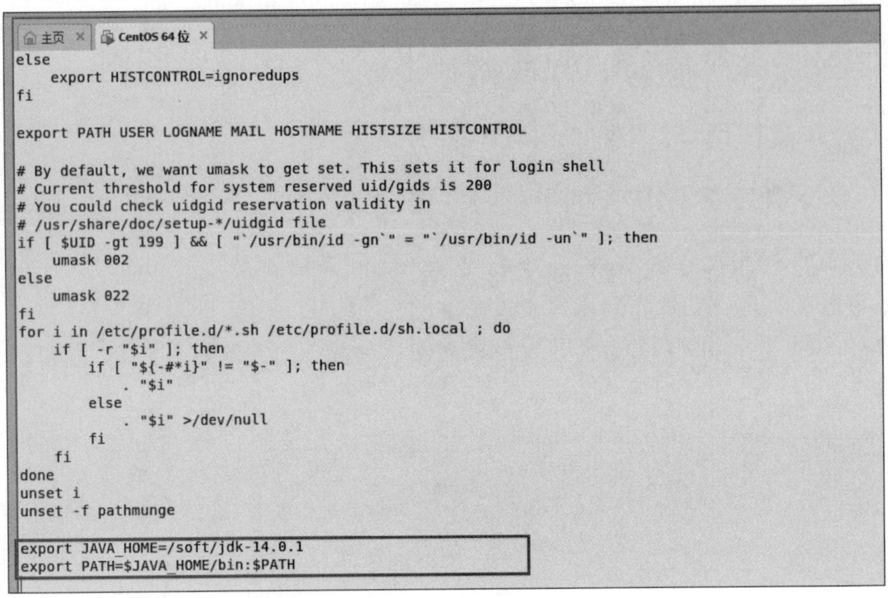

图 2-7　编辑用户主目录环境参数配置文件/etc/profile

说明 JDK 成功安装，可以正常使用。

【例 2-1】　编制并运行一个简单的 Java 程序，输出 1～200 的素数。
程序如下。

```java
public class prime{
  private static boolean isPrime(int n){
    int k1;
    boolean flag=true;
    for (k1=2;k1<n/2;k1++){
     if (n % k1 ==0) { flag=false; break;
      }
     }
    return flag;
  }
  public static void main(String[] args){
    int num;
    for(num=2;num<200;num++){
      if(isPrime(num)){
        System.out.print(num+" ");
      }
    }
    System.out.println();
  }
}
```

使用图形界面"文本编辑器"编辑这个程序,如图 2-8 所示。

```
public class prime{
    private static boolean isPrime(int n){
        int k1;
        boolean flag=true;
        for (k1=2;k1<n/2;k1++){
            if (n % k1 ==0) {
                flag=false; break;
            }
        }
        return flag;
    }
    public static void main(String[] args){
        int num;
        for (num=2;num<200;num++){
            if(isPrime(num)){
                System.out.print(num+"  ");
            }
        }
        System.out.println();
    }
}
```

图 2-8　用文本编辑器编辑 Java 程序

将这个程序保存到文件/root/bin/prime.java 中。在终端窗口执行如下命令。

```
#cd
#cd bin
#javac prime.java
#java prime
```

程序运行结果如图 2-9 所示。

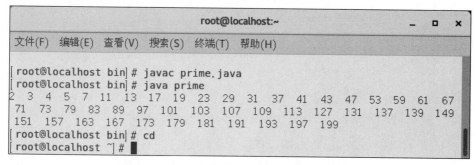

图 2-9　例 2-1 程序 prime.java 编译和运行界面

2.2.3　基于 Linux 系统下 Eclipse 的安装与配置

Eclipse 是一个集成开发环境,在进行 Hadoop 应用开发时需要用到集成开发环境。为配置 Eclipse,首先到官网下载安装包。这里下载用于 64 位 Linux 操作系统环境的 Eclipse 安装包,文件是 eclipse-inst-linux64.tar.gz。

该文件下载后会保存在用户主目录下的"下载"目录中,先将文件移动到/soft 目录,再解压缩并安装,操作命令如下。

```
#cd
#mv 下载/eclipse-inst-linux64.tar.gz /soft
#cd /soft
#tar -zxvf eclipse-inst-linux64.tar.gz
#ls -l
#cd eclipse-installer
#ls -l
#eclipse-inst
```

可见,运行文件是 eclipse-inst,因此可执行 eclipse-inst 文件。

```
#./eclipse-inst
```

稍等片刻,进入 Eclipse 安装界面,如图 2-10 所示。

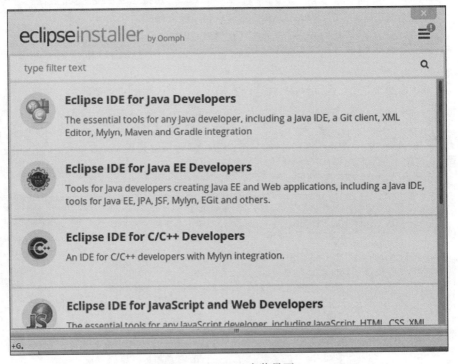

图 2-10　Eclipse 安装界面

单击 Eclipse IDE for Java Developers 进入选择安装目录界面,如图 2-11 所示。

在 Installation Folder 后的输入框中选择安装目录,默认选择/soft/eclipse/java-oxygen。单击 INSTALL 按钮开始安装,进入如图 2-12 所示的界面。

单击 Accept 按钮接受协议,进入如图 2-13 所示的界面,确定 Eclipse 的工作目录,将其更改为/soft/eclipse-workspace。

单击 Launch 按钮结束安装,进入如图 2-14 所示的 Eclipse 欢迎界面。

图 2-11　选择安装目录界面

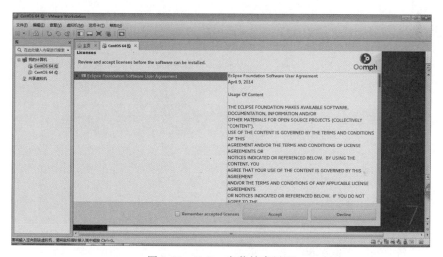

图 2-12　Eclise 安装结束界面

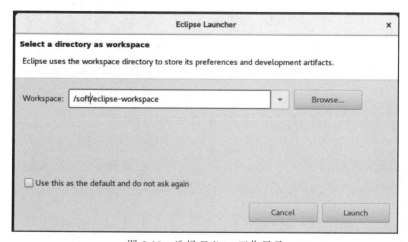

图 2-13　选择 Eclipse 工作目录

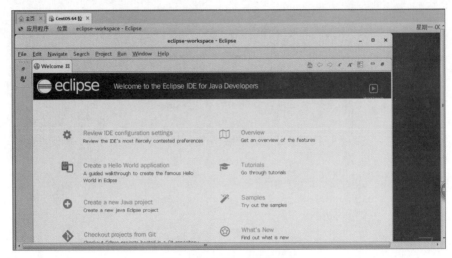

图 2-14　Eclipse 欢迎界面

至此,Eclipse 集成环境安装完成。安装完成后,Eclipse 启动文件位于/soft/eclipse/java-oxygen/eclipse 目录下,因此应修改/etc/profile,如图 2-15 所示,在文件尾添加一行命令 export PATH = $JAVA _HOME/bin：/soft/eclipse/java-oxygen/eclipse：$ PATH ,将执行命令路径添加到搜索路径环境变量中。

```
root@localhost:/soft                          _  □  ×
文件(F)  编辑(E)  查看(V)  搜索(S)  终端(T)  帮助(H)
# Current threshold for system reserved uid/gids is 200
# You could check uidgid reservation validity in
# /usr/share/doc/setup-*/uidgid file
if [ $UID -gt 199 ] && [ "`/usr/bin/id -gn`" = "`/usr/bin/id -un`" ]; then
    umask 002
else
    umask 022
fi

for i in /etc/profile.d/*.sh ; do
    if [ -r "$i" ]; then
        if [ "${-#*i}" != "$-" ]; then
            . "$i"
        else
            . "$i" >/dev/null
        fi
    fi
done

unset i
unset -f pathmunge
JAVA_HOME=/soft/jdk-14.0.1
export PATH=$JAVA_HOME/bin:/soft/eclipse/java-oxygen/eclipse:$PATH
: wq
```

图 2-15　用 vi 编辑文件/etc/profile

然后执行以下命令。

```
# source  /etc/profile
```

以后只需要执行以下命令即可进入 Eclipse 集成开发环境。

```
# eclipse
```

2.2.4　Eclipse 集成环境——Java 程序开发实例

【例 2-2】　在 Eclipse 集成环境下开发一个 Java 程序,该程序能输出从 2 开始的 n 个素数,并按每行 10 个数输出,其中,n 由键盘输入。

为了使程序高效运行,考虑构造一个初始素数表,存入一个数组,采用逐步构造法,即开始第 1 个素数是 2,存入 prime_num[0],即 prime_num[0]=2,然后从 3 开始,即执行 number=3。当判断是否为素数时,仅从 prime_num 数组中取数作为除数,如果找到一个新的素数,则存入表中,即执行语句 count++;prime_num[count]=number,按照这个算法,首先运行 Eclipse,然后在集成开发环境中建立一个项目,如图 2-16 所示。

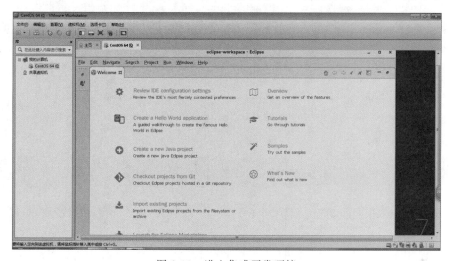

图 2-16　进入集成开发环境

在此界面,选择 Create a new Java project 选项,进入如图 2-17 所示的开发界面,运行结果如图 2-18 所示。

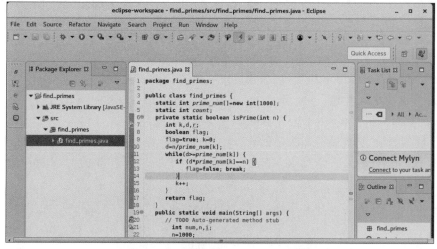

图 2-17　打印素数的 Java 程序开发界面

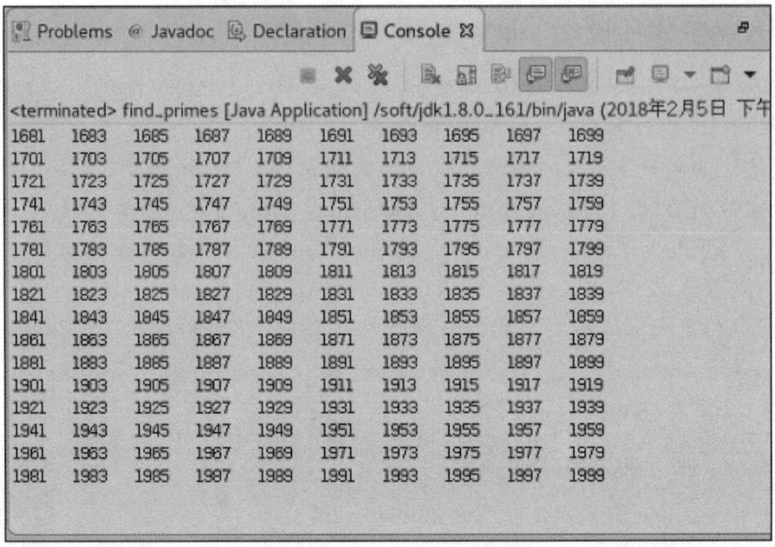

图 2-18 程序运行结果界面

2.3 Hadoop 环境的搭建

在安装 Hadoop 之前,首先到 Apache 官网下载软件包。这里使用最新的 Hadoop-3.2.1 版本。

直接使用 Linux 下的浏览器打开下载软件包页面下载,文件保存在"＄HOME/下载"目录中。将软件包解压缩到"/soft"目录中,执行如下命令。

```
#mv 下载/hadoop-3.2.1.tar.gz  /soft
#cd /soft
#tar -zxvf  下载/hadoop-3.2.1.tar.gz  /soft
#ls -l  /soft
```

Hadoop 解压缩后的文件在目录"/soft/hadoop-3.2.1"中。

下载并解压缩 Hadoop 以后,可以用以下 3 个支持模式之一操作 Hadoop。

(1) 单机模式(本地/单机模式)。下载 Hadoop 到系统中,在默认情况下会将 Hadoop 配置为单机模式,用于运行 Java 程序。

(2) 伪集群模式(模拟分布式模式)。这是通过单台机器模拟分布式运行,Hadoop 每个守护进程(如 HDFS、YARN、MapReduce 等)都将作为一个独立的 Java 程序运行。这种模式对开发非常有用。

(3) 集群模式(完全分布式模式)。这种模式是最少两台或多台计算机的完全分布式集群。

2.3.1 单机模式

下面介绍如何在单机模式下安装 Hadoop 3.2.1。

在单机模式中，只要有单个 Java 虚拟机(Java Virtual Machine，JVM)运行，其他任何守护进程就都会运行。单机模式适合于在开发期间运行 MapReduce 程序，因为它很容易进行测试和调试。

设置 Hadoop 主要是配置有关环境变量，使之能方便地启动 Hadoop 命令、HDFS 命令、YARN 命令。先执行如下命令。

```
#ls -l  /soft/hadoop-3.2.1/bin
```

可以看到这些执行命令都在此目录中，如图 2-19 所示。还有一些脚本文件存放在 $HADOOP_HOME/sbin 目录中。

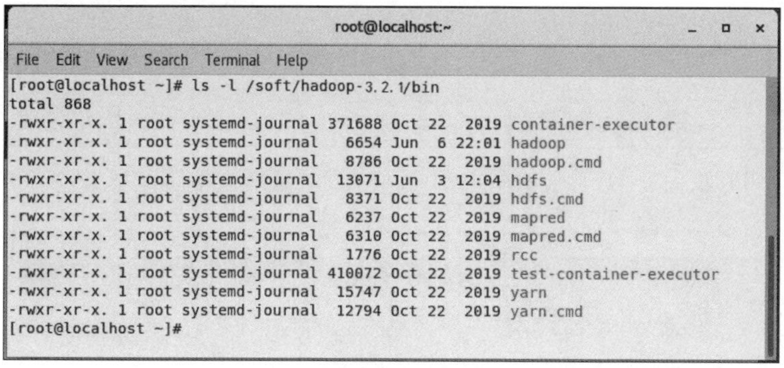

```
root@localhost:~
File  Edit  View  Search  Terminal  Help
[root@localhost ~]# ls -l /soft/hadoop-3.2.1/bin
total 868
-rwxr-xr-x. 1 root systemd-journal 371688 Oct 22  2019 container-executor
-rwxr-xr-x. 1 root systemd-journal   6654 Jun  6 22:01 hadoop
-rwxr-xr-x. 1 root systemd-journal   8786 Oct 22  2019 hadoop.cmd
-rwxr-xr-x. 1 root systemd-journal  13071 Jun  3 12:04 hdfs
-rwxr-xr-x. 1 root systemd-journal   8371 Oct 22  2019 hdfs.cmd
-rwxr-xr-x. 1 root systemd-journal   6237 Oct 22  2019 mapred
-rwxr-xr-x. 1 root systemd-journal   6310 Oct 22  2019 mapred.cmd
-rwxr-xr-x. 1 root systemd-journal   1776 Oct 22  2019 rcc
-rwxr-xr-x. 1 root systemd-journal 410072 Oct 22  2019 test-container-executor
-rwxr-xr-x. 1 root systemd-journal  15747 Oct 22  2019 yarn
-rwxr-xr-x. 1 root systemd-journal  12794 Oct 22  2019 yarn.cmd
[root@localhost ~]#
```

图 2-19　Hadoop 命令执行文件目录

可以用文本编辑器编辑“/etc/profile”文件设置环境变量 HADOOP_HOME，修改搜索路径环境变量 PATH。在文件中需要添加和修改的是如下两行命令，如图 2-20 所示。

```
HADOOP_HOME=/soft/Hadoop-3.2.1
export PATH=$HADOOP_HOME/bin:$HADOOP_HOME/sbin:$PATH
```

如果设置得一切正常，则执行命令 hadoop version，结果如图 2-21 所示。

这意味着 Hadoop 在独立模式下工作正常。在默认情况下，Hadoop 被配置为在非分布式模式的单台机器上运行。事实上，Hadoop 的命令运行都是由脚本文件 Hadoop 引至脚本文件 Hadoop 位于“$HADOOP_HOME/bin”的目录下。

为了测试单机模式下运行 Hadoop 程序的效果，在配置完成后，可以用命令执行一个系统自带的例子程序。该例子是在“$HADOOP_HOME/share/hadoop/mapreduce/”目录中的 hadoop-mapreduce-examples-3.2.1.jar 包。这个例子包中包含单词计数、计算单词统计直方图等程序。这里通过下述命令运行其中的单词计数程序。为了运行程序，先在用户主目录中建立输入数据目录 input，然后在 input 目录中构造一个文本文件 info.txt。以下命令中目录“./output”是由程序自动生成的。

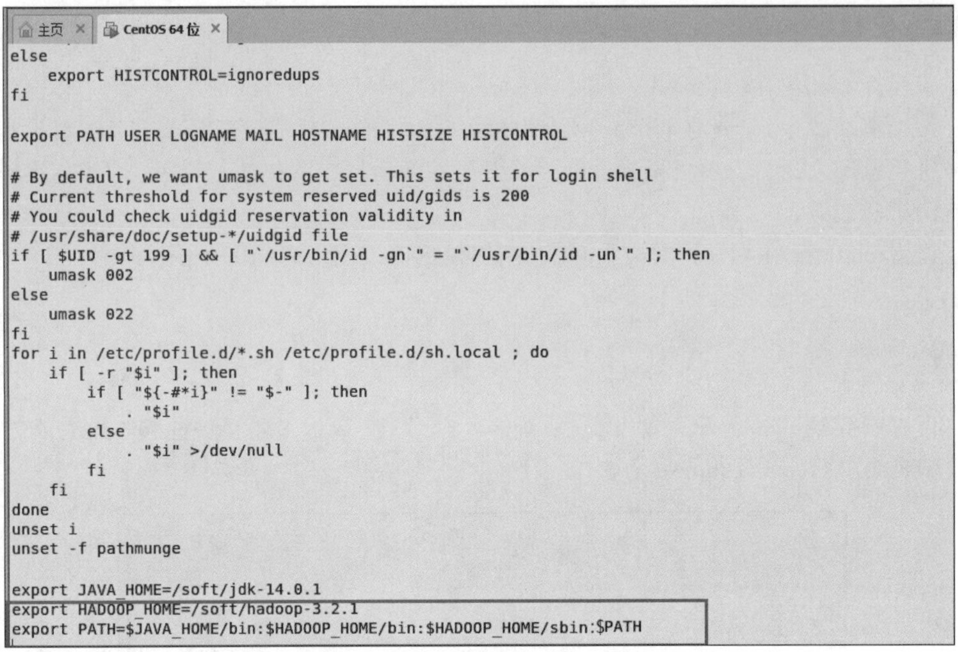

```
🏠 主页 ×   📰 CentOS 64位 ×

else
    export HISTCONTROL=ignoredups
fi

export PATH USER LOGNAME MAIL HOSTNAME HISTSIZE HISTCONTROL

# By default, we want umask to get set. This sets it for login shell
# Current threshold for system reserved uid/gids is 200
# You could check uidgid reservation validity in
# /usr/share/doc/setup-*/uidgid file
if [ $UID -gt 199 ] && [ "`/usr/bin/id -gn`" = "`/usr/bin/id -un`" ]; then
    umask 002
else
    umask 022
fi
for i in /etc/profile.d/*.sh /etc/profile.d/sh.local ; do
    if [ -r "$i" ]; then
        if [ "${-#*i}" != "$-" ]; then
            . "$i"
        else
            . "$i" >/dev/null
        fi
    fi
done
unset i
unset -f pathmunge

export JAVA_HOME=/soft/jdk-14.0.1
export HADOOP_HOME=/soft/hadoop-3.2.1
export PATH=$JAVA_HOME/bin:$HADOOP_HOME/bin:$HADOOP_HOME/sbin:$PATH
```

图 2-20　为设置 HADOOP 环境变量编辑"/etc/profile"文件

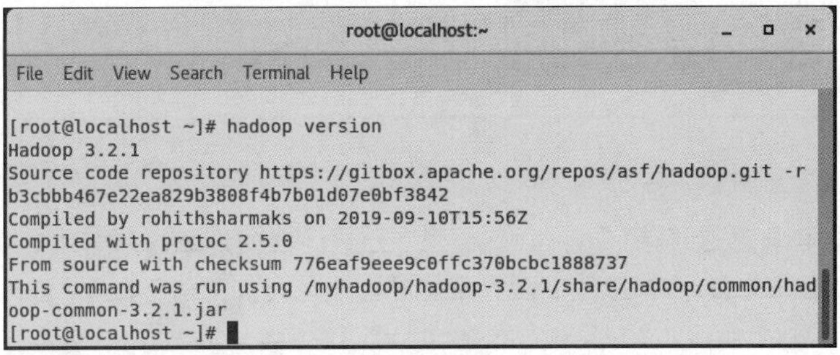

```
root@localhost:~                                _  □  ✕

File  Edit  View  Search  Terminal  Help

[root@localhost ~]# hadoop version
Hadoop 3.2.1
Source code repository https://gitbox.apache.org/repos/asf/hadoop.git -r
b3cbbb467e22ea829b3808f4b7b01d07e0bf3842
Compiled by rohithsharmaks on 2019-09-10T15:56Z
Compiled with protoc 2.5.0
From source with checksum 776eaf9eee9c0ffc370bcbc1888737
This command was run using /myhadoop/hadoop-3.2.1/share/hadoop/common/had
oop-common-3.2.1.jar
[root@localhost ~]#
```

图 2-21　hadoop version 命令及执行结果

```
#mkdir input
#hadoop - help >input/info.txt
# hadoop jar $HADOOP_HOME/share/hadoop/mapreduce/hadoop- mapreduce- examples
- * .jar wordcount ./input ./output
#cat ./output/ *                                    #查看运行结果
```

2.3.2　伪集群模式

　　Hadoop 还可以在伪集群模式下的单个节点上运行,其中每个 Hadoop 守护进程在单独的 Java 进程中运行。在伪集群模式下,需要先运行守护进程,像集群环境下那样分配数据、进程等,以便于调试程序。下面介绍在伪集群模式下配置 Hadoop 3.2.1 的步骤。

第 1 步：设置 Hadoop 环境参数。

Hadoop 的全局性环境变量在"＄HADOOP_HOME/etc/Hadoop/Hadoop-env.sh"脚本中设置，大部分环境变量取默认值。在这个文件中有各个环境变量说明，若需要设置，则根据要求去掉相应命令前面的注释符号并设置。还需要为某些操作命令设置用户环境变量，变量名的格式是"＜命令＞_＜子命令＞_USER"，例如 HDFS_NAMENODE-USER，通常将这些变量设置为＄USER。

可以将如下命令附加到文件"＄HADOOP_HOME/etc/Hadoop/Hadoop-env.sh"中。

```
export HDFS_NAMENODE_USER=$USER
export HDFS_DATANODE_USER=$USER
export HDFS_SECONDARYNAMENODE_USER=$USER
```

以上设置可以选择"应用程序"→"附件"→"文本编辑"功能，通过编辑"Hadoop-env.sh"文件实现，如图 2-22 所示。另外，该文件中有一行如下。

```
#export JAVA_HOME=/soft/jdk-14.0.1
```

在文件中找到该行语句，删除前面的"♯"字符，使命令起作用。这是为了使用 Java 开发 Hadoop 程序，必须用 Java 在系统中的位置替换 JAVA_HOME 值并重新设置 hadoop-env.sh 文件的 Java 环境变量。必要时还要设置该文件中的其他一些环境变量。

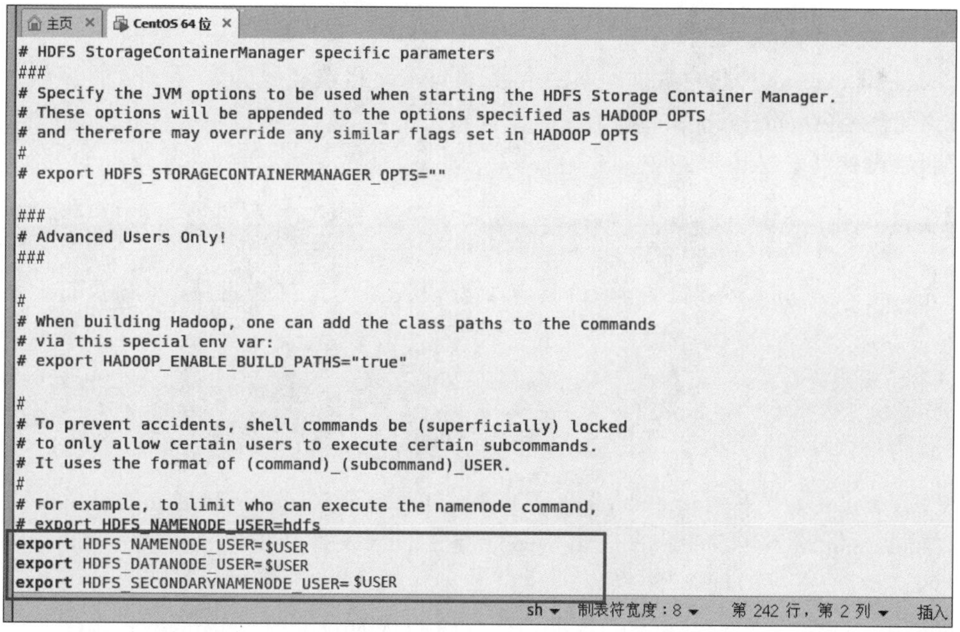

图 2-22　设置 Hadoop 的有关环境变量

第 2 步：Hadoop 配置。

所有 Hadoop 配置文件均可在位置"＄HADOOP_HOME/etc/hadoop"下找到。这里需要根据 Hadoop 基础架构更改这些配置文件。主要配置文件包括 core-site.xml、hdfs-site.xml、yarn-site.xml、mapred-site.xml。在伪集群模式下,只要配置少数参数属性,其他属性会自动取默认值。

1)配置文件 core-site.xml

core-site.xml 文件包含读/写缓冲器、用于 Hadoop 实例的端口号信息、分配给文件系统存储和用于存储所述数据的存储器限制和大小等属性。

用文本编辑器编辑配置文件"＄HADOOP_HOME/etc/Hadoop/core-site.xml",并在这个文件中的＜configuration＞和＜/configuration＞标签之间添加以下属性。

```
<configuration>
    <property>
        <name>hadoop.tmp.dir</name>
        <value>file:///myhadoop/tmp</value>
<description>Abase for other temporary directories.</description>
    </property>
    <property>
        <name>fs.defaultFS</name>
        <value>hdfs://myhadoop:9000</value>
    </property>
</configuration>
```

2)配置文件 hdfs-site.xml

hdfs-site.xml 文件包含数据副本的个数、NameNode 路径的信息、本地文件系统的数据节点的路径(存储 Hadoop 基础工具的位置)。

假设设置以下数据。

```
dfs.replication (数据副本个数) =1
```

先创建"/myhadoop"目录,并将其存取权限设置为全部为可读、写和执行。命令如下。

```
mkdir /myhadoop
chmod - r 777 /myhadoop
```

"hadoopinfra/hdfs/namenode"是 HDFS 文件系统为 NameNode 建立的目录。

"hadoopinfra/hdfs/secondarynamenode"是 HDFS 文件系统为 SecondaryNameNode 建立的目录。

"hadoopinfra/hdfs/datanode"是 HDFS 文件系统为 DataNode 建立的目录。

用文本编辑器编辑文件"＄HADOOP_HOME/etc/Hadoop/hdfs-site.xml",并在这个文件中的＜configuration＞和＜/configuration＞标签之间添加以下属性。

```
<configuration>
    <property>
      <name>dfs.replication</name>
      <value>1</value>
    </property>
    <property>
      <name>dfs.namenode.name.dir</name>
      <value>file:///myhadoop/hadoopinfra/hdfs/namenode </value>
    </property>
    <property>
      <name>dfs.secondarynamenode.name.dir</name>
      <value>file:///myhadoop/hadoopinfra/hdfs/secondarynamenode </value>
    </property>
    <property>
      <name>dfs.datanode.data.dir</name>
      <value>file:///myhadoop/hadoopinfra/hdfs/datanode </value>
  </property>
</configuration>
```

在上面的文件中,所有属性值都是由用户定义的,可以根据自己的 Hadoop 基础架构更改。

3) 配置文件 yarn-site.xml

此文件用于配置资源管理器(ResourceManager)和节点管理器(NodeManager)。用文本编辑器编辑文件"＄HADOOP_HOME/etc/Hadoop/yarn-site.xml",并在这个文件中的＜configuration＞和＜/configuration＞标签之间添加以下属性。

```
<configuration>
    <property>
      <name>yarn.nodemanager.aux-services</name>
      <value>mapreduce_shuffle</value>
    </property>
</configuration>
```

4) 配置文件 mapred-site.xml

此文件用于指定正在使用 MapReduce 的框架。

用文本编辑器编辑文件"＄HADOOP_HOME/etc/Hadoop/mapred-site.xml",并在这个文件中的＜configuration＞和＜/configuration＞标签之间添加以下属性。

```
<configuration>
    <property>
      <name>mapreduce.framework.name</name>
      <value>yarn</value>
    </property>
```

```
</configuration>
```

5）验证 Hadoop 安装

验证 Hadoop 安装的步骤如下。

（1）设置名称节点。

使用以下命令设置名称节点。

```
#cd ~
#hdfs namenode - format
```

预期的结果如下。

```
2020-06-10 09:41:17,660 INFO namenode.NameNode: STARTUP_MSG:
/************************************************************
STARTUP_MSG: Starting NameNode
STARTUP_MSG: host =myhadoop/192.168.122.1
STARTUP_MSG: args =[-format]
STARTUP_MSG: version =3.2.1
......
STARTUP_MSG: java =14.0.1
************************************************************/
......
2020-06-10 09:41:37,393 INFO namenode.NameNode: SHUTDOWN_MSG:
/************************************************************
SHUTDOWN_MSG: Shutting down NameNode at localhost.localdomain/127.0.0.1
************************************************************/
```

（2）验证 Hadoop 的分布式文件系统（Distributed File System，DFS）。

下面的命令用来启动 DFS，执行这个命令将启动 Hadoop 文件系统。

```
#start-dfs.sh
```

输出结果如图 2-23 所示。可以看到没有错误信息，说明关于 HDFS 的基本配置正确。HDFS 的配置信息很多，大多数不用设置，自动取默认值。若发现有错误信息，则可根据信息提示设置“$HADOOP_HOME/etc/Hadoop/Hadoop-env.sh”文件中的环境参数。

（3）启动 YARN 脚本。

下面的命令用来启动 YARN 脚本，执行此脚本中的命令将启动 YARN 守护进程。

```
#start-yarn.sh
```

输出结果如图 2-24 所示。

（4）在浏览器访问 Hadoop。

在 Hadoop 中访问 NameNode 的默认端口号为 50070，在浏览器中访问网址“http://

```
root@localhost:~                          _  □  ×
File  Edit  View  Search  Terminal  Help
[root@localhost ~]# start-dfs.sh
Starting namenodes on [myhadoop]
Last login: Wed Jun 10 10:40:29 CST 2020 on pts/0
myhadoop: Permission denied (publickey,gssapi-keyex,gssapi-with-mic,password).
Starting datanodes
Last login: Wed Jun 10 10:40:56 CST 2020 on pts/0
localhost: Permission denied (publickey,gssapi-keyex,gssapi-with-mic,password).
Starting secondary namenodes [localhost.localdomain]
Last login: Wed Jun 10 10:40:57 CST 2020 on pts/0
localhost.localdomain: Permission denied (publickey,gssapi-keyex,gssapi-with-mic
,password).
2020-06-10 10:41:08,396 WARN util.NativeCodeLoader: Unable to load native-hadoop
 library for your platform... using builtin-java classes where applicable
[root@localhost ~]#
```

图 2-23　启动 Hadoop 文件系统后的输出结果

```
root@localhost:~                          _  □  ×
File  Edit  View  Search  Terminal  Help
[root@localhost ~]# start-yarn.sh
Starting resourcemanager
Last login: Wed Jun 10 11:09:27 CST 2020 from myhadoop on pts/1
Starting nodemanagers
Last login: Wed Jun 10 11:10:41 CST 2020 on pts/1
[root@localhost ~]#
```

图 2-24　启动 YARN 的输出结果

myhadoop:50070/"获得 Hadoop 的服务,如图 2-25 所示。

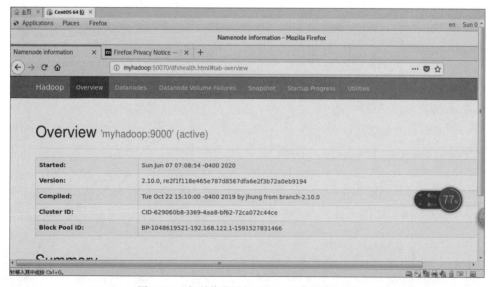

图 2-25　在浏览器访问 Hadoop 的服务网页

31

（4）验证所有应用程序的集群。

访问集群中所有应用程序的默认端口号为 8088，使用 URL 地址"http：//myhadoop：8088/"访问 HTTP 服务，通过 Web 方式访问集群中的所有应用程序。结果如图 2-26 所示。

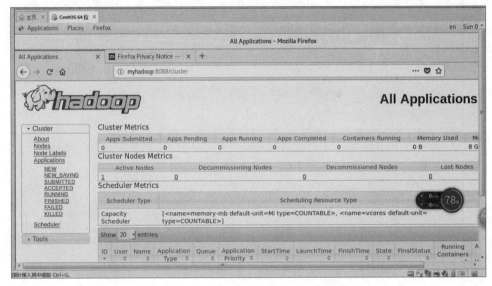

图 2-26　通过 Web 方式访问 HTTP 服务

2.3.3　集群模式

1. 软件安装

在集群上安装 Hadoop 时，通常需要在集群中的主机上将软件进行解压缩，将安装好的系统复制到每个节点操作系统中，把硬件按功能进行划分是很重要的。

在典型情况下，专门将集群中的一台机器指定为 NameNode 和 SecondaryNameNode，同时也作为 ResourceManager。而其他服务（如 Web 应用程序代理服务和 MapReduce 作业历史服务）通常在专门的硬件或共享基础设施上运行，这取决于负载。

集群中的剩余机器作为 DataNode 和 NodeManager，这些机器被称为从机（Slave）。

应将集群中的所有节点＜主机名 IP 地址＞添加到主机中的主机映射文件"/etc/hosts"中。例如，主机是 Master_hadoop，其他节点分别是 Slave_hadoop1、Slave_hadoop2、Slave_hadoop3、Slave_hadoop4，IP 地址是 192.168.1.1、192.168.1.2、192.168.1.3 等，那么需要在主机中的文件"/etc/hosts"内容后添加如下内容。

```
Master_hadoop      192.168.1.1
Slave_hadoop1      192.168.1.2
Slave_hadoop2      192.168.1.3
Slave_hadoop3      192.168.1.4
...
```

这个文件需要复制到其他从节点中。

Hadoop 的 Java 配置是由两组重要的配置文件驱动的：一组是只读默认配置文件 core-default.xml、hdfs-default.xml、yarn-default.xml 和 mapred-default.xml，另一组是站点的具体配置文件 etc/hadoop/core-site.xml、etc/hadoop/hdfs-site.xml、etc/hadoop/yarn-site.xml、etc/hadoop/mapred-site.xml。

此外，还可以修改分布式系统目录"bin/"中的 Hadoop 脚本文件"etc/hadoop/hadoop-env.sh"和"etc/hadoop/yarn-env.sh"以设置特定的值。

配置 Hadoop 集群还需要配置 Hadoop 守护进程的执行环境，以及 Hadoop 守护进程的配置参数。

HDFS 守护进程是 NameNode、SecondaryNameNode 和 DataNode，YARN 的进程是 ResourceManager、NodeManager 和 WebAppProxy。如果要使用 MapReduce，则要运行 MapReduce 作业历史服务器。对于大型安装项目，它们通常在单独的主机上运行。

3. Hadoop 守护进程的环境配置

配置需要超级用户权限，因此必须以 root 用户身份登录系统。管理员应使用脚本文件 etc/hadoop/hadoop-env.sh、etc/hadoop/mapred-env.sh 和 etc/hadoop/yarn-env.sh 定制 Hadoop 守护进程的环境变量值。至少，必须在每个远程节点指定 JAVA_HOME，使其具有正确定义。管理员可以使用表 2-1 中的配置选项配置单独的守护进程环境变量。

表 2-1　守护进程环境变量配置参数

守 护 进 程	环 境 变 量
NameNode	HADOOP_NAMENODE_OPTS
DataNode	HADOOP_DATANODE_OPTS
Secondary NameNode	HADOOP_SECONDARYNAMENODE_OPTS
ResourceManager	YARN_RESOURCEMANAGER_OPTS
NodeManager	YARN_NODEMANAGER_OPTS
WebAppProxy	YARN_PROXYSERVER_OPTS
Map Reduce Job History Server	HADOOP_JOB_HISTORYSERVER_OPTS

例如，使用 parallelgc 配置 NameNode，应在 hadoop-env.sh 中加入以下语句。

```
Export  HADOOP_NAMENODE_OPTS="-XX:+UseParallelGC"
```

可以定制的其他有用的配置参数如下。

（1）HADOOP_PID_DIR。守护进程的进程 ID 文件存储目录。

（2）HADOOP_LOG_DIR。守护进程的日志文件存储目录。如果日志文件不存在，则会自动创建日志文件。

（3）HADOOP_HEAPSIZE / YARN_HEAPSIZE。堆的最大使用量，以 MB 为单

位,例如设置变量 HADOOP_HEAPSIZE 为 1000,则堆被设置为 1000MB。守护进程堆的环境变量如表 2-2 所示。

在大多数情况下,应指定 HADOOP_PID_DIR 和 HADOOP_LOG_DIR 目录,以便它们只能由正在运行 Hadoop 守护进程的用户写入;否则就会有通过符号链接进行攻击的可能。

在系统全局 shell 环境配置 HADOOP_PREFIX 也是常用做法。例如,在"etc/profile.d"中的一个简单的脚本如下。

```
HADOOP_PREFIX=/path/to/hadoop
export HADOOP_PREFIX
```

表 2-2　用于守护进程的环境变量

守护进程	环境变量
ResourceManager	YARN_RESOURCEMANAGER_HEAPSIZE
NodeManager	YARN_NODEMANAGER_HEAPSIZE
WebAppProxy	YARN_PROXYSERVER_HEAPSIZE
Map Reduce Job History Server	HADOOP_JOB_HISTORYSERVER_HEAPSIZE

4. 配置 Hadoop 守护进程

下面介绍如何设置配置文件中需要指定的重要参数,并通过配置以下文件设置 Hadoop 守护进程参数。以下给出每个文件的一种配置,具体参数可参考 Hadoop 官方网站文档。

```
etc/hadoop/core-site.xml
etc/hadoop/hdfs-site.xml
etc/hadoop/yarn-site.xml
etc/hadoop/mapred-site.xml
```

1) 配置文件 etc/hadoop/core-site.xml

该文件的完整路径是"$HADOOP_HOME/etc/hadoop/core-site.xml"。

在 CentOS Linux 7.0 系统界面下,执行"应用程序"→"附件"→"文本编辑程序"命令,进入编辑界面,并选择"/soft/hadoop-3.2.1/etc/core-site.xml"文件。

core-site.xml 文件的典型配置如下。

```
<configuration>
    <property>
      <name>hadoop.tmp.dir</name>
      <value>/myhadoop/tmp</value>
      <description>Abase for other temporary directories.</description>
    </property>
```

```
    <property>
      <name>fs.defaultFS</name>
      <value>hdfs://Master_hadoop:9000</value>
    </property>
</configuration>
```

2）配置文件 etc/hadoop/hdfs-site.xml

该文件的完整路径是"＄HADOOP_HOME/etc/hadoop/hdfs-site.xml"。

可在 CentOS 7.0 系统界面下,执行"应用程序"→"附件"→"文本编辑程序"命令,进入编辑界面,并选择编辑文件"/soft/hadoop-3.2.1/etc//hdfs-site.xml"。

hdfs-site.xml 文件的典型配置如下。

```
<configuration>
    <property>
      <name>dfs.replication</name>
      <value>3</value>
    </property>
    <property>
      <name>dfs.namenode.http-address</name>
      <value>Master_hadoop:50070 </value>
</property>
<property>
      <name>dfs.namedode.dir</name>
      <value>Master_hadoop:/myhadoop/hadoopinfra/hdfs/namenode</value>
</property>
    <property>
      <name>dfs.namenode.secondary.http-addressr</name>
      <value>Master_hadoop:50090</value>
</property>
<property>
      <name>dfs.datanode.data.dir</name>
      <value>file:///myhadoop/hdfs/data</value>
    </property>
</configuration>
```

3）配置文件 etc/hadoop/yarn-site.xml

该文件的完整路径是"＄HADOOP_HOME/etc/hadoop/yarm-site.xml"。

该文件可以配置 YARN 运行时的参数,用于配置资源管理进程(ResourceManager)和节点管理进程(NodeManager)。etc/hadoop/yarn-site.xml 文件的典型配置如下。

```
<configuration>
    <!--Site specific YARN configuration properties -->
    <property>
```

```
        <name>yarn.resourcemanager.hostname</name>
        <value>Master_hadoop</value>
    </property>
    <property>
        <name>yarn.nodemanager.aux-services</name>
        <value>mapreduce_shuffle</value>
    </property>
</configuration>
```

很显然,很多参数都没有专门配置,多数情况下使用默认值。这个配置中仅配置了两个参数:yarn.resourcemanager.hostname(资源管理器主机)和 yarn.nodemanager.aux-services(YARN 节点管理器辅助服务)。这里把主节点也作为资源管理器主机配置,配置值分别为 Master_hadoop 和 mapreduce_shuffle。

4) 配置文件 mapred-site.xml 文件

mapred-site.xml 配置文件用于配置 MapReduce 应用参数,该文件位于"＄HADOOP_HOME/ etc/hadoop/mapred-site.xml"。很多参数无须专门配置,可使用默认值。

mapred-site.xml 文件的典型配置如下。

```
<configuration>
    <property>
        <name>mapreduce.framework.name</name>
        <value>yarn</value>
    </property>
    <property>
    <name>mapreduce.jobhistory.address</name>
        <value>Master_hsdoop:10020</value>
    </property>
    <property>
        <name>mapreduce.jobhistory.webapp.address</name>
        <value>Master_hadoop:19888</value>
    </property>
</configuration>
```

5) 监测 NodeManagers 的健康

在配置文件 mapred-site.xml 中,显然是在主机节点 Master_hadoop 配置 mapreduce.jobhistory.address 参数,规定将主机节点 Master_hadoop 作为作业历史记录服务运行节点。

Hadoop 提供了一种机制,可以通过该机制配置 NodeManager 定期运行管理员提供的脚本,以确定节点是否健康。

管理员可以通过在脚本中执行他们选择的任何检查确定节点是否处于健康状态。如果脚本检测到节点处于不健康状态,则必须在标准输出上打印以字符串 ERROR 开始的一行信息。NodeManager 定期生成脚本并检查该脚本的输出。如果脚本的输出包含如上所述的字符串 ERROR,则报告该节点的状态为不健康的,且由 NodeManager 将该节点列入黑名单,不会有进一步的任务分配给这个节点。但是,NodeManager 会继续运行脚本,如果该节点再次变为正常,则该节点就会从 ResourceManager 黑名单节点中自动删除。管理员可以用 ResourceManager Web 界面报告节点的健康状况,如果节点有故障,则报告还会显示具体的故障时间。

在"etc/hadoop/yarn-site.xml"中可以配置相关参数以控制节点的健康监测脚本。

如果只有一些本地磁盘出现故障,则健康检查脚本不应产生错误。NodeManager 有能力定期检查本地磁盘的健康状况(特别是检查 NodeManager 本地目录和 NodeManager 日志目录),并且在达到基于"yarn.nodemanager.disk-health-checker.min-healthy-disks"属性的值设置的坏目录数量阈值之后,整个节点会被标记为不健康,并将这个信息发送到资源管理器。无论是引导磁盘受到攻击,还是引导磁盘出现故障,都会在健康检查脚本中被标识。

6）集群配置实例

在实际工作中,许多配置参数都可以使用默认值,无须在配置文件中指定。下面配置一个由 5 台计算机构成的集群,配置步骤如下。

① 确定一台主机为主设备,设主机名为 Master_hadoop,IP 地址为 192.168.1.1,作为 NameNode 和 SecondaryNameNode;另外 4 台主机为从设备,(主机,IP)分别为(Slave_hadoop1,192.168.1.2)、(Slave_hadoop2,192.168.1.3)、(Slave_hadoop3 ,192.168.1.4)、(Slave_hadoop4,192.168.1.5)。修改节点 Master_hadoop 的/etc/hosts 为如下内容。

```
192.168.1.1    Master_hadoop
192.168.1.2    Slave_hadoop1
192.168.1.3    Slave_hadoop2
192.168.1.4    Slave_hadoop3
192.168.1.5    Slave_hadoop4
```

将此文件复制到其他节点主机上,命令如下。

```
#for count in {1..4};do
>scp /etc/hosts Slave1_hadoop$count:/etc/
>done
```

② 在节点 Master_hadoop 上创建用户 myhadoop,安装 SSH 服务端和 Java 开发工具(Java Development Kit,JDK)。设置 SSH 免密码登录,将公钥复制到其他节点。

③ 在节点 Master_hadoop 上安装 Hadoop,并完成配置。

④ 在其他 4 台主机上创建用户 myhadoop,安装 SSH 服务端。

⑤ 将节点 Master_hadoop 上的/soft/目录同步复制到另外 4 台主机上,命令如下。

```
#for count in Slave_hadoop{1..4}; do
>rsync -aSH -delete /soft/ $count:/soft/ -e 'ssh' &
>done
```

⑥ 在主节点 Master_hadoop 上启动 Hadoop。

2.4　Hadoop 服务的启动与测试

配置 Hadoop 各配置文件后,可以在任意目录下执行 jps 命令和 start-all.sh 脚本,以启动 Hadoop 的所有服务。首先执行 jps 命令,除看到 jps 进程外没有其他进程;然后执行 start-all.sh 命令,再执行 jps 命令,可以看到 DateNode、NameNode、NodeManerger、ResourceManerger、Jps、SecondaryNameNode 进程。

2.5　本 章 小 结

本章主要介绍了有关 Hadoop 平台搭建的知识。鉴于目前大多数 Hadoop 产品运行于 Linux 操作系统以及开源的原因,本章主要介绍了 CentOS Linux 7.0 系统下网络参数配置以及无密码访问主机的有关知识。本章还介绍了基于 Linux 系统的 Java 开发工具 JDK 的配置方法;Java 的集成开发平台 Eclipse 的配置,为运行 Hadoop 搭建运行平台;分别介绍了单机模式、伪集群模式、集群模式下的 Hadoop 环境搭建和配置,重点介绍了伪集群模式下的系统配置。对于集群模式,只需在伪集群模式的基础上对集群中的每个节点机进行配置,并将一个数据节点的配置复制到其他节点即可。

习　　题

1. 下载并安装 Hadoop 2.10.0 及以上版本。

2. 针对伪集群模式,假定配置参数 dfs.namenode.name.dir 的值是“file://home/hadoop/tmp/name”,配置 Core-site.xml 文件。

3. 配置伪集群模式下的 Hadoop 需要配置哪些配置文件(不含脚本文件)?

4. 通过 Eclipse 调试一个 Java 程序,找出 10000~100 000 的素数。

第 3 章

Hadoop 通用命令与应用编程原理

学习目标

- 了解 Hadoop 基本命令格式。
- 掌握 Hadoop 管理命令。
- 掌握 Hadoop 用户命令。
- 掌握 Hadoop 基本编程原理。

本章主要讨论 Hadoop 通用命令的使用方法,这些命令由运行脚本 bin/Hadoop 引出。

另外,本章还讨论 Hadoop Common 相关的源码结构。Hadoop Common 在 Hadoop 3.2.1 中位于"＄HADOOP_HOME/shre/Hadoop/common"目录下,此目录下的内容提供 HDFS 和 MapReduce 的公共部分,所以作用非常大。Hadoop Common 模块下的内容比较多,本章挑选部分模块进行分析,如 Hadoop Common 中序列化框架的实现、RPC 的实现等。

3.1 Hadoop 命令概述

所有 Hadoop 命令都由"＄HADOOP_HOME/bin/hadoop"脚本调用的。不用任何参数运行 Hadoop 脚本会输出所有命令的描述。从 Hadoop 脚本也可以执行 HDFS 分布式文件系统的 shell 命令,但 HDFS 命令还是使用自己的脚本执行会更好。执行脚本文件"＄HADOOP_HOME/bin/Hadoop",首先会设置有关环境变量,然后通过 shell 命令脚本语言的"case ＄COMMAND in"语句,根据执行命令确定 Java 执行的文件及相关参数,最后启动执行 Java 相关命令。Hadoop 脚本的有关语句如下。

```
...
function print_usage(){
    ...
}
if [ $#=0 ]; then
  print_usage
  exit
```

```
fi
COMMAND=$1
case $COMMAND in
...
export CLASSPATH=$CLASSPATH
exec "$JAVA" $JAVA_HEAP_MAX $HADOOP_OPTS $CLASS "$@"
    ;;
esac
```

这里略去脚本其他部分,脚本中定义的函数 print_usage 用于输出当执行 Hadoop 时没有指定执行命令时,执行函数 print_usage 的结果是输出 Hadoop 命令的简单使用方法。最后语句行是执行指定功能命令的关键语句,其中,环境变量 JAVA 是 Java 执行文件的路径,如"/soft/jdk-14.0.1/bin/java"。脚本通过 exec 命令启动 Java 进程执行命令。

```
exec "$JAVA" $JAVA_HEAP_MAX $HADOOP_OPTS $CLASS "$@"
```

Hadoop 命令分为管理命令和用户命令,运行 Hadoop 命令可使用如下通用语法。

```
#hadoop [--config confdir] [--loglevel loglevel] [COMMAND] [GENERIC_OPTIONS]
[COMMAND_OPTIONS]
```

其中,COMMAND 是可选择的 Hadoop 命令,GENERIC_OPTIONS 是命令通用选项,它是由多个命令支持的常用选项集。COMMAND_OPTIONS 是各种命令选项。这里只是描述了 Hadoop 通用子项目,HDFS 和 YARN 的命令将在后续介绍。

[--config confdir]选项会覆盖默认配置目录,默认配置目录是"$HADOOP_HOME/conf"。

[--loglevel loglevel]选项会覆盖日志级别。有效的日志级别是 FATAL、ERROR、WARN、INFO、DEBUG、TRACE,默认是 INFO。

通用命令在其功能基础上还有一组一般选项,这些一般选项如表 3-1 所示。

表 3-1　Hadoop 通用命令的一般选项

GENERIC_OPTION	功 能 描 述
-archives <逗号分开的 archives>	指定在计算机上还未被归档的文档,用逗号分隔,仅适用于作业(Job)
conf <配置文件>	规定一个应用配置文件
-D <property>=<value>	使用给定的属性值
-files <逗号分开的文件列表>	指定要复制到 MapReduce 集群中的文件,用逗号分隔,仅适用于作业
-fs <file:///> 或 <hdfs://名字节点:端口>	指定要使用的默认文件系统 URL,覆盖配置中的 FS.defaultfs 属性
-jt <local> 或 <资源管理器:端口>	指定一个资源管理器(ResourceManager),仅适用于作业
-libjars <逗号分开的 jar 文件列表>	指定要在 classpath 中包含的 jar 文件,用逗号分隔,仅适用于作业

3.2 Hadoop 管理命令

Hadoop 管理命令是 Hadoop 集群管理员使用的命令,用于管理 Hadoop 集群。

3.2.1 命令功能与命令格式

命令格式如下。

```
#hadoop daemonlog -getlevel <host:port><classname>[-protocol (http|https)]
#hdoop daemonlog -setlevel <host:port><classname><level>[-protocol (http|
https)]
```

命令功能:可以临时获取或更改当前日志级别,这是通过程序包"org.apache.
hadoop. log.LogLevel"的 main 方法实现的,如获取或设置 DataNode 的日志级别。

3.2.2 命令应用实例

【例 3-1】 获取 DataNode 的日志级别。

```
#hadoop daemonlog  -getlevel 192.168.0.109:50070 datanode
```

【例 3-2】 设置 DataNode 的日志级别。
命令如下。

```
#hadoop daemonlog  -setlevel 192.168.0.109:50070 datanode DEBUG
```

此命令中,level 的设置必须大写,如 DEBUG。
org.apache.hadoop.log.LogLevel 程序包对 main 方法的具体程序实现如下。

```java
public static void main(String[] args) {
    if (args. length ==3 && "-getlevel".equals(args[0])) {
     process("http://" +args[1] +"/logLevel?log=" +args[2]);
     return;
    }
    else if (args.length ==4 && "-setlevel".equals(args[0])) {
     process("http://" +args[1] +"/logLevel?log=" +args[2]
        +"&level=" +args[3]); //由 process 实现
     return;
    }
System.err.println( USAGES);
    System.exit(-1);
}
```

在上述 main 方法中,在开始时会解析输入的参数,并生成一个 URL,使用生成的

URL 参数调用 process 方法,从而获取或设置日志级别。

3.3 Hadoop 用户命令

用户命令是 Hadoop 集群中用户使用的命令,包括建立文档(archive)的命令,检查本机代码可用性(checknative)的命令,输出获取 Hadoop jar 包所需类路径(classpath)的命令以及管理证书(credential)的命令,递归地复制文件或目录(distcp)的命令,文件系统命令(fs),运行 jar 文件(jar)、经过 KeyProvider 管理密钥(key)、查看和修改 Hadoop 跟踪设置(trace)的命令,输出版本号(Version)的命令,运行名为 CLASSNAME 的类(CLASSNAME)的命令等。

3.3.1 建立与查看 Hadoop 的文档

Hadoop 的文档是特殊格式的归档文件。这里应注意"文档"与"文件"的区别。这里所指的文档的英文是 archive,而文件的英文是 file,两者的含义和表示内容不同。就像在 Linux 文件系统中,由 tar 命令将若干文件(file)或目录打包成一个 tar 文件,此时称之为文档。一个 Hadoop 文档映射到一个文件系统目录,Hadoop 文档的扩展名为 har。Hadoop 归档文件的目录包含元数据(以"_index"和"_masterindex"为形式)和数据文件(文件名形如"part-*")。"_index"文件包含被归档的 part 文件的名称及其文件位置。

1. 建立 Hadoop 文档的命令格式

建立文档的命令格式如下。

```
#hadoop archive -archiveName name -p <parent>[-r <replication factor>] <src> * <dest>
```

"-archiveName"指定想创建文档的名称,如 foo.har,名称中应有 har 扩展名。parent 参数指定应归档的文件的相对路径,如-p /foo/bar a/b/c e/f/g。

/foo/bar 是父路径,a/b/c 和 e/f/g 是一个相对于父路径的相对路径。注意:这是创建文档的 Map/Reduce 作业,需要一个 MapReduce 集群运行它。

-r 表示所需的重复因子,如果未指定该参数,则使用复制因子 3。

【例 3-3】 对目录/foo/bar 进行归档,归档文档名为 zoo.har。

命令如下。

```
#hadoop archive -archiveName zoo.har -p /foo/bar -r 3  /outputdir
```

如果指定加密区域中的源文件,则源文件将被解密并写入文档。如果 har 文件不在加密区中,那么文档将以清晰(解密)的形式存储。如果 har 文件位于加密区,则文档将以加密的形式存储。

2. 查找文档中的文件

因为归档文件自身显示为文件系统层,所以所有的 FS shell 命令都在文档中使用不同的 URL。另外注意,文档是不能改变的,因此重命名、删除和创建会返回一个错误。
Hadoop 存储文档的 URL 如下。

```
har://scheme-hostname:port/archivepath/fileinarchive
```

如果不提供任何方案,则假定是底层文件系统。在这种情况下,URL 形式如下。

```
har:///archivepath/fileinarchive
```

3. 解压缩归档文件

解压缩归档文件的顺序如下。

```
#hdfs dfs -cp har:///user/zoo/foo.har/dir1 hdfs:/user/zoo/newdir
```

使用 DistCp 命令进行解压缩。

```
#hadoop distcp har:///user/zoo/foo.har/dir1 hdfs:/user/zoo/newdir
```

4. 归档文件的例子

1) 建立归档文件

【例 3-4】 "/user/Hadoop"作为归档文件相对目录,创建一个归档文件。把目录"/
user/ hadoop/dir1"和"/user/hadoop /dir2"归档到文件系统目录"/user/zoo/foo.har"中,
使用复制因子 3。

命令如下。

```
#hadoop archive -archiveName foo.har -p /user/hadoop -r 3 dir1 dir2 /user/zoo
```

存档不删除输入文件。如果想在创建归档文件之后删除输入文件(以减少名称空
间),那么必须自己完成删除工作。

2) 查找文件

在 Hadoop 文档中查找文件就像在文件系统中使用 ls 命令一样容易。如在例 3-4
中,已经将目录"/user/hadoop/dir1"和"/user/hadoop/dir2"归档到文档"/user/zoo/foo.
har"中,可以执行如下命令查找文档中的文件。

```
#hdfs dfs -ls -R har:///user/zoo/foo.har/
har:///user/zoo/foo.har/dir1
har:///user/zoo/foo.har/dir2
```

显然,这是 Hadoop 分布式文件系统的命令,详细情况请参见后续章节。

为了理解 p 参数的重要性,再看一遍上面的例子。如果只是对 Hadoop 文档执行 ls
(不是 ls -R),而是用下述命令:

```
#hdfs dfs -ls har:///user/zoo/foo.har
```

那么输出如下：

```
har:///user/zoo/foo.har/dir1
har:///user/zoo/foo.har/dir2
```

3.3.2 检查 Hadoop 本地代码可用性

命令格式如下。

```
#hadoop  checknative [-a] [-h]
```

此命令检查 Hadoop 本机代码的可用性。默认情况下，此命令只检查 libhadoop 的可用性。

因为性能方面的原因以及某些组件不能使用 Java 实现，所以 Hadoop 的某些组件具有本地实现的组件。这些组件可在一个单独的、动态链接的本地库中找到，该库被称为本地 Hadoop 库。在"＊nix"平台上，该库被称为 libhadoop.so。

-a 选项用于检查所有库的可用性。

-h 选项用于获得帮助信息。

3.3.3 classpath 命令

1. 命令格式

classpath 命令的格式如下。

```
#hadoop classpath [--glob |--jar <path> |-h |--help]
```

2. 命令的功能

该命令可以打印获取 Hadoop jar 和所需库的类的路径。如果不带参数调用，则打印由命令脚本设置的类路径，其中可能在 classpath 条目中包含通配符。其他选项打印路径通配符的扩展或将类的路径写入 jar 文件的清单中。将类的路径写入 jar 文件的清单中，对于在环境中不能使用通配符和扩展路径超过支持命令行的最大长度的情况很有用。

3）命令的选项

--glob：该选项是扩展通配符。

--jar ＜path＞：以 jar 命名的路径的类路径清单。

-h|--help：打印帮助信息。

3.3.4 credential 命令

1. 命令格式

credential 命令的格式如下。

```
#hadoop credential <subcommand>[options]
```

2. 命令功能

该命令用于管理证书提供者的证书、密码和有关秘密信息。

Hadoop 中的 CredentialProvider API 允许应用程序与存储它们所需的密码/秘密信息分离开。为了指示某个证书提供者的类型和位置，用户必须在配置文件 core-site.xml 中提供 hadoop.security.credential.provider.path 配置元素，或对以下命令中的每个命令行使用选项"-provider"。此证书提供者路径是一个以逗号分隔的 URL 列表，指示要查阅的提供者列表的类型和位置，例如以下路径：

```
user:///,jceks://file/tmp/test.jceks,jceks://hdfs@nn1.example.com/my/path/
test.jceks
```

3. 命令选项

该命令的选项分为＜子命令＞和［选项］两个部分，其中＜子命令＞有 3 个，分别如下。

（1）create alias：建立证书别名，其可用的选项有［-provider provider-path］、［-strict］、［-value credential-value］，可根据需要使用。

这个子命令提示用户将证书存储为一个别名。在 core-site.xml 文件中将会使用 hadoop.security.credential.provider.path，除非使用选项"-provider"。如果证书提供者使用默认密码，则"-strict"标志将导致命令失败，使用"-value"选项会提供证书值而不是提示。

（2）delete alias：用别名删除证书，其可用选项有［-provider provider-path］、［-strict］、［-f］，可根据需要使用这些选项。

这个命令要进行提问，如果使用选项"-f"，则强制删除，无须提问。

（3）list：列出证书别名清单，可用选项为［-provider provider-path］、［-strict］。

列出所有在 core-site.xml 文件中用到的 hadoop.security.credential.provider.path 别名，除非使用选项"-provider"。如果证书提供者使用默认密码，则"-strict"标志将导致命令失败。

注意：在安装和配置 Hadoop 时，默认情况下在 core-site.xml 文件中没有设置 hadoop.security.credential.provider.path 属性。因此，需要时应使用 credential 命令。

4. 命令应用实例

【例 3-5】　列出证书名单。

```
#hadoop credential list -provider jceks://file/tmp/test.jceks
```

3.3.5 递归复制文件和目录命令 distcp

1. 命令格式

distcp 命令的格式如下。

```
#hadoop distcp [选项] <源文件路径> <目标路径>
```

2. 命令功能

distcp 命令在分布式文件系统中用于递归地复制文件及目录。distcp 命令最常见的用途是跨集群复制,这个命令可以并行地复制大量数据文件。

distcp 命令的典型应用是在两个 HDFS 集群中复制文件,如果两个集群使用的 Hadoop 版本相同,则可以使用 HDFS 标识符。例如:

```
#hadoop distcp hdfs://namenode1/foo hdfs://namenode2/bar
```

这条命令会把第一个集群(NameNode 为命令中指定的 namenode1)中的"/foo"目录复制到第二个集群中的"/bar"目录下,于是在第二个集群中就得到了"/bar/foo"这样的目录结构,也可以指定多个复制源,但复制目的地只有一个。要注意的是,指定复制路径时要使用绝对路径。

distcp 命令是以 MapReduce 作业的形式实现的,只不过此作业没有 Reduce 任务。每个文件是由一个 Map 任务复制的。distcp 命令尽量把大小之和相同的各个文件导入同一个 Map 任务中,这样可以使每个 Map 任务复制的数据量大致相同。

Map 任务的数量按如下方式决定。

(1) 考虑到创建每个 Map 任务的开销,每个 Map 任务至少应处理 256MB 的数据(如果总输入文件小于 256MB,则把这些输入数据全部交给一个 Map 任务执行)。例如,一个 1GB 的输入数据会被分配给 4 个 Map 任务复制。

(2) 如果待复制的数据实在很大,则不能只按每个 Map 任务 256MB 输入数据的标准划分,因为这样可能需要创建很多 Map 任务。这时可以按每个 DataNode 20 个 Map 任务划分。例如,对于 1000GB 的输入数据和 100 个节点,就要用 $100 \times 20 = 2000$ 个 Map 任务复制数据,每个 Map 任务复制 512MB 数据。同时,也可通过"-m"选项指定要使用的 Map 数,例如,"-m 1000"只启动 1000 个 Map 任务,每个 Map 任务复制 1GB 的数据。

默认情况下,如果在复制的目的地已经存在同名文件,则会默认跳过这些文件。可以通过"-overwrite"选项指定覆盖同名文件,或者通过"-update"选项更新同名文件。

如果两个集群的 Hadoop 版本不一致,则不能使用 HDFS 标识符复制文件,因为两者的 RPC 系统不兼容。这时可以使用只读的基于 HTTP 的 HFTP 文件系统读取源数据,如下所示(注意:此命令是在第二个集群上执行的,以确保 RPC 版本兼容)。

```
#hadoop distcp hftp://namenode1:50070/foo hdfs://namenode2/bar
```

注意：在上述命令中需要指定 namenode1 的网络端口，它是由"dfs.http.address"指定的，默认为 50070。

3.3.6　Hadoop 的 fs 命令

fs 命令是常用命令，与 hdfs dfs 命令基本等价。该命令的详细使用情况可参考后面章节提到的与 HDFS 有关的命令。此命令可以引出很多关于分布式文件系统的操作命令。

【例 3-6】　从本地文件系统复制数据文件"./input/ * .txt"到 HDFS 的"/user/root/input"。

```
#hadoop fs -copyFromeLocal ./input/ * .txt /user/root/input
```

【例 3-7】　对文件和目录进行计数。

```
#hadoop  fs  -count [-q][-h][-v][-x][-t[<storage type>]][-u]<paths>
```

应用实例：对 HDFS 文件系统中的"/user/root/input"进行计数。

```
#hadoop fs -count /user/root/input
```

3.3.7　Hadoop 的 jar 命令

1. 命令格式

jar 命令格式如下。

```
#hadoop jar <jar>[mainClass] args …
```

2. 命令的功能

可以使用 Hadoop 运行一个 jar 文件，但 Hadoop 建议使用 yarn jar 代替 hadoop jar。关于 yarn jar 命令请参考后续有关章节的内容。

3.3.8　Hadoop 的 key 命令

1. 命令格式

key 命令的语法格式如下。

```
#hadoop key <subcommand>[options]
```

在命令中，<subcommand>表示子命令，包括 create、roll、delete、list 及帮助子命令，

子命令后面的[option]是命令选项。

2. 命令功能

Key 命令用于管理密钥提供程序(KeyProvider)的密钥。

KeyProvider 经常要求提供密码或其他秘钥。如果 KeyProvider 需要密码并且无法找到密码,则它将使用默认密码并发出一个"默认密码正在使用中"的警告消息。如果提供了-strict 标志,则警告消息变成错误消息,命令立即返回错误状态。

注意:

(1) 一些 KeyProvider(如 org.apache.hadoop.crypto.key.JavaKeyStoreProvider)不支持大写字母密钥的名称。

(2) 一些 KeyProvider 不直接执行密钥删除(如执行软删除,或延迟实际删除而不是实际删除,以防止错误)。在这些情况下,在删除一个具有相同名称的密钥后,可能会遇到错误。

3. 命令选项

key 命令选项如表 3-2 所示。

表 3-2　Hadoop 的 key 命令选项

命 令 选 项	描　　述
create keyname[-cipher cipher] [-size size][-description description] [-attr attribute = value][-provider provider][-strict][-help]	在-provider 参数指定的 Provider 内创建由参数 keyname 指定名称的一个新密钥。如果 Provider 使用默认密码,则-strict 标志将导致命令失败。可以用-cipher 参数指定一个密码。目前默认密码是 AES/CTR/NoPadding。默认的密钥大小为 128 位。可以使用-size 参数指定请求的密钥长度。可以任意使用 -attr 参数指定 attribute=value 属性。每个属性一次可以使用多个-attr 指定
HSLAroll keyname [-provider provider] [-strict] [-help]	在-provider 参数指定的 Provider 内,对于特定密钥创建一个新版本。如果 Provider 使用默认密码,则-strict 标志将导致命令失败
delete keyname [-provider provider] [-strict] [-f] [-help]	在-provider 参数指定的 Provider 内删除由参数 keyname 指定名称的所有版本密钥。如果 Provider 使用默认密码,则-strict 标志将导致命令失败。该命令要求用户确认是否删除,除非指定-f 选项
list [-provider provider] [-strict] [-metadata] [-help]	显示特定 Provider 包含的 keyname,如内部配置文件 core-site.xml 或由-provider 参数指定。如果 Provider 使用默认密码,则-strict 标志将导致命令失败。-metadata 显示元数据
-help	显示命令使用方法

3.3.9　Hadoop 的其他用户命令

Hadoop 的其他用户命令包括 trace、version、CLASSNAME 和 envvars 命令。

1. trace 命令

trace 命令用于查看和修改 Hadoop 追踪设置。

2. version 命令

version 命令用于显示输出 Hadoop 的版本,例如在安装 Hadoop-3.2.1 后,执行以下命令。

```
#hadoop version
```

显示结果如图 3-1 所示。

图 3-1　version 命令的执行结果

3. CLASSNAME 命令

CLASSNAME 命令用于调用任何类,其使用方法如下。

```
#hadoop CLASSNAME
```

运行由 CLASSNAME 命名的类。

4. envvars 命令

envvars 命令用于显示计算的 Hadoop 环境变量,其使用方法如下。

```
#hadoop  envvars
```

3.4　Hadoop 编程原理

Hadoop 编程是基于 Hadoop 的应用程序接口(Application Programming Interface, API)进行的,主要的开发工具是 Java 程序语言。当然,也可以使用像 Python 这样的语言。这里主要讨论使用 Java 作为程序设计语言,并使用集成开发环境 Eclipse 进行 Hadoop 应用程序开发的基本方法。

3.4.1　创建 Java 应用项目

创建 Java 应用项目的步骤如下。

(1)启动 Eclipse,建立一个项目(Project)。在命令提示符下执行 Eclipse 命令,以启

动集成开发环境。确认工作空间后,执行"File"→"New"→"Java Project"命令,如图 3-2
所示。

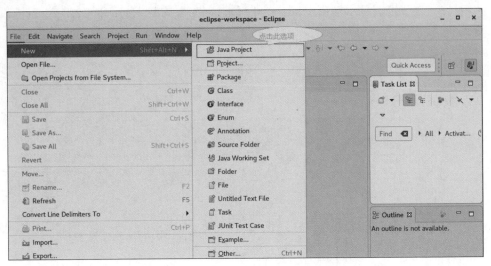

图 3-2　在 Eclipse 下新建项目

（2）输入一个项目名 myhadoop-1,并新建一个包,命名为 mypackge_1。执行"File"→
"New"→"Folder"命令建立一个文件夹 libs。选择项目 myhadoop-1,在 Folder name 的
文本框中输入要创建的文件夹的名称 libs,如图 3-3 所示。然后单击 Finish 按钮,完成文
件夹的创建。

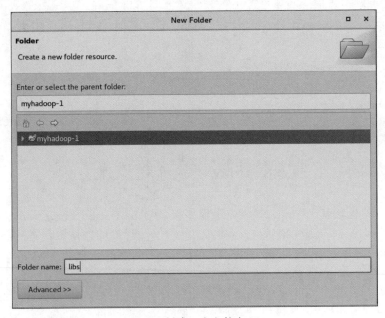

图 3-3　创建一个文件夹 libs

（3）创建完文件夹后,可创建一个包（Package）,执行"File"→"Package"命令进入包

创建界面,选择项目 myhadoop-1,输入要创建的包名 mypackage_1,然后单击 Finish 按钮完成创建,如图 3-4 所示。

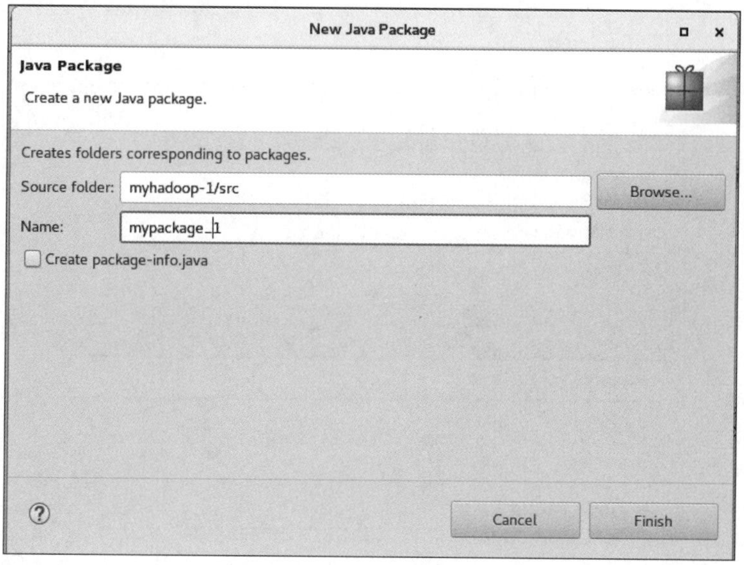

图 3-4　建立一个包(Package)mypackage_1

为了能使用 Hadoop 的包,需要导入 Hadoop 的 Common 包和 HDFS 的包。切换到命令窗口,按 Ctrl+Z 组合键使 Eclipse 进入后台,然后执行如下命令。

```
#cd $HADOOP_HOME/share/hadoop/common
#cp hadoop-common-3.2.1.jar /root/eclipse-workspace/myhadoop-1/libs
#cp hadoop-nfs-3.2.1.jar /root/eclipse-workspace/myhadoop-1/libs
#cd  $HADOOP_HOME/share/hadoop/hdfs/lib
#cp  * /root/eclipse-workspace/myhadoop-1/libs
#cd
#jobs
#fg  1
```

这组命令可以将"$HADOOP_HOME/share/common/hadoop/"目录下的 hadoop-common-3.2.1.jar 和 hadoop-nfs-3.2.1.jar 复制到 Eclipse 项目中的 libs 目录下。

(4) 执行命令 fg 1 回到 Eclipse 界面。

(5) 创建包后,要创建一个类,执行"New"→"class"命令,然后选择项目所在位置和包名称,并输入类名称,例如给定类名是 myclass_Test,如图 3-5 所示。

单击 Finish 按钮,可看到如图 3-6 所示的界面,产生了一个包含 main 方法的类。

单击 Eclipse 左下角的包结构图标,选择工程 myhadoop-1,右击执行"Add to Buid Path"→"Java Build Path"命令,单击 Add External JARs 按钮,可以把所有 jar 添加到 path 环境中,如图 3-7 所示。

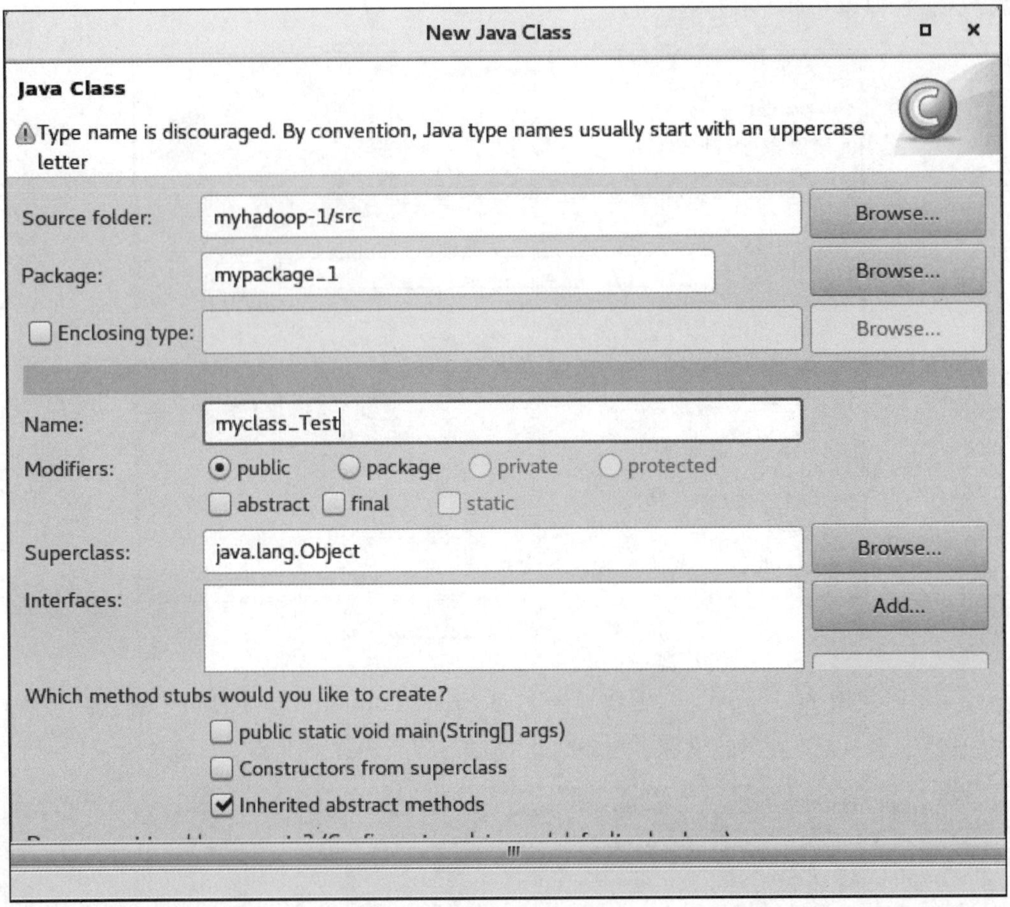

图 3-5　建立类 myclass_Test

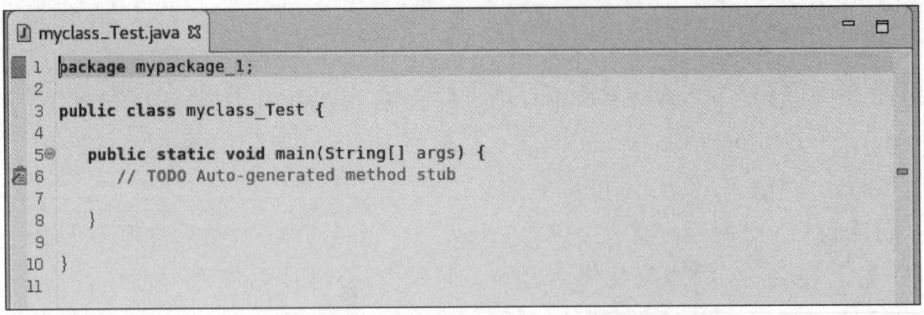

图 3-6　建立类 myclass_Test 的程序界面

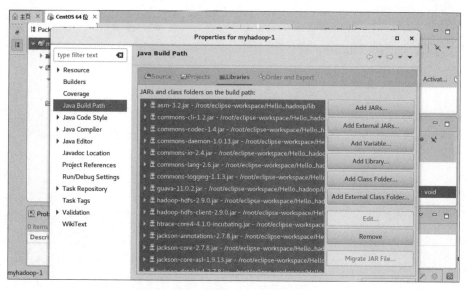

图 3-7　添加 jar 包文件到 path 环境中

3.4.2　Hadoop 分布式处理程序的设计原理

下面用一个简单的程序说明 Hadoop 分布式处理程序的设计原理,以求最大值为例,说明具有分布式处理特点的程序设计方法。在 Hadoop 程序中,总要涉及分布式文件系统 HDFS、MapReduce 等要素。这些内容在后续章节会详细介绍,这里先介绍有关 Hadoop 编程的基本原理和方法。

1. 求最大值程序的基本要求

很多实际问题都与求最大值有关,因此求最大值是分布式编程应用的重要问题。

2. MapReduce 编程原理

MapReduce 是 Hadoop 针对大规模数据集进行分布式处理的运算模型。可以这样理解上述求最大值的过程,假设需要统计某课程 10 个班的最高分,为了加快进度,教学助理请了 10 名学生负责统计,让每个人负责统计一个班,10 名学生将统计结果告诉教学助理,然后教学助理再汇总,从 10 个分数中找出最高分。每个学生完成的就是 Map 任务,教学助理最后统计的结果就是 Reduce 任务。

3.5　Hadoop 编程实例

3.5.1　问题描述

求若干整数的最大值:很多实际问题都与求最大值有关,因此求最大值是分布式编程应用的重要问题。假定一个文件中有很多行,每行存放一个整数,求这个文件中所有整数中的最大值。

3.5.2 求最大值的 Hadoop 程序设计

1. Mapper 类设计

必须事先实现 Hadoop 中 Mapper 类中的方法 Map,因此定义一个类,类名称为 MaxMapper,继承类 Mapper。需要导入 Hadoop 的相关类,类 MaxMapper 的定义代码如下。

```
import org.apache.hadoop.io.LongWritable;
import org.apache.hadoop.io.NullWritable;
import org.apache.hadoop.io.Text;
import org.apache.hadoop.mapreduce.Mapper;
public class MaxMapper extends Mapper < LongWritable, Text, LongWritable,
NullWritable>{
    long max =Long.MIN_VALUE;
    protected void map(LongWritable key, Text value,Context context) throws
    java.io.IOException, InterruptedException{
        Long current =Long.parseLong(value.toString());
        if (current >max){
            max =current;
        }
    };
/* 当 mapper 结束时执行,因为每行都执行一次 map 函数,所以不能在 map 函数中写
  context.write */
    protected void cleanup(
     org.apache.hadoop.mapreduce.Mapper < LongWritable, Text, LongWritable,
     NullWritable >. Context context ) throws java. io. IOException,
     InterruptedException {
        context.write(new LongWritable(max), NullWritable.get());
    };
}
```

2. Reducer 类设计

与 Map 类一样,在 Hadoop 的包中已经定义了 Reducer 类,但针对每个具体程序,还需要重新实现该类中的 Reducer,因此定义一个 Reducer 类,类名称为 MyReducer。需要导入 Hadoop 的有关类,MyReducer 类的定义代码如下。

```
import org.apache.hadoop.io.LongWritable;
import org.apache.hadoop.io.NullWritable;
import org.apache.hadoop.mapreduce.Reducer;
```

```
/**
* 因为 Reducer 接收的是从多个 Map 任务输出的结果,所以在 Reducer 中还要进行比较大小
  的操作
* */
public class MyReduce extends Reducer < LongWritable, NullWritable,
LongWritable, NullWritable>{
    long max =Long.MIN_VALUE;
    protected void reduce(LongWritable key2, java.lang.Iterable<NullWritable
    > values2, org. apache. hadoop. mapreduce. Reducer < LongWritable,
    NullWritable, LongWritable, NullWritable>.Context context) throws java.
    io.IOException, InterruptedException {
        long current =key2.get();
        if (current >max) {
            max =current;
        }
    };
// 由于一个 mapper 输出执行一次 Reducer,所以只有在 Reducer 全部执行完毕后才得出最大值
    protected void cleanup(
        org. apache. hadoop. mapreduce. Reducer < LongWritable, NullWritable,
        LongWritable, NullWritable >. Context context) throws java. io.
        IOException, InterruptedException {
            context.write(new LongWritable(max), NullWritable.get());
    };
}
```

3. 测试类设计

为了测试上述两个类,需要设计一个包括 main 方法的类,以便能够启动运行程序。要想导入相关的包,则要先设计输入和输出位置。下面给出测试类的代码。

```
import java.io.IOException;
import java.net.URI;
import java.net.URISyntaxException;
import org.apache.hadoop.conf.Configuration;
import org.apache.hadoop.fs.FileSystem;
import org.apache.hadoop.fs.Path;
import org.apache.hadoop.io.LongWritable;
import org.apache.hadoop.io.NullWritable;
import org.apache.hadoop.mapreduce.Job;
import org.apache.hadoop.mapreduce.lib.input.FileInputFormat;
import org.apache.hadoop.mapreduce.lib.input.TextInputFormat;
import org.apache.hadoop.mapreduce.lib.output.FileOutputFormat;
import org.apache.hadoop.mapreduce.lib.output.TextOutputFormat;
```

```java
import org.apache.hadoop.mapreduce.lib.partition.HashPartitioner;
public class TestMaxNum {
    private static final String INPUT_PATH = "hdfs://xxc:9000/input";
    private static final String OUT_PATH = "hdfs://xxc:9000/out";
    public static void main ( String [ ] args ) throws IOException,
InterruptedException, ClassNotFoundException, URISyntaxException {
Configuration conf = new Configuration();
        FileSystem fileSystem = FileSystem.get(new URI(INPUT_PATH), conf);
        Path outPath = new Path(OUT_PATH);
        if(fileSystem.exists(outPath)){
            fileSystem.delete(outPath, true);
        }
    Job job = new Job(conf,TestMaxNum.class.getSimpleName());
    //1.1 指定读取的文件路径
    FileInputFormat.setInputPaths(job, INPUT_PATH);
    //指定如何对输入文件进行格式化。把输入文件每行解析成键值对
    job.setInputFormatClass(TextInputFormat.class);
    //1.2 指定自定义的 map 类
    job.setMapperClass(MyMapper.class);
    //指定 map 输出的<k,v>类型。如果<k3,v3>的类型和<k2,v2>的类型一致,则可以省略
    job.setMapOutputKeyClass(LongWritable.class);
    job.setMapOutputValueClass(NullWritable.class);
    //1.3 分区
    job.setPartitionerClass(HashPartitioner.class);
    //有一个 Reducer 任务运行
    job.setNumReduceTasks(1);
    //1.4 TODO 排序、分组
    //1.5 规约
    job.setCombinerClass(MyReduce.class);
    //2.2 指定自定义 Reducer 类
    job.setReducerClass(MyReduce.class);
    //指定 Reducer 的输出类型
    job.setOutputKeyClass(LongWritable.class);
    job.setOutputValueClass(NullWritable.class);
    //2.3 指定输出到哪个路径
    FileOutputFormat.setOutputPath(job, new Path(OUT_PATH));
    job.setOutputFormatClass(TextOutputFormat.class);
    //把 job 提交给 JobTracker 运行
    job.waitForCompletion(true);
    }
}
```

3.6　本章小结

本章介绍了 Hadoop 的基本 shell 命令,通过运行脚本文件引出 Hadoop 的基本命令,包括系统管理员命令和用户命令,文件系统操作相关命令可以用 hadoop 命令引出,也可以用后面介绍的分布式文件系统的命令替代,因此本章不对这些命令进行详述。本章还简单介绍了 Hadoop 应用编程的基本方法,为后续学习打下基础。

习　题

一、选择题

1. 下列程序中通常与 NameNode 在同一节点启动的是(　　)。
   A. TaskTracker   B. DataNode
   C. SecondaryNameNode   D. Jobtracker
2. HDFS 默认 Block Size 的大小是(　　)。
   A. 32MB   B. 64MB   C. 128MB   D. 256MB

二、填空题

1. 所有 Hadoop 命令都通过在 Linux 命令状态执行脚本文件_____实现。
2. 为管理密钥供应商的密钥,应使用命令 hadoop _____。
3. 与 hdfs dfs 命令基本等价的命令是_____。

三、简答题

1. 在 Hadoop 中,jps 命令的作用是什么?
2. 使用 distcp 命令在集群之间复制文件时,Map 如何分配任务?
3. 在 MapReduce 程序中,需要实现的两个方法是什么?

第4章

Hadoop 分布式文件存储

学习目标

- 了解分布式文件系统(HDFS)的概念、体系结构及特点。
- 掌握 HDFS shell 命令的操作方法。
- 掌握 HDFS API 应用编程方法。

Hadoop 分布式文件系统(Hadoop Distributed File System,HDFS)是一个设计在通用硬件上运行的分布式文件系统。HDFS 是一个高度容错的文件系统,提供对应用数据的高吞吐量访问,特别适合于大数据集的应用处理。

HDFS 放松了对文件系统数据流访问的部分可移植性操作系统接口的要求。HDFS 最初是作为 Apache Nutch Web 搜索引擎项目的基础设施而建立的,是 Apache Hadoop 的核心部分。

在 HDFS 上运行应用程序需要对其数据集进行流式访问。HDFS 被设计为比通过用户交互更快的批处理,加强了比低延迟数据访问更好的高吞吐量数据访问。

在一些关键区域利用了 UNIX 的可移植性操作系统接口(Portable Operating System Interface of UNIX,POSIX),提高了数据的吞吐率。

硬件故障并不罕见,一个 HDFS 实例可以由成百上千个存储数据部分的服务器文件系统组成。事实上有很多组件,每个组件都有不同的故障率(失败概率),即一些 HDFS 组件一直不工作(没有发挥其功能)。因此,快速、自动地发现故障是 HDFS 的核心体系的目标。

4.1 HDFS 概述

HDFS 是 Hadoop 自身的机架感知文件系统,它是 Hadoop 的一个基于 Linux 系统的文件系统。HDFS 是从 GFS 的概念中衍生而来的,Hadoop 的一个重要特点是对跨多台(数千台)主机的数据和计算进行分区,并且同时就近执行应用程序进行数据计算。在 HDFS 中,数据文件被复制为集群中的顺序块。Hadoop 集群通过简单地添加普通服务器扩展计算能力、存储能力和 I/O 带宽。HDFS 可以通过许多不同的方式从应用程序进行访问。从本质上讲,HDFS 为应用程序的使用提供了一个 Java API。

4.1.1　HDFS 的特点

HDFS 的特点同时也表现为以下优缺点。

1. HDFS 的优点

1）高容错性

（1）数据自动保存多个副本，通过增加副本的形式提高容错性。

（2）某一个副本丢失以后，它可以自动恢复，这是由 HDFS 内部机制实现的。

2）适合大数据处理

（1）数据规模：能够处理规模达到 GB、TB 甚至 PB 级别的数据。

（2）文件规模：能够处理百万规模以上的文件数量。

3）流式数据访问

（1）一次写入，多次读取，不能修改，只能追加。

（2）流式数据访问方式能保证数据的一致性。

4）HDFS 可构建在廉价机器上

（1）通过多副本机制提高可靠性。

（2）提供了容错和恢复机制。如某一个副本丢失时，可以通过其他副本恢复。

2. HDFS 的缺点

1）不适合低延时数据访问

（1）对于毫秒级的数据存储无能为力。

（2）适合高吞吐率的场景，即在某一时间内写入大量的数据。但是在低延时的情况下无能为力，如毫秒级以内读取数据。

2）无法高效存储大量小文件

（1）存储大量小文件会占用 NameNode 大量的内存以存储文件、目录和块信息，从而消耗大量内存，而 NameNode 的内存总是有限的。

（2）小文件存储的寻道时间会超过读取时间，这违反了 HDFS 的设计目标。

3）不支持并发写入和随机修改文件

（1）一个文件只能由一个线程写入，不允许多个线程同时进行写入。

（2）仅支持数据追加，不支持随机修改文件。

4.1.2　HDFS 的架构

1. NameNode 与 DataNode

HDFS 采用主从架构。一个 HDFS 集群是由一个 NameNode 和一定数目的 DataNode 组成的。NameNode 相当于中心服务器，负责管理文件系统的名字空间（Namespace）以及客户端对文件的访问。集群中的 DataNode 负责管理它所在节点上的数据存储。HDFS 内部机制将文件划分成一个或多个数据块，这些块存储在一组

DataNode 中。在正常情况下,副本有 3 个,HDFS 的策略是把第一个副本存放在本地节点,第二个副本存放在本地机架上的不同节点,第三个副本存放在不同机架上的不同节点。HDFS 支持大型文件,HDFS 块的大小被定义为 64MB 或 128MB。如有需要,还可以更大。

NameNode 执行文件系统的名字空间操作,如打开、关闭、重命名文件或目录,它也负责确定数据块到具体 DataNode 节点的映射。DataNode 负责处理文件系统客户端的读写请求。在 NameNode 的统一调度下创建、删除和复制数据块。

2. HDFS 的运行管理

用主从架构管理的 HDFS 包括以下组件。

NameNode:这是 HDFS 系统的主机(Master)架构,它负责维护目录、文件以及管理呈现在数据节点的块。

DataNode:这些是在每台机器中配置以提供实际存储的辅助机器。

Secondary NameNode:负责定期检查点(Check Point)。因此在任何时间,如果 NameNode 运行失败了,则通过 SecondaryNameNode 检查点中存储的快照进行替换。HDFS 的结构如图 4-1 所示。

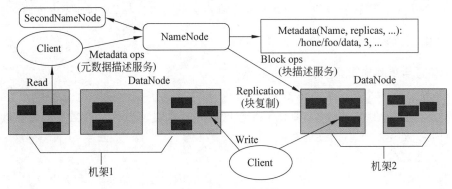

图 4-1　HDFS 的结构

接口是观察复杂系统工作的一个很好的出发点。HDFS 是采用多项分布式技术实现的文件系统。也可以从各个实体间的接口理解 HDFS 架构。HDFS 各个实体间存在多种信息交互的过程,有些交互过程使用 Hadoop 远程过程调用实现,充分利用了进程间通信(Inter-Process Commnication,IPC)机制特有的和本地过程调用相同的语法外观;在需要交换大量数据的场景中,则使用基于传输控制协议(Transmision Control Protocal,TCP)或者基于超文本传输协议(Hyper Text Transfer Protocal,HTTP)的流式接口。从另一个实体间的交互角度看,有些接口和客户端相关,有些是 HDFS 各个服务器间也就是 HDFS 内部实体间的交互。HDFS 各个实体间的接口如图 4-2 所示。

基于 IPC 的和客户端相关的接口包括 ClientProtocol、ClientDatanodeProtocol,它们分别用于客户端和名字节点、客户端和数据节点的通信。HDFS 内部实体使用 Hadoop 远程过程调用实现的信息交换,包括数据节点和名字节点、数据节点和数据节点、第二名

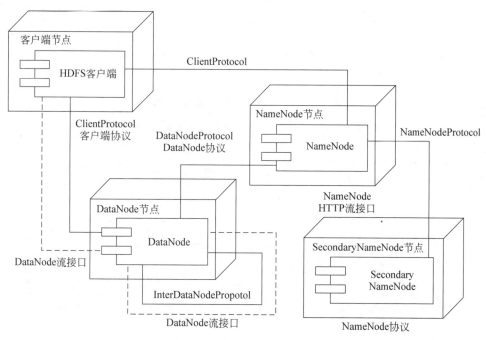

图 4-2　HDFS 各个实体间的接口

字节点和名字节点间的交互。流式接口主要用于大量数据传输,包括基于 TCP 的客户端和数据节点、数据节点和数据节点间等与数据块操作相关的接口,以及基于 HTTP 的用于第二名字节点合并命名空间镜像和镜像编辑日志的接口。

Hadoop 是一个顶级 Apache 项目,是一个非常复杂的 Java 框架。为了避免技术复杂性,Hadoop 社区开发了几个为 Hadoop 特点增添附加值的 Java 框架,它们被认为是 Hadoop 子项目。这里探讨几种可以作为 HDFS 抽象的 Hadoop 组件。

4.1.3　熟悉 HDFS 守护进程

理解 HDFS 的设计后,现在谈谈在整个 HDFS 体系结构中扮演重要角色的守护进程。这里通过一种对话的方式说明守护进程的功能,让参与对话的成员进行自我介绍。守护进程如表 4-1 所示。

表 4-1　通过谈话看守护进程

用户	我是需要读取和写入数据的人。但是,我不是一个守护进程
客户端	Hi,你们好! 人们坐在我面前,让我读写数据。我也不是 HDFS 守护进程
NameNode	我是独一无二的。我是这里的协调员。您是认真的吗? 第二个 NameNode 怎么说? 别担心,我们会在本节结尾部分介绍这一点
DataNode	我们是实际的存储数据者。我们生活在一个团体里。有时候,我们有数千人的"军队"

现在,可以通过不同的场景呈现了解每个场景的功能。

1. 场景 1——将数据写入 HDFS 集群

在这里,用户正在尝试将数据写入 Hadoop 集群。客户、NameNode 和 DataNode 参与写入数据的过程如表4-2所示。

表 4-2   将数据写入 HDFS 集群的场景

用户	客户端先生,我想写入 2GB 的数据。您可以帮我吗
客户端	当然,用户先生,我会为您实现的
用户	那好,请将数据分成 512MB 的块,并在 3 个不同的位置复制,正如您通常所做的那样
客户端	当然,先生
客户端(思考)	嗯,应用户的要求,现在我必须把这个大文件分成更小的块。但要写入 3 个不同的位置,我必须问 NameNode 先生。他是一个知识渊博的人
客户端	嗨,NameNode 先生,我需要您的帮助。我这有个大文件,我分成了更小的块。但现在我需要把它写入 3 个不同的位置。您能否给我提供这些地点的细节
NameNode	当然,伙计,这正是我的工作。首先,让我为您找到 3 个 DataNode
NameNode(找到 DataNodes 之后)	拿去,我的朋友! 这是您要的可以存储信息的 DataNode 的地址。我还根据它们与您的距离对它们进行了递增排序
客户端	(真是个绅士)非常感谢,NameNode 先生,感谢您投入的所有努力
客户端	您好,DataNode1 先生,您能把这个数据块写在您的磁盘上吗?是的,也请接收节点列表。请让他们复制这些数据
DataNode1	您好,客户端先生,当然可以。让我开始存储数据,在我这样做的同时,我还会将数据转发到下一个 DataNode
DataNode2	让我跟着您,亲爱的朋友。我已经开始存储数据并将其转发给下一个节点
DataNode3	我是存储数据的最后一个人。现在,数据的复制完成了
所有 DataNode	NameNode 先生,我们已经完成了这项工作,数据已被写入并成功复制
NameNode	客户端先生,您的数据块已成功存储并复制,请对其余的块也重复一样的步骤
客户端(对所有块重复之后)	所有的块都被写入了,NameNode 先生,请关闭文件,我很感谢您的帮助
NameNode	好的,这个案件在我这边已经完结了。现在,让我将所有元数据存储在我的硬盘上

正如表 4-2 中的对话,以下是观察结果。

(1) 客户端负责将文件分成更小的块。

(2) NameNode 保存每个 DataNode 的地址并协调数据的写入和复制过程,它还存储文件的元数据。每个 HDFS 集群只有一个 NameNode。

(3) DataNode 存储数据块并负责复制。

只有数据写入,而没有数据读取的讨论是不完整的。

2. 场景 2——从 HDFS 集群读取数据

下面讨论用户想要读取数据的场景。在此场景中,理解客户端 NameNode 和 DataNode 的角色将会很有用。从 HDFS 集群读取数据的场景如表 4-3 所示。

HDFS 整个读写过程如图 4-3 所示。

表 4-3　从 HDFS 集群读取数据的场景

用户	您好,客户端先生。您还记得我吗? 我之前让您存储过一些数据
客户端	当然,我记得您,用户先生
用户	很高兴听到这个。现在,我需要取回相同的数据,您能为我读取这个文件吗
客户端	当然,我会为您实现的
客户端	嗨,NameNode 先生,您能提供这个文件的详细信息吗
NameNode	当然,客户端先生。我已经存储了这个文件的元数据。让我为您检索数据。给! 您需要有这两样东西才能恢复文件。 • 此文件所有块的列表。 • 每个块的所有 DataNode 的列表。使用这些信息下载块
客户端	谢谢,NameNode 先生,您总是能帮到我
客户端(到最近的 DataNode)	请给我块 1(重复该过程直到检索到所有文件块)
客户端(检索文件的所有块后)	嗨,用户先生,这是您需要的文件
用户	谢谢,客户端先生

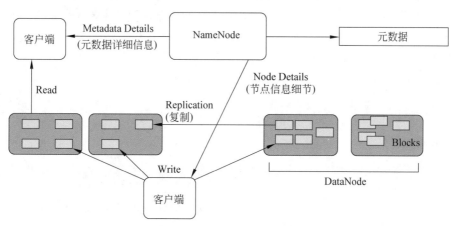

图 4-3　HDFS 上的读写操作

当任何 DataNode 发生故障或数据损坏时,一切交给 HDFS 处理,它负责检测各种类型的故障并完美地处理它们。

在 HDFS 中,NameNode 像主服务器一样管理文件系统命名空间,并管理客户端对文件的访问;DataNode 是一个从站,集群中的每个节点有一个 DataNode,它负责将数据存储在本地存储中,还负责为客户机提供读写请求。DataNode 基于从 NameNode 接收到的命令执行块的创建、删除和复制操作。NameNode 负责文件操作,如打开、关闭和重命名文件。

4.1.4 HDFS 的规划设计

高级 HDFS 架构设计的查询只需要读取 90 个左右的分区,而不是整个数据集。这决定了在宽泛的目录结构之后,下一个重要的决定就是如何将数据组织到文件中。虽然已经讨论过数据被摄入的格式并不一定是存储它的最佳格式,另一个很重要的知识点是摄入数据的默认结构也并不一定是最佳格式。有几种策略可以很好地组织数据,即下面将讨论的分区、分段和非规范化。

1. 分区

对数据集进行分区是一种非常常用的技术,用于减少处理数据集所需的 I/O 量。在处理大量的数据时,减少 I/O 带来的节省可以说相当显著。但是,与传统的数据仓库不同,HDFS 不会在数据上存储索引。缺乏索引在加速数据提取方面起到了重要作用,但这也意味着每次检索必须读取整个数据集,即使只是在处理一小部分数据(即全表扫描模式)。当数据集增加到很大但查询只需要访问数据的一部分时,一个非常好的解决方案是将数据集分解为更小的子集或分区。每个分区都会出现在包含整个数据集的目录的子目录中,这将允许在检索时只读取它们需要的特定分区(即子目录),从而减少 I/O 数量并显著减少查询时间。

例如,假设有一个有关医药采购方面的数据集,它将所有不同药房的所有医药订单存储在一个名为 medication_orders 的数据集中,并希望查看一位医生在过去 3 个月内的历史订单记录。如果没有进行分区,则需要读取整个数据集并过滤所有与之无关的记录。

但是,如果对整个订单数据集进行了分区,使每个分区仅包含一天的数据量,则查询过去 3 个月的信息只需要读取 90 个左右的分区,而不是整个数据集。

将数据放入文件系统时,应该使用以下目录格式分区。

```
<datasetname>/<partition_column_name=partition_column_value>/{files}
```

在本例中就是

```
medication_orders/date=20171101/{order1.csv,order2.csv}
```

Hcatalog、Hive、Impala 和 Pig 等工具都可以识别此目录结构,它们可以利用分区减少处理过程中所需的 I/O 数量。

2. 分段

分段是另一种将大数据集分解为更多可管理子集的技术,它与许多关系数据库中使用的散列分区类似。在前面的示例中,可以按日期对医药订单数据集进行分区,因为每天都会执行大量的订单,所以分区能够包含足够大的文件,HDFS 就是针对这个特点进行优化的。但是,如果试图根据医生进行分区优化以查找某个医生的数据检索,则可能产生大量的分区和太小的文件,这将引起所谓的小文件问题。在 Hadoop 中存储大量小文件可能会导致 NameNode 使用过多的内存,因为存储在 HDFS 中的每个文件的元数据都保存在内存中。另外,大量的小文件可能引起大量的处理任务,导致处理过度开销。

解决的方法是根据医生进行分段,这将用到散列公式将医生映射到指定数量的分段中,这样就可以控制数据子集(即分段)的大小和优化查询的速度。文件不应小到用户需要阅读和管理大量文件,但也不应大到查询速度因扫描大量数据拖慢。一个好的平均分段大小是 HDFS 块大小的几倍。在分流柱上进行散列时,数据的均匀分布非常重要,因为它可以使分段保持一致。此外,2 的幂常被用作分段的数量。

当连接两个数据集时,分段的另一个好处就显而易见了。join(连接)这个词用于表示将两个数据集连接起来以检索结果。可以通过 SQL-on-Hadoop 系统进行数据集连接,也可以在 MapReduce、Spark 或 Hadoop 的其他编程接口中进行数据集连接。

当被连接的两个数据集都是以连接关键字(Joinkey)进行分段,并且一个数据集的分段数量是另一个的倍数时,只需要单独连接对应的分段就足够了,并不需要连接整个数据集,这显著降低了执行两个数据集的 reduce-sidejoin 的时间复杂度,这是因为执行 reduce-sidejoin 的计算量很大。所以,如果想要连接两个数据集的分段,则可以只连接相应的分段,而不是连接整个数据集,这就降低了连接的成本。当然,两个表格中的分段可以并行连接。此外,由于分段通常小到可以轻易放入内存,所以可以在一个 MapReduce 作业的映射阶段完成整个连接,将较小的分段加载进内存,这被称为 map-sidejoin。与 reduce-sidejoin 相比,map-sidejoin 进一步改善了连接的表现。如果使用 Hive 进行数据分析,它应自动识别表格是否存在分段并应用此优化。

如果分段中的数据已排序,则也可以使用合并连接(mergejoin)。这样在连接时就不会将整个分段存储在内存中,这比简单的分段连接稍快,并且需要的内存更少,Hive 也支持这种优化。请注意,即使没有逻辑分区键,也可以对任何表进行分段。这里建议在所有经常连接在一起的大型表上使用排序(sorting)和分段,使用连接键进行分段。

从前面的讨论可以看出,模式设计高度依赖于查询数据的方式。需要知道哪些列将用于连接和筛选,然后决定数据的分区和分段。在有多个常见的查询模式且很难选择分区键的情况下,可以选择把同样的数据以不同的物理组织形式多次存储,这在关系数据库中被认为是一种反模式,但是在 Hadoop 中,这个解决方案是可行的。一方面,Hadoop 中的数据通常只写入一次,并且预计只有很少的更新,因此保持重复数据集同步的日常开销会大幅降低。另一方面,Hadoop 集群中的存储成本要低得多,因此不需要太担心磁盘空间的浪费。这些属性允许以空间交换更高的查询速度,通常是合理的。

3. 非规范化

前面讨论了连接,还有一种以磁盘空间交换查询速度的方法是使数据集非规范化,以减少连接数据集的需求。在关系数据库中,数据通常以第三范式存储,这种模式旨在将数据分割成更小的表格,每个表格拥有一个非常特定的实体,以此最大限度地减少冗余并提供数据完整性,这意味着大多数查询都需要将大量表连接起来才能生成最终结果集。

然而,在 Hadoop 中,连接通常是最慢的操作,并且会占用集群中最多的资源,特别是 reduce-sidejoin 需要在网络中发送整个表格。正如我们已经看到的,优化模式尽可能地减少这些代价昂贵的操作是非常重要的。虽然分区和排序对此有帮助,但另一种解决方案是创建事先连接的数据集——换句话说,预先集合的思路为尽可能事先把检索完成,特别是那些预期会频繁执行的检索或子检索,以减少查询的工作量。比起用户在每次想要查询数据时执行连接操作,可以只连接数据一次,然后把它以这个形式存储。

通过比较典型联机事务处理过程(On-Line Transaction Processing,OLTP)与用于某个情况的 HDFS 模式之间的区别,可以发现 Hadoop 模式在 ETL(Extract Transform Load)过程中通过连接的方式将许多小尺寸表合并为几个较大尺寸的表。以前述医药订单数据集为例,将频率、类别、管理路线和单位整合到药物数据集中,就可以避免重复连接。

其他类型的数据预处理(如聚合和数据类型转换)也可以加速处理。由于数据重复是一个不太重要的问题,因此任何在大量检索中频繁出现的处理都应只执行一次,以供反复使用。在关系数据库中,这种模式通常被称为物化视图。相较之下,在 Hadoop 中必须创建一个新的数据集,其中包含与汇总形式相同的数据。

总体来说,我们学习了通过选择性读写特定分区中的数据以减少 I/O 的处理开销的方法,还学习了使用分段加速涉及连接或抽样的查询方法,最后学习了非规范化如何在加速 Hadoop 作业中发挥重要作用。

4.2　HDFS 的 shell 命令

HDFS 是一种文件系统,它可以把一个大数据集在 HDFS 中存储为单个文件。
下面给出一些常用的 HDFS shell 命令的用法。

4.2.1　HDFS 的 shell 命令概述

所有 HDFS 命令都通过 bin/hdfs 脚本调用,HDFS 命令的完整形式如下。

```
hdfs [OPTIONS] SUBCOMMAND [SUBCOMMAND OPTIONS]
```

Hadoop 有一个选项解析框架,这个框架解析通用选项和运行类。其实这个框架就是一个脚本文件 HDFS,执行该脚本文件可根据命令执行运行类,实现命令功能。HDFS 命令的选项及描述见表 4-4。

表 4-4　HDFS 命令选项及描述表

命 令 选 项	描　　　述
OPTIONS	HDFS 命令选项,可参考帮助文档
SUBCOMMAND	HDFS 各子命令。这些命令分为管理命令、客户端命令和守护进程命令
SUBCOMMAND_OPTIONS	子命令选项,根据具体命令在命令手册中叙述

HDFS 的 shell 命令分为管理命令(Admin Command)、客户端命令(Client

Command)和守护进程命令(Daemon Command)3 种类型。执行"bin/hdfs --help"命令可以列出当前支持的所有命令。

4.2.2　管理命令

Admin 命令用于对 HDFS 进行管理,此类命令通常由系统管理员在进行系统管理和维护时使用。Admin 命令如表 4-5 所示。管理命令的通用格式如下。

```
#hdfs command [genericOptions] [commandOptions]
```

表 4-5　HDFS 的 Admin 命令

命　令	功　能　描　述
cacheadmin	配置 HDFS cache
crypto	配置 HDFS 加密区域
debug	运行调试管理以便执行 HDFS 调试命令
dfsadmin	运行一个 DFS 管理客户端
dfsrouteradmin	管理基于路由器的联盟
ec	运行一个 HDFS ErasureCoding CLI
fsck	运行一个 DFS 文件系统检查程序
haadmin	运行一个 DFS HA 管理客户端
jmxget	从 NameNode 或 DataNode 获取 JMX 导出的值
oev	将脱机编辑查看器应用于编辑文件
oiv	将脱机 fsimage 查看器应用于 fsimage
oiv_legacy	将脱机 fsimage 查看器应用于传统 fsimage
storagepolicies	列出/获取/设置/满足系统存储策略

表 4-5 中的每个命令都包括很多子命令及命令选项,具体可参考帮助文档。下面介绍几个重要命令。

1) fsck 命令

fsck 命令的语法如下。

```
hdfs fsck <path>
        [-list-corruptfileblocks |
        [-move | -delete | -openforwrite]
        [- files [- blocks [- locations | - racks | - replicaDetails | -
        upgradedomains]]]
        [-includeSnapshots]
        [-storagepolicies] [-maintenance] [-blockId <blk_Id>]
        [-blockId <blk_Id>]
```

功能：该命令运行文件系统检查程序。

2）dfsadmin 命令

该命令可以运行一个管理客户端。

【例 4-1】 显示管理命令帮助。

```
hdfs dfsadmin -help
```

【例 4-2】 查看文件系统健康状态。

显示 hdfs 的容量、数据块和数据节点的信息。

```
hdfs dfsadmin -report
```

【例 4-3】 安全模式管理命令。

安全模式是 Hadoop 的一种保护机制，用于保证集群中的数据块的安全性。当 hdfs 进入安全模式时，不再允许客户端进行任何修改文件的操作，包括上传文件、删除文件、重命名、创建文件夹等。

当集群启动时，会首先进入安全模式。当系统处于安全模式时，会检查数据块的完整性。假设设置的副本数（即参数 dfs.replication）是 5，那么在 datanode 上就应有 5 个副本存在，假设只存在 3 个副本，那么比例就是 $3/5 = 0.6$。可以通过配置 dfs.safemode.threshold.pct 定义最小的副本率，默认为 0.999。

（1）查看安全模式状态。

```
hdfs dfsadmin -safemode get
```

（2）强制进入安全模式。

```
hdfs dfsadmin -safemode enter
```

（3）强制离开安全模式。

```
hdfs dfsadmin -safemode leave
```

4.2.3 客户端命令

HDFS 的客户端命令在客户端运行，用于进行 HDFS 的文件系统操作，客户端命令如表 4-6 所示。

表 4-6 HDFS 客户端命令

命　　令	命令功能描述
classpath	打印获取 hadoop jar 和所需库所需的类路径
dfs	在文件系统上运行文件系统命令
envvars	显示计算的 Hadoop 环境变量

续表

命　　　令	命令功能描述
fetchdt	从 NameNode 获取委托令牌
getconf	从配置获取配置值
groups	获取用户所属的组
lsSnapshottableDir	列出当前用户拥有的所有快照表目录
snapshotDiff	区分目录的两个快照或用快照区分当前目录内容
version	打印版本信息

下面给出一些命令示例。

1）dfs 命令

命令语法：dfs 命令通过 shell 脚本 hdfs 执行，语法如下。

```
hdfs dfs [COMMAND [COMMAND_OPTION]]
```

功能：在 Hadoop 支持的文件系统上运行文件系统。

COMMAND 是具体操作命令，通常是"-命令名"形式，如-ls、-mkdir。命令名很像 Linux 的命令。

COMMAND_OPTION 是操作命令选项，每个命令有不同的选项，很像 Linux 命令中的选项，如-p、-R。命令选项可以有多个。

Hadoop 中最常用的文件管理任务包括添加文件和目录、获取文件、删除文件。

具体 dfs 命令的子命令及相关选项可通过运行"hdfs dfs"命令看到。

【例 4-4】　添加文件和目录、查看目录。

在运行 Hadoop 程序处理存储在 HDFS 上的数据之前，需要先将数据存放在 HDFS 上。

HDFS 有一个默认的工作目录"/user/$USER"，其中"$USER"是登录用户名。可以用 mkdir 命令创建登录用户。对于名为 myhadoop 的登录用户方法如下。

```
#hdfs dfs -mkdir /user/myhadoop
```

如果之前不存在父目录，则 Hadoop 的 mkdir 命令会自动创建父目录，类似于在 Linux 中使用-p 选项的 mkdir 命令。

```
#hdfs dfs -mkdir -p /user/myhadoop/input
```

-touchz 用于创建一个空文件。

```
#hdfs dfs -touchz text1.txt
```

创建目录后，可以用 ls 命令检查所建目录。

```
#hdfs dfs -ls /
```

执行后会返回根目录下"/user"目录的信息。

```
Found 1 item
drwxr-xr-x-guangke supergroup 0 2018-01-2816:18  /user
```

如果要查看全部的子目录,则可用 Hadoop 的 lsr 命令,该命令与 Linux 中打开-r 选项的 ls 命令类似。

执行下列命令会列出"/"目录下的文件和目录,再加上-R 选项的命令执行后会递归地列出"/"下各级目录的文件和目录。

```
#hdfs dfs -ls /
#hdfs dfs -ls -R /
#hdfs dfs -lsr/
```

执行后会显示以下文件和子目录。

```
drwxr-xr-x-guangke supergroup 0 2018-01-28 16:18 /user
drwxr-xr-x-guangke supergroup 0 2018-01-28 16:18 /user/myhadoop
```

创建工作目录后,就可以把文件放进去了。试着创建一个名为 text1.txt 的文本文件,用 Hadoop 的 put 命令将它从本地文件系统复制到 HDFS 中。

```
hdfs dfs -put text1.txt  /user/myhadoop/input
```

重新执行递归列出文件的命令,可以看到新的文件被添加到 HDFS 中。

```
$hdfs dfs-lsr  /
drwxr-xr-x-guangke supergroup  0  2018-01-2816:18/user
drwxr-xr-x-guangke supergroup  0  2018-01-2816:18/user/myhadoop
-rw-r--r--1guangke supergroup 264  2018-01-2816:18/user/myhadoop/text1.txt
```

实际上,我们并不需要递归地检查所有文件,只要检查我们自己的工作目录中的文件即可。例如,可以通过简单的形式使用 Hadoop 的 ls 命令。

```
$hdfs dfs -ls
Found 1 items
-rw-r--r--1 guangke supergroup 264 2018-01-28 16:18 /user/myhadoop/text1.txt
```

输出结果显示了属性信息,如权限、所有者、组、文件大小以及最后的修改日期,这些都与 Linux 中的概念类似。第 2 列给出了文件的复制因子,在伪集群方式下其值永远为 1;对于生产环境中的集群,复制因子通常为 3,也可以是任何其他的正整数。因为复制因子不适用于目录,故届时该列仅会显示一个"-"。

当把数据存放到 HDFS 上后,即可运行 Hadoop 程序处理它。处理过程将输出一组新的 HDFS 文件,然后就可以读取或检索这些结果了。

【例 4-5】　获取和显示文件。

为了便于在本地文件系统操作文件,需要从 HDFS 中获取文件并存储到本地文件系统。

使用 get 命令从 HDFS 中复制文件到本地文件系统。若本地不存在文件 text1.txt,但又要从 HDFS 中将它取回时,则可以使用以下命令。

```
hdfs dfs -get text1.txt
```

该命令将文件 text1.txt 复制到本地的当前工作目录中。

可以直接显示 HDFS 中的文件,由 HDFS 的 cat 命令实现,命令如下。

```
hdfs dfs -cat text1.txt
```

可以在 HDFS 的文件命令中使用 Linux 的管道,将命令执行结果发送给其他 Linux 命令做进一步处理。例如,如果该文件非常大(如典型的 HDFS 文件),且希望快速检查其内容,则可以把 HDFS 中 cat 命令的输出用管道传递给 Linux 命令 head。

```
hdfs dfs -cat text1.txt|head
```

Hadoop 支持 tail 命令输出文件末尾的 1KB 数据。

```
hdfs dfs -tail text1.txt
```

【例 4-6】　删除文件。

文件在 HDFS 上的任务完成后,可以考虑删除它们以释放空间。HDFS 删除文件的命令名为 rm,删除当前目录文件 text1.txt 的命令格式如下。

```
hdfs dfs -rm text1.txt
```

-rmr 用于递归地删除各级目录内容及目录。

```
hdfs dfs -rmr /log/text1.txt    (递归删除)
```

【例 4-7】　查阅帮助。

HDFS 的多数命令模仿了相应的 Linux 命令。可以执行"hdfs dfs(无参数)"获取 Hadoop 的完整命令列表,也可以使用 help 命令显示每个命令的用法及简短描述。例如,要想了解 ls 命令,则可执行以下命令。

```
hdfs dfs -help ls
```

然后会看到如下描述。

```
-ls<path>:List the contents that match the specified file pattern. If path is
not specified, the contents of/user/< currentUser > will be listed. Directory
entries are of the form
```

```
    dirName(full path)<dir>
  and file entries are of the form
    filename(full path)<r n>size
  Where n is the number of replicas specified for the file and size is the size
  of the file, in bytes.
```

【例 4-8】 建立 HDFS 目录"/wordcount/input/"。

```
#hdfs  dfs  -mkdir  /wordcount/input
```

【例 4-9】 复制本地当前目录下所有 txt 文件到 HDFS 目录"/wordcount/input"中。

```
#hdfs  dfs -copyFromLocal * .txt  /wordcount/input
```

【例 4-10】 文件权限命令。

HDFS 具有类似 POSIX 的文件权限,包括 3 种类型:读(r)、写(w)和执行(x)。这些权限定义了所有者、组和任何其他系统用户的访问级别。对于目录,执行权限允许访问目录的内容;但对于文件,HDFS 的执行权限会被忽略。HDFS 中的读和写的权限规定了谁可以访问数据以及谁可以增补文件。

权限在目录列表命令 ls 中显示,每种模式有 10 个位置。第一个字符指定了文件类型。在通常意义上,一个目录也是一个文件。如果第一个字符是横线,则表示这是一个非目录的文件;如果是 d,则表示这是一个目录。以下三组中的每一组分别指示所有者、组和其他用户的 r、w、x 权限,有几个 HDFS shell 命令将允许用户管理文件和目录,即常见的 chmod、chgrp 和 chown 命令。下列命令可以将 shakespeare.txt 的权限更改为-rw-rw-r--。

```
#hdfs dfs -chmod 664 shakespeare.txt
```

664 是为权限三元组设置的八进制表示。6 对应的二进制数是 110,这意味着设置了读和写标志,但没有执行标志。完全允许的是 7,其对应的二进制数为 111;只读是 4,其对应的二进制数为 100。chgrp 和 chown 命令用于更改分布式文件系统上文件的组和所有者。

以下命令可以修改 HDFS 系统中"/user/sunlightcs"目录的所属群组,选项-R 将递归执行。

```
#hdfs dfs -chgrp -R /user/sunlightcs
```

以下命令可以修改 HDFS 系统中"/user/sunlightcs"目录的拥有者,选项-R 将递归执行。

```
#hdfs dfs -chown -R /user/sunlightcs
```

对 HDFS 有文件权限的警告:客户端的身份是由在 HDFS 上进行操作的进程的用

户名和组确定的,这意味着远程客户端可以在系统上创建任意用户,因此这些权限只能用于防止数据意外丢失,并在已知用户之间共享文件系统资源,而不能作为安全机制。

虽然命令行工具可以满足大多数与 HDFS 文件系统交互的需求,但它们并不尽善尽美。在某些情况下,可能会进一步用到 HDFS 的 API 访问。

2)classpath 命令

该命令用于输出类路径,命令格式如下。

```
#hdfs classpath
```

结果显示的是 Hadoop 的类路径,路径之间用冒号隔开。

3)namenode 命令

该命令主要用于初始化 HDFS 文件系统,当安装配置好 Hadoop 系统或者需要重新初始化 HDFS 时,可以运行如下命令。

```
#hdfs namenode -format
```

4.2.4 HDFS 的守护进程命令

HDFS 的守护进程命令用于启动有关系统守护进程运行或者初始化系统等,这组命令如表 4-7 所示。

表 4-7　守护进程命令表

命　　令	命令功能描述
balancer	运行群集平衡实用程序
datanode	运行 DFS datanode
dfsrouter	运行 DFS 路由器
diskbalancer	在给定节点的磁盘之间均匀分布数据
journalnode	运行 DFS 日志节点
mover	运行一个跨存储类型移动块副本的实用程序
namenode	运行 DFS namenode
nfs3	运行 NFS 版本 3 网关
portmap	运行 portmap 服务
secondarynamenode	运行 DFS secondary namenode
sps	运行 external storagepolicysatisfier
zkfc	运行 ZK Failover Controller 守护进程

【例 4-11】　查看 namenode 命令帮助信息。

```
#hdfs namenode -h
```

命令执行结果如图 4-4 所示。例如，初始化 HDFS 文件系统并使用特定配置文件 myhdfs.xml，命令如下。

```
#fdfs -conf myhdfs.xml namenode -format
```

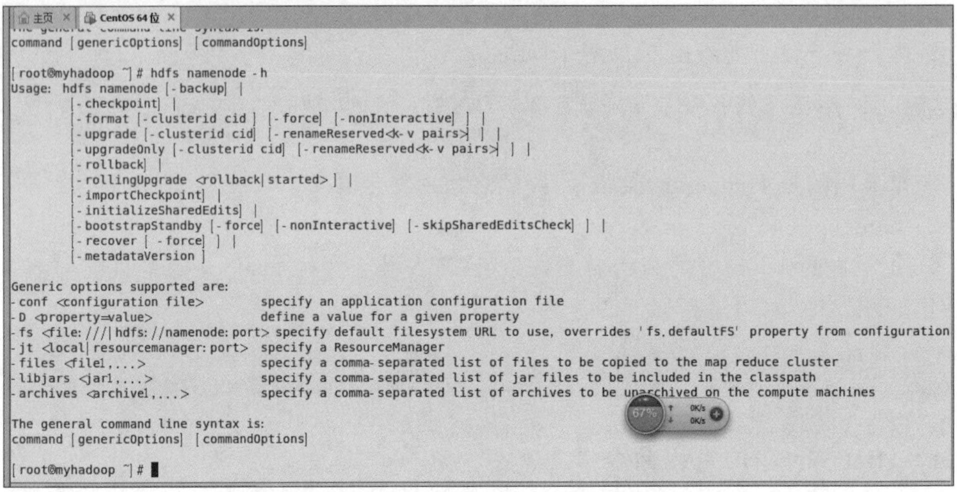

图 4-4　查看 namenode 命令帮助信息的执行结果

4.3　HDFS 的 API 编程应用

4.3.1　一个简单的 HDFS API 编程实例

【例 4-12】　利用 HDFS API 制作一个简单程序，实现文件合并。

为了理解 HDFS 的 Java 应用编程接口，下面开发一个 PutMerge 程序，用于在合并文件后将文件放入 HDFS。由于命令行工具不支持这些操作，因此可使用 API 实现。

开发这个程序的动机源于需要分析来自许多 Web 服务器的 Apache 日志文件。虽然可以把每个日志文件都复制到 HDFS 中，但通常而言，Hadoop 处理单个大文件会比处理许多个小文件更有效率。此外，从分析目的看，可以把日志数据视为一个大文件。由于 Web 服务器采用分布式架构，因此日志数据被分散成多个文件，这将会降低 HDFS 的处理效果。一种解决办法是先将所有文件合并，然后复制到 HDFS 中。但是，文件合并需要占用本地计算机的大量磁盘空间。如果能够在向 HDFS 复制的过程中合并它们，事情就会简单很多。

因此，开发一个 PutMerge 程序实现文件合并就显得很有必要。Hadoop 命令行工具中的 getmerge 命令用于将一组 HDFS 的文件在复制到本地计算机之前进行合并。现在需要将本地计算机文件合并后存入 HDFS 文件系统，但 Hadoop 没有提供这样的命令，于是可用 HDFS API 自己编程实现 PutMerge 程序。

为了完成 PutMerge 程序，需要创建一个循环以逐一读取 inputFiles 中的所有文件，并写入目标 HDFS 文件。完整的代码如下。

```
import java.io.File;
import java.io.FileInputStream;
import java.io.IOException;
import org.apache.hadoop.conf.Configuration;
import org.apache.hadoop.fs.FSDataInputStream;
import org.apache.hadoop.fs.FSDataOutputStream;
import org.apache.hadoop.fs.FileStatus;
import org.apache.hadoop.fs.FileSystem;
import org.apache.hadoop.fs.Path;
import org.apache.hadoop.io.IOUtils;
public class PutMerge{
Public static void main(String[ ] args)throws IOException{
Configuration conf=newConfiguration();
    FileSystemhd fs=FileSystem.get(conf);
    FileSystem local=FileSystem.getLocal(conf);
    Path inputDir=new Path(args[0]);              //设定输入目录与输出文件
    Path hdfsFile=new Path(args[1]);
    try{
        FileStatus[ ]inputFiles=local.listStatus(inputDir);
                                        //得到本地文件列表
        FSDataOutputStream out=hdfs.create(hdfsFile);
                                        //生成 HDFS 输出流
        for(int i=0;i<inputFiles.length;i++){
            System.out.println(inputFiles[i].getPath().getName());
            FSDataInputStream in=local.open(inputFiles[i].getPath());
                                        //打开本地输入流
            byte buffer[]=new byte[256];
            int bytesRead=0;
            while((bytesRead=in.read(buffer))>0){
                out.write(buffer,0,bytesRead);
            }
            in.close();
        }
        out.close();
    }catch(IOExceptione){
        e.printStackTrace();
    }}
}
```

程序的大体流程如下。

（1）根据用户定义的参数设置对应的本地目录和 HDFS 的目录文件。

（2）提取本地输入目录中的每个文件的信息。

（3）创建一个输出流并将其写入 HDFS 文件。

(4) 遍历本地目录中的每个文件,打开一个输入流读取该文件。剩下的就是一个标准的 Java 文件复制过程了。

4.3.2　HDFS 的应用编程接口

软件开发人员通过 Java API 可以对 HDFS 进行编程式访问,所有数据接收都应该考虑使用该 API。

在 Hadoop 中用作文件操作的主类位于 org.apache.hadoop.fs 软件包中。Hadoop 的基本文件操作包括常见的 open、read、write 和 close。实际上,Hadoop 的文件系统 API 是通用的,可用于 HDFS 以外的其他文件系统。在 PutMerge 程序中,需要读取本地文件系统,并写入 HDFS 文件系统。这些操作都要通过调用 HDFS 文件系统 API 实现。

Hadoop 文件系统 API 的起点是 FileSystem 类,这是一个与文件系统交互的抽象类,存在不同的具体实现子类,用来处理 HDFS 和本地文件系统。可以调用工厂(factory)方法 FileSystem.get(configuration conf)得到所需的 FileSysytem 实例(factory 方法是软件开发的一种设计模式,在此种模式中,由基类定义接口,由子类对其实例化;在这里,FileSystem 定义 get 接口,但是由 FileSytem 的子类(如 FilterFileSystem)实现)。Configuration 类是用于保留键/值配置参数的特殊类,它的默认实例化方法是以 HDFS 系统的资源配置为基础的。

以下代码可以得到 HDFS 接口的 FileSystem 对象。

```
Configuration conf=new Configuration( );
FileSystem hdfs=FileSystem.get(conf);
```

要想得到一个专用于本地文件系统的 FileSystem 对象,可以用 factory 方法 FileSystem.getLocal(Configuration conf)。

```
FileSystem local=FileSystem.getLocal(conf);
```

HDFS 文件系统 API 使用 Path 对象编制文件和目录名,使用 FileStatus 对象存储文件和目录的元数据。PutMerge 程序将合并一个本地目录中的所有文件。使用 FileSystem 的 listStatus()方法可以得到一个目录中的文件列表。

```
Path inputDir=new Path(args[0]);
FileStatus[ ]inputFiles=local.listStatus(inputDir);
```

数组 inputFiles 的长度等于指定目录中的文件数。在 inputFiles 中,每个 FileStatus 对象均有元数据信息,如文件长度、权限、修改时间等。PutMerge 程序关心的是每个文件的 Path,即 inputFiles[i].getPath()。可以通过 FSDataInputStream 对象访问这个 Path 以读取文件。

```
FSDataInputStream in=local.open(inputFiles[i].getPath());
byte buffer[ ]=new byte[256];
```

```
int bytesRead=0;
while((bytesRead=in.read(buffer))>0){
    ...
}
in.close();
```

FSDataInputStream 是 Java 标准类 java.io.DataInputStream 的一个子类,它增加了对随机访问的支持。类似地,还有一个 FSDataOutputStream 对象可用于将数据写入 HDFS 文件。

```
Path hdfsFile=new Path(args[1]);
FSDataOutputStream out=hdfs.create(hdfsFile);
out.write(buffer,0,bytesRead);
out.close();
```

以下接口的实际内容可以在 Hadoop API 和 Hadoop 源代码中进一步了解。

1. 创建文件

FileSystem.create 方法有很多定义形式,参数最多的一个如下。

```
public abstract FSDataOutputStream create(Path f, FsPermission permission, boolean
                                overwrite,
                                int bufferSize, short replication, long
                                blockSize,
                                Progressable progress) Throws
                                IOException;
```

参数较少的 create 只不过是将其中一部分参数被默认值代替了,最终还是要调用这个函数。其中,各项的含义如下。

f:文件名。

overwrite:如果已存在同名文件,则 overwrite=true 覆盖之,否则抛出错误;默认为 true。

buffersize:文件缓存大小,默认值为 Configuration 中 io.file.buffer.size 的值,如果 Configuration 中未显式设置该值,则为 4096。

replication:创建的副本个数,默认值为 1。

blockSize:文件的块大小,默认值为 Configuration 中 fs.local.block.size 的值,如果 Configuration 中未显式设置该值,则为 32MB。

permission 和 progress 的值与具体的文件系统实现有关。

但在大部分情况下,只需要用到最简单的几个版本。

```
public FSDataOutputStream create(Path f);
public FSDataOutputStream create(Path f, Boolean overwrite);
public FSDataOutputStream create(Path f, Boolean overwrite, int bufferSize);
```

2. 打开文件

FileSystem.open 方法有 2 个,参数最多的一个定义如下。

```
public abstract FSDataInputStream open (Path f, int bufferSize) throws
IOException;
```

其中各项的含义如下。

f:文件名。

buffersize:文件缓存大小,默认值为 Configuration 中 io.file.buffer.size 的值,如果 Configuration 中未显式设置该值,则为 4096。

3. 获取文件信息

FileSystem.getFileStatus 方法的格式如下。

```
public abstract FileStatus getFileStatus(Path f) throws IOException;
```

该函数会返回一个 FileStatus 对象。FileStatus 保存了文件的很多信息,包括文件路径(path)、文件长度(length)、是否为目录(isDir)、数据块副本因子(block_replication)、文件数据块数(blockSize)、最近一次修改时间(modification_time)、最近一次访问时间(access_time)、文件所属用户(owner)、文件所属组(group)。

如果想了解文件的这些信息,则可以在获得文件的 FileStatus 实例后调用相应的 get 方法(如调用 FileStatus.getModificationTime()可以获得最近修改时间)。

4. 获取目录信息

获取目录信息不仅是获取目录本身,还包括目录下的文件和子目录信息。FileStatus.listStatus 方法的格式如下。

```
public FileStatus[] listStatus(Path f) throws IOException;
```

如果 f 是目录,则将目录下的每个目录或文件信息都保存在 FileStatus 数组中返回。如果 f 是文件,则和 getFileStatus 的功能一致。

另外,listStatus 还有参数为 Path[] 版本的接口定义以及参数带路径过滤器 PathFilter 的接口定义,参数为 Path[]的 listStatus 就是对这个数组中的每个 path 都调用上面的参数为 Path 的 listStatus。参数中的 PathFilter 是一个接口,实现接口的 accept 方法可以自定义文件过滤规则。

另外,HDFS 还可以通过正则表达式匹配文件名以提取需要的文件,这个方法如下所示。

```
public FileStatus[] globStatus(Path pathPattern) throws IOException;
```

在参数 pathPattern 中，可以像正则表达式一样使用通配符表示匹配规则。

5. 读取

调用 open 打开文件后，使用一个 FSDataInputStream 对象负责数据的读取。通过 FSDataInputStream 进行文件读取时，提供的就是 read 方法。

```
public int read(long position, byte[] buffer, int offset, int length) throws
IOException;
```

该方法从文件的指定位置 position 开始读取最多 length 字节的数据，并将它们保存到 buffer 中从 offset 个元素开始的空间中，返回值为实际读取的字节数。此函数不改变文件的当前 offset 值。不过，使用得更多的是如下简化版本。

```
public final int read(byte[] b) throws IOException;
```

其功能是从文件当前位置读取长度最多为 b.len 的数据并保存到 b 中，返回值为实际读取的字节数。

6. 写入

从接口定义可以看出，调用 create 创建文件以后，使用了一个 FSDataOutputStream 对象负责数据的写入。通过 FSDataOutputStream 进行文件写入时，最常用的 API 就是 write 方法。

```
public void write(byte[] b, int off, int len) throws IOException;
```

函数的意义是：将 b 中从 off 开始的最多 len 个字节的数据写入文件当前位置，返回值为实际写入的字节数。

7. 关闭

关闭为打开的逆过程，FileSystem.close 的定义如下。

```
public void close() throws IOException;
```

不需要其他操作而关闭文件，释放所有持有的锁。

8. 删除

删除过程 FileSystem.delete 定义语句如下。

```
public abstract boolean delete(Path f, Boolean recursive) throws IOException;
```

其中各项含义如下。
f：待删除文件名。

recursive：如果 recursive 为 true，且 f 是目录，则递归地删除 f 下所有文件；如果 f 是文件，则 recursive 为 true 或 false 均无影响。

另外，类似 Java 中 File 的接口 DeleteOnExit，如果某些文件需要删除，但是当前不能被删或当时删除的代价太大，想留到退出时再删除，则 FileSystem 中也提供了一个 deleteOnExit 接口，其方法定义如下。

```
Public Boolean deleteOnExit(Path f) throws IOException;
```

标记文件 f，当文件系统关闭时才真正删除此文件，但是这个文件 f 在文件系统关闭前必须存在。

4.3.3　HDFS 编程应用实例

【例 4-13】　利用 HDFS 的 API，使用 Java 编写能够创建、写入、读取文件的程序。

```
package hdfs;
import java.io.IOException;
import java.sql.Date;
import org.apache.hadoop.conf.Configuration;
import org.apache.hadoop.fs.FSDataInputStream;
import org.apache.hadoop.fs.FSDataOutputStream;
import org.apache.hadoop.fs.FileStatus;
import org.apache.hadoop.fs.FileSystem;
import org.apache.hadoop.fs.Path;
/*****************************************************
 * 利用 HDFS 的 API，使用 Java 编写能够创建、写入、读取文件的程序
 * @author Administrator
 *****************************************************/
public class HDFSJavaAPIDemo {
    public static void main(String[] args) throws IOException {
        //throws IOException 捕获异常声明
        //读取 Hadoop 文件系统配置
        Configuration conf =new Configuration();
            //实例化设置文件,Configuration 类可以实现 Hadoop 各模块之间值的传递
        FileSystem fs =FileSystem.get(conf);    //是 Hadoop 访问系统的抽象类,获
取文件系统, FileSystem 的 get 方法得到实例 fs,然后 fs 调用 create 方法创建文
件,调用 open 方法打开文件
        System.out.println(fs.getUri());
        Path file =new Path("/user/cMaster/myfile");    //命名一个文件
        if (fs.exists(file)) {
            System.out.println("File exists.");    //文件已存在
        } else {
          // 写入文件
```

```
            FSDataOutputStream outStream =fs.create(file);          //获取文件流
            outStream.writeUTF("china cstor cstor cstor china");    //使用文件流写入文件
            outStream.close();
        }
        // Reading from file
        // FSDataInputStream 实现了类和接口,从而使 Hadoop 中的文件输入流具有流式
            搜索和流式定位读取的功能
        FSDataInputStream inStream =fs.open(file);                   //获取文件流
        String data =inStream.readUTF();                            //使用输出流读取文件
        //来自文件的状态
        //FileStatus 对象封装了文件和目录的元数据,包括文件长度、块大小、权限等信息
        FileSystem hdfs =file.getFileSystem(conf);
        FileStatus[] fileStatus =hdfs.listStatus(file);
        for(FileStatus status:fileStatus)
        {
            System.out.println("FileOwer:"+status.getOwner());      //所有者
            System.out.println("FileReplication:"+status.getReplication());
                                                                    //备份数
            System.out.println("FileModificationTime:"+new
                    Date(status.getModificationTime()));            //目录修改时间
            System.out.println("FileBlockSize:"+status.getBlockSize());
                                                                    //块大小
        }
        System.out.println(data);
        System.out.println("Filename:"+file.getName());             //文件名
        inStream.close();
        fs.close();
        }
}
hdfs dfs -mkdir /user/cMaster/myfile
hadoop jar hdfsOperate.jar
```

【例 4-14】　在输入文件目录下的所有文件中检索某一特定字符串所出现的行,将这些行的内容输出到本地文件系统的输出文件夹。这一功能在分析 MapReduce 作业的 Reduce 输出时很有用。

这个程序假定只有第一层目录下的文件才有效,而且假定文件都是文本文件。当然,如果输入文件夹是 Reduce 结果的输出,那么在一般情况下,上述条件都能满足。为了防止单个输出文件过大,这里还增加了一个文件最大行数限制,当文件行数达到最大值时便关闭此文件,创建另外的文件继续保存。保存的结果文件名为 1,2,3,4,…,以此类推。

如上所述,这个程序可以用来分析 MapReduce 的结果,所以称为 ResultFilter。

输入参数:此程序接收 4 个命令行输入参数,参数含义如下。

<dfs path>:HDFS 上的路径。<local path>:本地路径。<match str>:待查找

的字符串。＜single file lines＞：结果中每个文件的行数。

程序 ResultFilter 的代码如下。

```java
import java.util.Scanner;
import java.io.IOException;
import java.io.File;
import org.apache.hadoop.conf.Conf?iguration;
import org.apache.hadoop.fs.FSDataInputStream;
import org.apache.hadoop.fs.FSDataOutputStream;
import org.apache.hadoop.fs.FileStatus;
import org.apache.hadoop.fs.FileSystem;
import org.apache.hadoop.fs.Path;
public class resultFilter{
    public static void main(String[] args) throws IOException {
        Conf?iguration conf =new Conf?iguration();
        // 以下两句中,hdfs 和 local 分别对应 HDFS 实例和本地文件系统实例
        FileSystem hdfs =FileSystem.get(conf);
        FileSystem local =FileSystem.getLocal(conf);
        Path inputDir, localFile;
        FileStatus[] inputFiles;
        FSDataOutputStream out =null;
        FSDataInputStream in =null;
        Scanner scan;
        String str;
        byte[] buf;
        int singleFileLines;
        int numLines, numFiles, i;
        if(args.length!=4) {
            // 输入参数数量不够,提示参数格式后终止程序执行
            System.err.println("usage resultFilter <dfs path><local path>" +
            " <match str><single f?ile lines>");
            return;
        }
        inputDir =new Path(args[0]);
        singleFileLines =Integer.parseInt(args[3]);
        try {
            inputFiles =hdfs.listStatus(inputDir);        // 获得目录信息
            numLines =0;
            numFiles =1;                                   // 输出文件从 1 开始编号
            localFile =new Path(args[1]);
            if(local.exists(localFile))                    // 若目标路径存在,则删除之
                local.delete(localFile, true);
            for (i =0; i<inputFiles.length; i++) {
```

```
                if(inputFiles[i].isDir() ==true)      // 忽略子目录
                    continue;
            System.out.println(inputFiles[i].getPath().getName());
            in =hdfs.open(inputFiles[i].getPath());
            scan =new Scanner(in);
            while (scan.hasNext()) {
                str =scan.nextLine();
                if(str.indexOf(args[2]) ==-1)
                    continue;                          // 如果该行没有 match 字符串,则忽略之
                numLines++;
                if(numLines ==1)                       // 如果是 1,则说明需要新建文件
                {
                    localFile =new Path(args[1] +File.separator +numFiles);
                    out =local.create(localFile);  // 创建文件
                    numFiles++;
                }
                buf = (str+"\n").getBytes();
                out.write(buf, 0, buf.length);         // 将字符串写入输出流
                if(numLines ==singleFileLines) {
                                                       // 如果已满足相应行数,则关闭文件
                    out.close();
                    numLines =0; // 行数变为 0,重新统计
                }
            }// end of while
                scan.close();
                in.close();
            }// end of for
            if(out !=null)
                out.close();
        } // end of try
        catch (IOException e) {
            e.printStackTrace();
        }
    }// end of main
}// end of resultFilter
```

程序的编译命令如下。

```
#javac * .java
```

运行命令如下。

```
#hadoop jar resultFilter.jar resultFilter <dfs path><local path><match str>
<single file lines>
```

参数包括：HDFS上的路径＜dfs path＞、本地路径＜local path＞、待查找的字符串＜match str＞、结果中每个文件的行数＜single file lines＞。

上述程序的逻辑很简单，即获取该目录下所有文件的信息，对于每个文件，打开文件、循环读取数据、写入目标位置，然后关闭文件，最后关闭输出文件。

4.4 本 章 小 结

作为支撑海量数据处理的文件系统，HDFS需要提供与普通文件系统不一样的特性。正是基于超大文件、检测和快速恢复硬件故障、流式数据访问和简化的一致性模型这些设计目标，决定了HDFS采用了主从式体系结构，且系统的功能分布在名字节点和第二名字节点、数据节点和客户端等实体中，它们相互配合，为海量数据处理提供底层支持。

本章从HDFS的架构出发，通过有趣的场景呈现使读者了解与掌握HDFS的运行管理过程，进而深刻理解其中的NameNode、DataNode、Client等处理过程，结合HDFS shell命令的使用及HDFS API编程处理，能有效运用HDFS进行分布式文件的存储处理，其中HDFS API是文件存储处理的关键。

习 题

一、单项选择题

1. DistributedFileSystem 调用 create 方法后的返回类型是（　　　）。

   A. FSDataOutputStream   B. DataOutputStream

   C. DFSOutputStream   D. FSDataInputStream

2. 以下选项中不是 Hadoop 对小文件的处理方式的是（　　　）。

   A. SequenceFile   B. CombinedInputFormat

   C. Archive   D. MapFile   E. ByteBuffer

3. SecondaryNamenode 的作用是（　　　）。

   A. 监控 Namenode   B. 管理 Datanode

   C. 合并 fsimage 和 editlogs   D. 支持 Namenode HA

4. 以下数据结构是 Java 中对文件读取速度最快的是（　　　）。

   A. RandomAccessFile   B. FileChannel

   C. BufferedInputStream   D. FileInputStream

5. 默认的 Namenode Web 管理端口是（　　　）。

   A. 50070   B. 8020   C. 50030   D. 22

6. 客户端与 NameNode 之间的 RPC 通信协议是（　　　）。

   A. ClientNamenodeProtocol   B. NamenodeProtocl

   C. DatanodeProtocol   D. ClientProtocol

7. FSDataOutputStream 实现的接口是（　　　）。

A. DataOutputStream　　　　　　B. FilterOutputStream

C. OutputStream　　　　　　　　D. Syncable

8. 以下关于 DirectByteBuffer 和 ByteBuffer 的描述,错误的是(　)。

A. ByteBuffer 在 heap 上分配内存

B. DirectByteBuffer 的字节访问速度比 ByteBuffer 块

C. ByteBuffer 需要通过 wrap 方法封装字节数组

D. DirectByteBuffer 由 jvm 负责垃圾回收

9. 下列类的声明中正确的是(　)。

A. abstract final class A{}　　　　B. abstract private B(){}

C. protected private C；　　　　　D. public abstract class D{}

10. FileSystem 类是一个(　)。

A. 接口　　　　B. 抽象类　　　　C. 普通类　　　　D. 内部类

11. 禁用本地文件系统的校验功能可以设置的属性是(　)。

A. fs.file.impl　　B. fs.hdfs.impl　　C. fs.local.impl　　D. fs.raw.impl

12. NameNode 发送给 DataNode 删除坏块的命令是(　)。

A. DNA_TRANSFER　　　　　　B. DNA_FINALIZE

C. DNA_INVALIDATE　　　　　　D. DNA_RECOVERBLOCK

13. 数据节点通过运行(　)后台线程检测是否有数据损坏。

A. DataXceiver　　　　　　　　B. ReplicationManager

C. BlockPoolManager　　　　　　D. DataBlockScanner

14. 以下语句中正确的是(　)。

A. new InputStreamReader(new FileReader("data"));

B. new InputStreamReader(new BufferedReader("data"));

C. new InputStreamReader("data");

D. new InputStreamReader(System.in);

二、简答题

1. 什么是 HDFS? 它采用了怎样的存储机制?

2. 在 HDFS 中,NameNode 的作用是什么?

3. 简述 Secondary NameNode 的工作原理。

4. 在 HDFS 中,DataNode 的作用是什么?

作业调度与集群资源管理框架 YARN

学习目标

- 了解 YARN 的体系结构。
- 掌握 YARN 命令行的应用方法。
- 熟悉 YARN 的 API 应用编程方法。
- 理解 YARN 应用编程实例。

Apache Hadoop 的另一种资源协调者(Yet Another Resource Negotiator，YARN)是一种新的 Hadoop 资源管理器，它是一个通用资源管理系统，可为上层应用提供统一的资源管理和调度，它的引入为集群在利用率、资源统一管理和数据共享等方面带来了巨大的好处。

5.1 YARN 概述

5.1.1 YARN 简介

YARN 的基本思想是将作业跟踪器(JobTracker)的两个主要功能(资源管理和作业调度/监控)分离，主要方法是创建一个全局的资源管理器(Resource Manager，RM)和若干针对应用程序的应用程序主控器(Application Master，AM)。这里的应用程序是指传统的 MapReduce 作业或作业的有向无环图(DAG)。

YARN 有下面几大构成组件。

(1) 一个全局的资源管理器。

(2) 每个节点上的任务和资源管理器(NodeManager，NM)。

(3) 每个应用的应用程序主控器。

(4) 某个节点上封装多维度资源的资源容器(Container)。

YARN 本质上是分层结构的资源管理器。YARN 控制整个集群并管理应用程序及分配基础计算资源。资源管理器将各个资源(计算、内存、带宽等)安排给基础的节点管理器。资源管理器还与应用程序主控器一起分配资源，与节点管理器一起启动和监视它们的基础应用程序。应用程序主控器承担了以前守护进程的角色，资源管理器承担了作业跟踪器的角色。

应用程序主控器负责管理在 YARN 内运行的应用程序的每个实例。应用程序主控器负责协调来自资源管理器的资源,并通过节点管理器监视容器的执行和资源使用(CPU、内存等的资源分配)。请注意:尽管目前的资源(CPU 核心、内存)更加传统,但未来会带来基于任务的新资源类型(如图形处理单元或专用处理设备)。从 YARN 的角度看,应用程序主控器是用户代码,因此存在潜在的安全问题。YARN 假设应用程序主控器存在错误甚至恶意的攻击,因此将它们当作无特权的代码对待。

要想使用一个 YARN 集群,首先需要有包含一个应用程序的客户请求。资源管理器协调一个容器的必要资源,启动一个应用程序主控器表示已提交的应用程序。通过使用一个资源请求协议,应用程序主控器协调每个节点上供应用程序使用的资源容器。执行应用程序时,应用程序主控器监视容器直到完成。当应用程序完成时,应用程序主控器从资源管理器注销其容器,执行周期就完成了。

在新的 YARN 中,应用程序主控器是一个可变更的部分,用户可以为不同的编程模型编写自己的应用程序主控器,让更多类型的编程模型能够在 Hadoop 集群中运行。如何让不同的编程模型在 Hadoop 集群中运行可以参考 Hadoop YARN 官方配置模板中的 mapred-site.xml 配置文档。

5.1.2　YARN 的主要架构

YARN 的主要架构如图 5-1 所示。

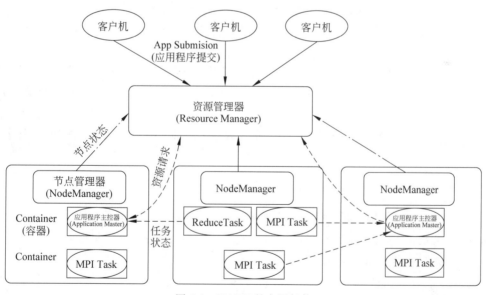

图 5-1　YARN 的主要架构

1. 资源管理器

RM 是一个全局的资源管理器,负责整个系统的资源管理和分配,它主要由两个组件构成:调度器(Scheduler)和应用程序管理器(Application Manager)。

调度器根据容量、队列等限制条件(如每个队列分配一定的资源,最多执行一定数量的作业等),将系统中的资源分配给各个正在运行的应用程序。需要注意的是,调度器是一个"纯调度器",它不再从事任何与具体应用程序相关的工作,例如不负责监控或者跟踪应用的执行状态等,也不负责因重新启动而导致的应用执行失败或者因硬件故障而产生的失败任务,这些均交由与应用程序相关的应用程序管理器完成。调度器仅根据各个应用程序的资源需求进行资源分配,而资源分配单位用一个抽象概念——资源容器(Resource Container,简称 Container)表示。Container 是一个动态资源分配单位,它将内存、CPU、磁盘、网络等资源封装在一起,从而限定每个任务使用的资源量。此外,调度器是一个可插拔的组件,用户可根据自己的需要设计新的调度器。YARN提供了多种直接可用的调度器,如公平调度器(Fair Scheduler)和承载量调度器(Capacity Scheduler)等。

应用程序管理器负责管理整个系统中所有应用程序管理的操作,包括应用程序提交、与调度器协商资源以启动应用程序主控器、监控应用程序主控器的运行状态并在失败时重新启动它等。

2. 应用程序主控器

用户提交的每个应用程序均包含一个 AM,其主要功能如下。

(1) 与 RM 调度器协调,以获取资源(用 Container 表示)。

(2) 将得到的任务进一步分配给内部的任务(资源的二次分配)。

(3) 与 NM 通信,以启动或停止任务。

(4) 监控所有任务的运行状态,并在任务运行失败时重新为任务申请资源,以重启任务。

当前 YARN 自带两个 AM 实现:一个是用于演示 AM 编写方法的实例程序 distributedshell,它可以申请一定数目的 Container,以并行运行一个 shell 命令或脚本;另一个是运行 MapReduce 应用程序的 AM。

注意:RM 只负责监控 AM,在 AM 运行失败时启动 RM,不负责 AM 内部任务的容错。

3. 节点管理器

NM 是每个节点上的资源和任务管理器。一方面,它会定时向 RM 汇报本节点上的资源使用情况和各个 Container 的运行状态。另一方面,它接收并处理来自 AM 的 Container 启动或停止等各种请求。

4. 容器

容器(Container)是 YARN 中的资源抽象,它封装了某个节点上的多维度资源,如内存、CPU、磁盘、网络等。当 AM 向 RM 申请资源时,RM 为 AM 返回的资源便是用 Container 表示的。YARN 会为每个任务分配一个 Container,且该任务只能使用该 Container 中描述的资源。

YARN 的资源管理和执行框架都是按主/从范例实现的。

对于从节点(Slave),NM 运行和监控每个节点,并向集群的主机(Master)上的 RM 报告资源的可用性状态,资源管理器最终为系统中的所有应用分配资源。

特定应用的执行由应用程序主控器控制。应用程序主控器负责将一个应用分割成多个任务,并和资源管理器协调执行所需的资源。资源一旦分配好,应用程序主控器就和节点管理器一起安排、执行、监控独立的应用任务。

需要说明的是,YARN 中不同的服务组件通信方式都采用了事件驱动的异步并发机制,这样可以简化系统的设计。

5.1.3　YARN 架构简析

1. 集中式架构

集中式调度器的特点是资源的调度和应用程序的管理功能全部放到一个进程中完成。在开源的集中式调度器中,最典型的代表是作业跟踪器的实现,这样设计的缺点是扩展性差。首先,集群规模受限;其次,新的调度策略难以融入现有代码,如之前仅支持 MapReduce 作业,现在要支持流式作业,但很难将流式作业的调度策略嵌入中央调度。

2. 双层调度架构

双层调度器可以克服集中式调度器的不足,它可被看作是一种分而治之的机制或者策略下放机制。双层调度器仍保留一个经简化的集中式资源调度器,但与具体任务相关的调度策略则下放到各个应用程序调度器中完成,这种调度器的典型代表是 Mesos。Mesos 调度器由两部分组成,分别是资源调度器和框架(应用程序)调度器,资源调度器负责将集群中的资源分配给各个框架(应用程序),而框架(应用程序)调度器负责将资源进一步分配给内部的各个任务,用户很容易将一种框架或者系统接入 Mesos。

双层调度器的特点是各个框架调度器并不知道整个集群的资源使用情况,只是被动地接收资源;资源调度器仅将可用的资源推送给各个框架,而由框架自己选择是使用还是拒绝这些资源;一旦框架接收到新资源,便会进一步将资源分配给其内部的任务,进而实现双层调度。然而这种调度器也是有缺点的,主要表现在以下两个方面。

(1) 各个框架无法知道整个集群的实时资源使用情况。

(2) 采用悲观锁,并发粒度小。

5.2　YARN 的命令及应用

5.2.1　YARN 命令概述

YARN 命令通过运行脚本文件 bin/yarn 执行,如果不带任何参数运行 yarn 脚本,则会打印 YARN 所有命令的描述。

运行 yarn 脚本文件的命令语法如下。

```
yarn [-- config confdir] COMMAND [-- loglevel loglevel] [GENERIC_OPTIONS]
[COMMAND_OPTIONS]
```

YARN 有一个参数解析框架,采用解析泛型参数以及运行类。YARN 命令的参数及说明如表 5-1 所示,YARN 通用命令项如表 5-2 所示。

表 5-1　YARN 命令的参数及说明

命令参数	描　述
--config confdir	指定一个默认的配置文件目录,默认值是 ${HADOOP_PREFIX}/conf
--loglevel loglevel	重载 Log 级别。有效的日志级别包含 FATAL、ERROR、WARN、INFO、DEBUG 和 TRACE,默认是 INFO
GENERIC_OPTIONS	YARN 支持表 5-2 的通用命令选项
COMMAND　COMMAND_OPTIONS	YARN 分为用户命令和管理员命令

表 5-2　YARN 支持的通用命令项

通　用　项	描　述
-archives ＜comma separated list of archives＞	用逗号分隔计算中未归档的文件,仅针对 Job
-conf ＜configuration file＞	指定应用程序的配置文件
-D ＜property＞＝＜value＞	使用给定的属性值
-files ＜comma separated list of files＞	用逗号分隔的文件,复制到 MapReduce 机器,仅针对 Job
-jt ＜local＞ or ＜ResourceManager:port＞	指定一个资源管理器,仅针对 Job
-libjars ＜comma seperated list of jars＞	将用逗号分隔的 jar 路径包含到 classpath 中,仅针对 Job

5.2.2　用户命令

下面介绍 Hadoop 集群用户常用的命令。

(1) application,应用程序状态处理。

使用方法:yarn application [options]。

application 命令选项如表 5-3 所示。

表 5-3　application 命令选项

命令选项	描　述
-appStates ＜States＞	使用-list 命令,基于应用程序的状态过滤应用程序。如果应用程序的状态有多个,则用逗号分隔。有效的应用程序状态包含 ALL、NEW、NEW_SAVING、SUBMITTED、ACCEPTED、RUNNING、FINISHED、FAILED、KILLED
-appTypes ＜Types＞	使用-list 命令,基于应用程序类型过滤应用程序。如果应用程序的类型有多个,则用逗号分隔
-list	从 RM 返回的应用程序列表,使用-appTypes 参数,支持基于应用程序类型的过滤;使用-appStates 参数,支持对应用程序状态的过滤

续表

命 令 选 项	描　　述
-kill ＜ApplicationId＞	结束运行指定的应用程序
-status ＜ApplicationId＞	打印应用程序的状态

【例 5-1】　列出状态类型为 ACCEPTED 的应用程序。

命令及运行结果如图 5-2 所示。

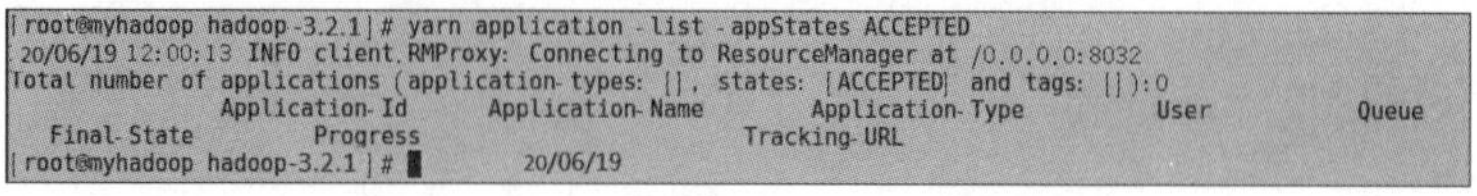

图 5-2　例 5-1 命令及运行结果

从图 5-2 可以看出,如果系统中没有应用程序运行,则显示总应用数是 0。

【例 5-2】　列出所有应用程序。

命令及运行结果如图 5-3 所示。

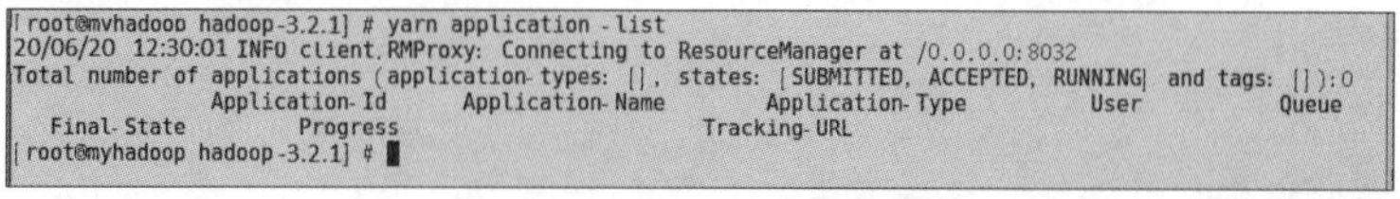

图 5-3　例 5-2 命令及运行结果

从图 5-3 可以看出,如果系统中没有应用程序运行,则显示总应用数是 0,结果与例 5-1 相同。

【例 5-3】　终止 application_1438998625140_1705 应用程序的运行。

命令如下。

```
[root @ myhadoop Hadoop - 3. 2. 1] # yarn application  - kill application_
1438998625140_1705
```

（2）applicationattempt 用于显示应用程序尝试的报告。

使用方法如下。

```
yarn applicationattempt [options]
```

命令选项见表 5-4。

表 5-4　applicationattempt 命令选项

命 令 选 项	描　　述
-help	帮助
-list ＜ApplicationId＞	获取应用程序尝试的列表,其返回值 ApplicationAttempt-Id 等于 plicationAttempt-Id temp
-status ＜Application Attempt Id＞	显示应用程序尝试的状态

【例 5-4】 获取应用程序 application_1437364567082_0106 尝试列表。
命令如下。

```
[root@myhadoop Hadoop-3.2.1]# yarn applicationattempt - list application_
1437364567082_0106
```

【例 5-5】 显示应用程序尝试的状态。
命令如下。

```
[root@myhadoop Hadoop-3.2.1]# yarn applicationattempt - status appattempt_
1437364567082_0106_000001
```

（3）classpath 用于显示 Hadoop 的 jar 和 lib 包路径。
使用方法如下。

```
yarn classpath
```

【例 5-6】 列出 Hadoop 的所有 jar 和 lib 包所在的路径。
命令如下。

```
[root@myhadoop Hadoop-3.2.1]# yarn classpath
```

命令的执行结果如图 5-4 所示。

```
[root@myhadoop-]#yarn classpath
/soft/hadoop-3.2.1/etc/hadoop:/soft/hadoop-3.2.1/share/hadoop/common/lib/*:/soft/hadoop-3.2.1/share/hadoop/common/*:/soft/hadoop-3.2
.1/share/hadoop/hdfs:/soft/hadoop-3.2.1/share/hadoop/hdfs/lib/*:/soft/hadoop-3.2.1/share/hadoop/hdfs/*:/soft/hadoop-3.2.1/share/hado
op/mapreduce/lib/*:/soft/hadoop-3.2.1/share/hadoop/mapreduce/*:/soft/hadoop-3.2.1/share/hadoop/yarn:/soft/hadoop-3.2.1/share/hadoop/
yarn/lib/*:/soft/hadoop-3.2.1/share/hadoop/yarn/*:/soft/hadoop-3.2.1/contrib/capacity-scheduler/*.jar
[root@myhadoop-]#
```

图 5-4　例 5-6 命令的执行结果

（4）container 用于打印 Container(s) 的报告。
使用方法如下。

```
yarn container [options]
```

命令选项如表 5-5 所示。

表 5-5　container 命令选项

命 令 选 项	描 述
-help	帮助
-list <Application Attempt Id>	列出应用程序尝试的 Containers
-status <ContainerId>	打印 Container 的状态

【例 5-7】 列出应用程序尝试的所有 Container 信息。

命令如下。

```
[root@myhadoop Hadoop-3.2.1]#yarn container -list appattempt_1437364567082_
0106_01
```

【例 5-8】　列出 Container 的状态信息。

命令如下。

```
[root@myhadoop Hadoop-3.2.1]#yarn container -status appattempt_1437364567082
_0106_01
```

（5）jar 用于将 YARN 代码打包和运行 jar 文件。

使用方法如下。

```
yarn jar <jar>[mainClass] args...
```

（6）logs 用于打印 Container 的日志。

使用方法如下。

```
yarn logs -applicationId <application ID>[options]
```

如果应用程序没有完成,则该命令是不能打印日志的。命令选项如表 5-6 所示。

表 5-6　logs 命令选项

命 令 选 项	描　　述
-applicationId < application ID>	指定应用程序 ID,应用程序的 ID 可以在 YARN 资源管理器 webapp. address 配置的路径(即 ID)查看
-appOwner <AppOwner>	应用的所有者(如果没有指定就是当前用户)可以在 YARN 资源管理器 webapp.address 配置的路径(即 User)查看应用程序的 ID
-ContainerId <ContainerId>	Container ID
-help	帮助
-nodeAddress <NodeAddress>	节点地址的格式为 nodename:port（端口由配置文件中的 yarn. NodeManager.webapp.address 参数指定）

【例 5-9】　打印应用程序 application_1437364567082_0104 的日志信息。

命令如下。

```
[root @ myhadoop Hadoop - 3. 2. 1]# yarn logs - applicationId application_
1437364567082_0104 -appOwner myhadoop
```

（7）node 用于打印节点的报告。

使用方法如下。

```
yarn node [options]
```

命令选项如表 5-7 所示。

表 5-7　node 命令选项

命令选项	描　　述
-all	所有节点,不管是什么状态的
-list	列出所有 RUNNING 状态的节点。支持-states 选项过滤指定的状态,节点的状态包含 NEW、RUNNING、UNHEALTHY、DECOMMISSIONED、LOST、REBOOTED。支持-all 显示所有节点
-states ＜States＞	和-list 配合使用,用逗号分隔节点状态,只显示这些状态的节点信息
-status ＜NodeId＞	打印指定节点的状态

【例 5-10】 列出所有节点的所有状态信息。

命令及执行结果如图 5-5 所示。

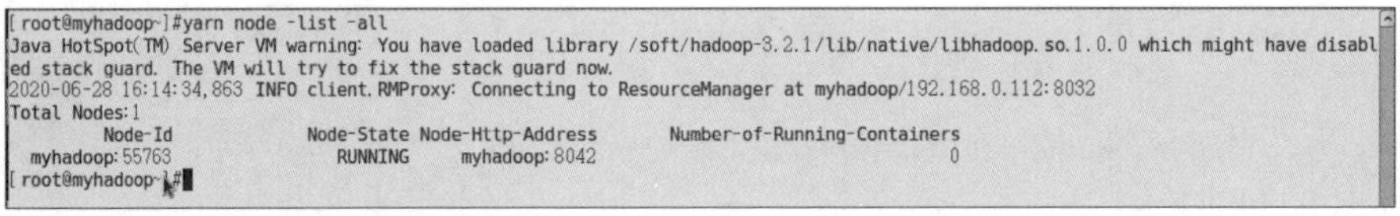

图 5-5　列出所有节点的所有状态信息的命令及执行结果

【例 5-11】 列出所有节点状态为 RUNNING 的信息。

命令及执行结果如图 5-6 所示。

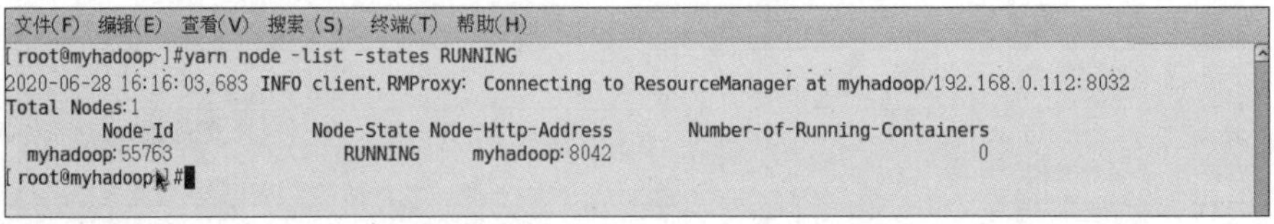

图 5-6　列出所有节点状态为 RUNNING 的信息的命令及执行结果

【例 5-12】 列出节点 myhadoop:39352 的状态信息。

命令及执行结果如图 5-7 所示。

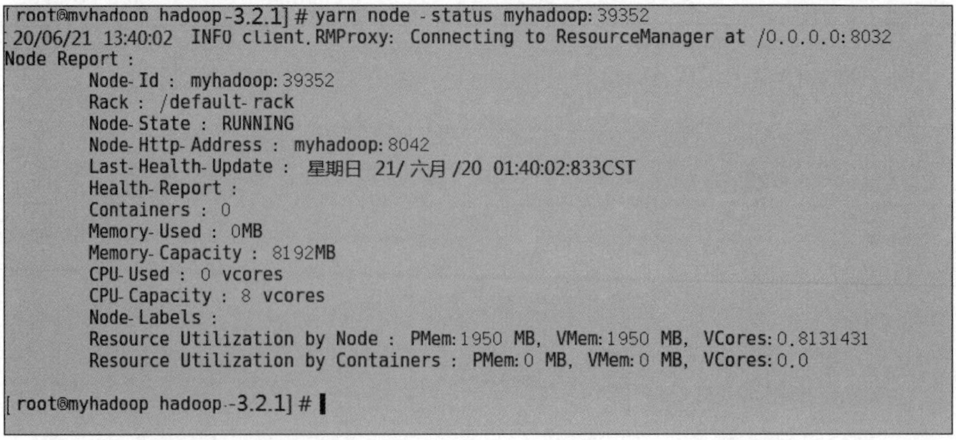

图 5-7　列出节点 myhadoop:39352 的状态信息的命令及执行结果

（8）queue 用于打印队列信息。

使用方法如下。

```
yarn queue[options]
```

命令选项如表 5-8 所示。

表 5-8　queue 命令选项

命 令 选 项	描　　述
-help	帮助
-status ＜QueueName＞	打印队列的状态

（9）version 用于打印 Hadoop 的版本。

使用方法如下。

```
yarn version
```

5.2.3　管理员命令

下面介绍 Hadoop 集群管理员常用的命令。

（1）daemonlog 用于针对指定的守护进程，获取和设置日志级别。

命令语法如下。

```
yarn daemonlog -getlevel <host:httpport><classname>
yarn daemonlog -setlevel <host:httpport><classname><level>
```

命令选项如表 5-9 所示。

表 5-9　daemonlog 命令选项

命 令 选 项	描　　述
-getlevel ＜host:httpport＞ ＜classname＞	打印运行在＜host:port＞的守护进程的日志级别。这个命令内部会连接 http://＜host:port＞/logLevel? log＝＜name＞
-setlevel ＜host:httpport＞ ＜classname＞ ＜level＞	设置运行在＜host:port＞的守护进程的日志级别。这个命令内部会连接 http://＜host:port＞/logLevel? log＝＜name＞

（2）nodemanager 用于启动节点管理器（NodeManager）。

命令语法如下。

```
#yarn nodemanager
```

运行结果部分截图如图 5-8 所示。

（3）proxyserver 用于启动 Web 代理服务器（proxy server）。

```
        at sun.reflect.NativeConstructorAccessorImpl.newInstance(NativeConstructorAccessorImpl.java:62)
        at sun.reflect.DelegatingConstructorAccessorImpl.newInstance(DelegatingConstructorAccessorImpl.java:45
        at java.lang.reflect.Constructor.newInstance(Constructor.java:423)
        at org.apache.hadoop.net.NetUtils.wrapWithMessage(NetUtils.java:824)
        at org.apache.hadoop.net.NetUtils.wrapException(NetUtils.java:735)
        at org.apache.hadoop.ipc.Server.bind(Server.java:561)
        at org.apache.hadoop.ipc.Server$Listener.<init>(Server.java:1034)
        at org.apache.hadoop.ipc.Server.<init>(Server.java:2735)
        at org.apache.hadoop.ipc.RPC$Server.<init>(RPC.java:958)
        at org.apache.hadoop.ipc.ProtobufRpcEngine$Server.<init>(ProtobufRpcEngine.java:420)
        at org.apache.hadoop.ipc.ProtobufRpcEngine.getServer(ProtobufRpcEngine.java:341)
        at org.apache.hadoop.ipc.RPC$Builder.build(RPC.java:800)
        at org.apache.hadoop.yarn.factories.impl.pb.RpcServerFactoryPBImpl.createServer(RpcServerFactoryPBImpl
        at org.apache.hadoop.yarn.factories.impl.pb.RpcServerFactoryPBImpl.getServer(RpcServerFactoryPBImpl.ja
        ... 13 more
Caused by: java.net.BindException: 地址已在使用
        at sun.nio.ch.Net.bind0(Native Method)
        at sun.nio.ch.Net.bind(Net.java:433)
        at sun.nio.ch.Net.bind(Net.java:425)
        at sun.nio.ch.ServerSocketChannelImpl.bind(ServerSocketChannelImpl.java:223)
        at sun.nio.ch.ServerSocketAdaptor.bind(ServerSocketAdaptor.java:74)
        at org.apache.hadoop.ipc.Server.bind(Server.java:544)
        ... 21 more
20/06/21 14:20:47  INFO nodemanager.NodeManager: SHUTDOWN_MSG:
/************************************************************
SHUTDOWN_MSG: Shutting down NodeManager at myhadoop/192.168.1.8
************************************************************/
[root@myhadoop hadoop-3.2.1]# 
```

图 5-8　执行 nodemanager 命令结果画面

命令语法如下。

```
#yarn proxyserver
```

（4）resourcemanager 用于启动资源管理程序（ResourceManager）。

命令语法如下。

```
#yarn resourcemanager [-format-state-store]
```

命令选项如表 5-10 所示。

表 5-10　resourcemanager 命令选项

命令选项	描　　述
-format-state-store	RMStateStore 的格式。如果过去的应用程序不再需要，则清理 RMStateStore，RMStateStore 仅在资源管理器没有运行时才运行 RMStateStore

（5）rmadmin 用于系统管理设置。

命令语法如下。

```
yarn rmadmin [-refreshQueues]
            [-refreshNodes]
            [-refreshUserToGroupsMapping]
            [-refreshSuperUserGroupsConfiguration]
            [-refreshAdminAcls]
            [-refreshServiceAcl]
            [-getGroups [username]]
    [-transitionToActive [--forceactive] [--forcemanual] <serviceId>]
            [-transitionToStandby [--forcemanual] <serviceId>]
```

```
[- failover [- - forcefence] [- - forceactive] < serviceId1 > <
serviceId2>]
[-getServiceState <serviceId>]
[-checkHealth <serviceId>]
   [-help[cmd]]
```

命令选项如表 5-11 所示。

表 5-11　rmadmin 命令选项

命 令 选 项	描　　述
-refreshQueues	重载队列的 ACL、状态和调度器特定的属性,资源管理器将重载 mapred-queues 配置文件
-refreshNodes	动态刷新 dfs.hosts 和 dfs.hosts.exclude 配置,无须重启 NameNode(名称节点)。 dfs.hosts:列出允许连入 NameNode(名称节点)的 DataNode(数据节点)清单(IP 或者机器名)。 dfs.hosts.exclude:列出了禁止连入 NameNode(名称节点)的 DataNode(数据节点)清单(IP 或者机器名)。 重新读取 hosts 和 exclude 文件,更新允许连到 NameNode(名称节点)或那些需要退出或入编的 DataNode(数据节点)的集合
-refreshUserToGroupsMappings	刷新用户到组的映射
-refreshSuperUserGroupsConfiguration	刷新用户组的配置
-refreshAdminAcls	刷新资源管理器的 ACL 管理
-refreshServiceAcl	资源管理器重载服务级别的授权文件
-getGroups [username]	获取指定用户所属的组
-transitionToActive [-forceactive] [-forcemanacl]<serviceId>	尝试将目标服务转为 Active 状态。如果使用-forceactive 选项,则不需要核对非 Active 节点。如果采用了自动故障转移,则这个命令不能使用。虽然可以重写-forcemanual 选项,但仍需要谨慎
-transitionToStandby [-forcemanual]<serviceId>	将服务转为 Standby 状态。如果采用了自动故障转移,则这个命令不能使用。虽然可以重写-forcemanual 选项,但仍需要谨慎
-failover [-forceactive]<serviceId>	启动从 serviceId1 到 serviceId2 的故障转移。如果使用了-forceactive 选项,则即使服务没有准备,也会尝试将故障转移到目标服务。如果采用了自动故障转移,则这个命令不能使用
-getServiceState <serviceId>	返回服务的状态(注:当资源管理器不是 HA 时,不能运行该命令)
-checkHealth <serviceId>	请求服务器执行健康检查,如果检查失败,则 RMAdmin 将用一个非零标示退出(注:当资源管理器不是 HA 时,不能运行该命令的)
-help [cmd]	显示指定命令的帮助,如果没有指定,则显示命令的帮助

（6）scmadmin 用于运行共享缓存管理器管理客户端。

命令语法如下。

```
yarn scmadmin [options]
```

命令选项如表 5-12 所示。

表 5-12　scmadmin 命令选项

命 令 选 项	描　　　述
-help	帮助
-runCleanerTask	运行清理任务

（7）sharedcachemanager 用于启动共享高速缓存管理器。

命令语法如下。

```
# yarn sharedcachemanager
```

（8）timelineserver 命令用于启动 TimeLineServer。

命令语法如下。

```
# yarn timelineserver
```

5.3　YARN 的 API 应用编程

5.3.1　YARN 工作流程

运行在 YARN 上的应用程序主要分为两类：短应用程序和长应用程序。短应用程序是指一定时间内（可能是秒级、分钟级或小时级，尽管天级别或者更长时间的级别也存在，但非常少）可运行完成并正常退出的应用程序，如 MapReduce 作业、Tez DAG 作业等。长应用程序是指不出意外永不终止运行的应用程序，通常是一些服务，如 Storm Service（包括 Nimbus 和 Supervisor 两类服务）、HBase Service（包括 Hmaster 和 RegionServer 两类服务）等，而它们本身作为一个框架提供了编程接口供用户使用。尽管这两类应用程序的作用不同，一类直接运行数据处理程序，另一类用于部署服务（服务之上再运行数据处理程序），但运行在 YARN 上的流程是相同的。

当用户向 YARN 提交一个应用程序后，YARN 将分两个阶段运行该应用程序。第一个阶段是启动应用程序管理器；第二个阶段是由应用程序管理器创建应用程序，为它申请资源，并监控它的整个运行过程，直到运行完成。YARN 的工作流程如下。

（1）用户向 YARN 提交应用程序，其中包括应用程序管理器程序、启动应用程序管理器的命令、用户程序等。

（2）资源管理器为该应用程序分配第一个 Container，并与对应的 Node-Manager 通信，要求它在这个 Container 中启动应用程序的应用程序管理器。

（3）应用程序管理器首先向资源管理器注册，这样用户可以直接通过 ResourceManage 查看应用程序的运行状态，然后它将为各个任务申请资源，并监控它的运行状态，直到运行结束，即重复步骤（4）～（7）。

（4）应用程序管理器采用轮询方式通过远程过程调用（Remote Procedure Call，RPC）协议向资源管理器申请和领取资源。

（5）一旦应用程序管理器申请到资源后，便与对应的节点管理器通信，要求它启动任务。

（6）节点管理器为任务设置运行环境（包括环境变量、JAR 包、二进制程序等）后，将任务启动命令写到一个脚本中，并通过运行该脚本启动任务。

（7）各个任务通过某个 RPC 协议向应用程序管理器汇报自己的状态和进度，以让应用程序管理器随时掌握各个任务的运行状态，从而可以在任务失败时重新启动任务。

在应用程序运行过程中，用户可随时通过 RPC 向应用程序管理器查询应用程序的当前运行状态。

（8）应用程序运行完成后，应用程序管理器向资源管理器注销并关闭自己。

5.3.2　YARN 编程概述

YARN 主要由资源管理器和节点管理器组成。其中，资源管理器负责资源的管理与分配，节点管理器负责具体资源的隔离。在 YARN 中，资源使用容器进行封装。用户在 YARN 上开发应用时需要实现以下 3 个模块。

（1）Application Client。Application Client 应用程序客户端的作用是将应用程序提交到 YARN 上，使应用程序运行在 YARN 上，监控应用程序的运行状态并控制应用程序的运行。

（2）Application Master。Application Master（AM）负责整个应用程序的运行控制，包括向 YARN 注册应用、申请资源、启动容器等，应用程序的实际工作在容器中进行。

（3）Application Worker。并不是所有的应用程序都需要编写工作程序（Worker）。节点管理器启动 Application Master 发送过来的容器，容器内部封装了该 Application Worker 运行时所需的资源和启动命令。

上述模块的实现涉及以下 RPC 协议。

（1）应用程序客户端协议（Application Client Protocol）是 Client-RM 之间的协议，主要用于应用的提交。

（2）应用程序主控器协议（Application Master Protocol）是 AM-RM 之间的协议，AM 通过该协议向 RM 注册并申请资源。

（3）资源容器管理协议（Container Management Protocol）是 AM-NM 之间的协议，AM 通过该协议控制 NM 启动容器。

上述协议在 hadoop-yarn-api 工程中定义。

从业务的角度看，一个应用需要分为两部分进行开发，一个是接入 YARN 平台，实现上述 3 个协议，通过 YARN 实现对集群资源的访问和利用；另一个是业务功能的实现。

YARN 平台应用开发的内容和工作如下。

（1）YARN 平台应用开发主要有 2 个工作：YARN 平台接入和业务逻辑实现。

（2）YARN 平台应用开发主要需要开发 3 个组件：客户端、AM 和 Worker。

（3）YARN 平台接入主要涉及 3 个协议，分别为应用程序客户端协议、应用程序主控器协议和资源容器管理协议，其中，客户端通过 Application Client Protocol 与 RM 交互，提交（部署）应用并监控应用的运行；AM 通过 Application Master Protocol 维持 AM-RM 的心跳，并向 RM 申请 YARN 上的资源；AM 通过 Container Management Protocol 控制 NM 启动和停止申请到的容器，并监控容器的运行状态。容器是 YARN 对资源的封装，应用的 Worker 在容器中运行，只能使用容器中的资源，从而实现资源隔离。

（4）YARN 提供了 Client-RM 编程库、AM-RM 编程库和 NM 编程库，从而简化了 YARN 上的应用开发。

YARN 应用程序的运行环境及各组件之间的关系如图 5-9 所示。

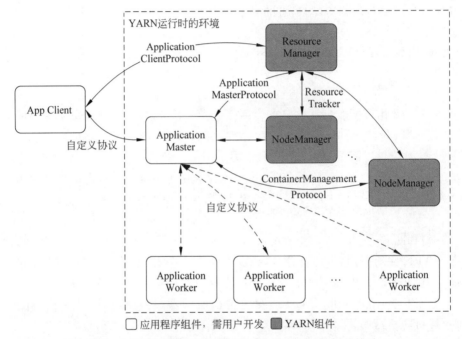

图 5-9 YARN 应用程序的运行环境及各组件之间的关系

总的来说，YARN 是一个资源管理平台，并不涉及业务逻辑，具体的业务逻辑需要用户自己实现。YARN 的核心作用就是分配资源，保证资源隔离。

5.3.3　YARN Client 程序编写

YARN Client 程序的编写包括以下几个要点。

1. 创建一个 YARN 客户端应用(Application)

可以通过 YarnClientApplication 类创建一个 Application，语句如下。

```
YarnClientApplication app =yarnClient.createApplication();
```

2. 设置 Application 的名称

为了给 Application 设置一个名字,需要用到 getApplicationSubmissionContext()方法,该方法返回一个的对象实例,通过其调用 setApplicationName()方法设置 Application 名称。语句如下。

```
app. getApplicationSubmissionContext ( ). setApplicationName ( " truman.
ApplicationMaster");
```

3. 设置 Applicaton 的资源要求

需要为 Application 设置内存、CPU 需求、优先级和队列(Queue)信息,YARN 将根据这些信息调度 ApplicationMaster。可以通过 setResource()方法、setPriority()方法和 setQueue()方法设置。相关语句如下。

```
app. getApplicationSubmissionContext (). setResource (Resource. newInstance
(100, 1));
app. getApplicationSubmissionContext (). setPriority (Priority. newInstance
(0));
app.getApplicationSubmissionContext().setQueue("default");
```

4. 设置 ContainerLaunchContext

参数 amContainer 中包含 ApplicationMaster 执行需要的资源文件、环境变量和启动命令,这里将资源文件上传到了 HDFS,这样在 NodeManager 就可以通过 HDFS 取得这些文件。在设置前要首先生成 amContainer 对象。语句如下。

```
app.getApplicationSubmissionContext().setAMContainerSpec(amContainer);
```

5. 提交应用

```
ApplicationId appId =yarnClient.submitApplication(app.getApplicationSubmission-
Context());
```

对于 Client 的编写还是比较简单的,不需要维护状态,只需要提交相应的消息给 Resource Manager 就可以。

5.3.4　YARN AppicationMaster 编写

AppicationMaster 的编写比较复杂,其需要同 ResourceManager 和 NodeManager 交互,通过 ResourceManager 申请 Container,并接收 ResourceManager 的一些消息,如可用

的 Container，结束的 Container 等。

通过 NodeManage 启动 Container，并接收 NodeManager 的一些消息，如 Container
的状态变化以及 Node 的状态变化。

1. 创建一个 AMRMClientAsync 对象

首先需要创建一个 AMRMClientAsync 类的对象，这个对象负责与 ResourceManager 进
行通信，并对容器分配和完成等事件提供异步更新，它包含一个向 ResourceManager 发送周
期性心跳信号的线程，它应该通过实现回调处理程序使用。创建对象的语句如下。

```
amRMClient =AMRMClientAsync.createAMRMClientAsync( 1000, new RMCallback-
Handler());
```

这里的 RMCallbackHandler 是继承自 AMRMClientAsync.CallbackHandler 的一个
类，其功能是处理由 ResourceManager 收到的消息，其需要实现的方法如下。

```
public void onContainersCompleted(List<ContainerStatus>statuses);
public void onContainersAllocated(List<Container>containers) ;
public void onShutdownRequest() ;
public void onNodesUpdated(List<NodeReport>updatedNodes) ;
public void onError(Throwable e) ;
```

在不考虑异常的情况下，只写 onContainersAllocated 和 onContainersCompleted 这
两个即可，一个是当有新的 Container 时可以使用，一个是 Container 运行结束。

启动 Container 的代码如下。

```
amNMClient.startContainerAsync(container, ctx);
```

这里的 ctx 同 YarnClient 中第 4 步中的 amContainer 是同一个类型，即这个
Container 执行的一些资源、环境变量与命令等，因为这是在回调函数中为了保证时效性
而设置的，因此这个操作最好放在线程池中异步操作。

在 onContainersCompleted 中，如果是失败的 Container，则需要重新申请并启动
Container，（这一点有可能是因为 YARN 中的 FairSchedule 会强制退出某些 Container
以释放资源而导致的）。

2. 创建一个 NMClientAsyncImpl 对象

这个对象负责与 NodeManager 交互，语句如下。

```
amNMClient =new NMClientAsyncImpl(new NMCallbackHandler());
```

这里，NMCallbackHandler 是需要编写的从 NMClientAsync.CallbackHandler 继承
的对象，其功能是处理 NodeManager 收到的消息。代码如下。

```
public void onContainerStarted (ContainerId containerId, Map < String,
ByteBuffer>allServiceResponse);
public void onContainerStatusReceived(ContainerId containerId, ContainerStatus
containerStatus);
public void onContainerStopped(ContainerId containerId) ;
public void onStartContainerError(ContainerId containerId, Throwable t);
public void onGetContainerStatusError (ContainerId containerId, Throwable
t) ;
public void onStopContainerError(ContainerId containerId, Throwable t);
```

在不考虑异常的情况下,这些函数可以写一个空函数体,忽略处理。

3. 将自己注册到 ResourceManager

注册应用到 ResourceManager,代码如下。

```
RegisterApplicationMasterResponse response =amRMClient.registerApplication-
Master(NetUtils.getHostname(), -1, "");
```

这个函数将自己注册到 RM,这里没有提供 RPC 端口和 TrackURL。

4. 向 RM 申请 Container

向 RM 申请 Container,存储大小为 100×10MB,1 个 CPU,代码如下。

```
ContainerRequest containerAsk = new ContainerRequest (Resource. newInstance
                                                     (100, 1),
                                                     null, null, Priority.
                                                     newInstance(0));
amRMClient.addContainerRequest(containerAsk);
```

这里,一个 containerAsk 表示申请一个 Container,将节点(Node)和机架(rasks)设置为 NULL,猜测 MapReduce 应该由参数尝试申请靠近 HDFS 块的 Container。

5. 等待 Container 执行完毕,清理退出

循环等待 Container 执行完毕并上报执行结果,代码如下。

```
void waitComplete() throws YarnException, IOException{
    while(numTotalContainers.get() !=numCompletedConatiners.get()){
        try{
            Thread.sleep(1000);
            LOG.info ("waitComplete" +", numTotalContainers=" +
                    numTotalContainers.get() +",numCompletedConatiners="
                    +numCompletedConatiners.get());
        } catch (InterruptedException ex){}
```

```
    }
    exeService.shutdown();
    amNMClient.stop();
    amRMClient.unregisterApplicationMaster(FinalApplicationStatus.SUCCEEDED,
    "dummy Message", null);
    amRMClient.stop();
}
```

完整的 ApplicationMaster 程序示例详见 Hadoop 官方网站的有关介绍。

5.3.5　YARN Container 工作程序

真正处理数据的是由 ApplicationMaster 程序中提交 Container 的工作程序,其由下述语句提供。

```
amNMClient.startContainerAsync(container, ctx);
```

这个应用并不需要特殊编写,任何程序通过提交相应的运行信息都可以在 Node 中的某个 Container 中执行,所以这个程序可以是一个复杂的 MapReduce 任务(Task)或简单的脚本。

5.4　本 章 小 结

本章介绍了 YARN 的集群资源管理和作业调度的功能,介绍了 YARN 的架构和 YARN 的基本命令应用;简单介绍了 YARN 应用编程方法。编写一个应用运行在 YARN 之上,比较复杂的是 ApplicationMaster 的编写,其需要维护 Container 的状态并能做一些错误恢复和重启应用的操作;比较简单的是 Client 的编写,只需要提交必需的信息即可,不需要维护状态。真正运行处理数据的是 Container 中的工作程序,这个程序可以不需要针对 YARN 编写代码。

习　　题

1. 简述 YARN 的基本思想。
2. 简述 YARN 的主要架构。
3. 请问 YARN 命令主要有哪些？简单说明各命令的作用和用法。
4. 简述 YARN 的工作流程。
5. 在 YARN 上开发应用时需要实现哪 3 个模块？涉及哪些协议？
6. 简述 YARN 平台应用开发的基本流程。
7. 上机实现 YARN 自带的应用程序编程实例—Distributed shell。

第6章

Hadoop 分布式计算框架 MapReduce

学习目标

- 了解 MapReduce 的结构模型。
- 掌握 MapReduce 的命令行应用。
- 熟悉 MapReduce 的 API 应用编程。
- 理解 MapReduce 应用实例。

MapReduce 是一种用于数据处理的编程模式,这种模式通常比较简单,但是编程过程中要想实现方便的表达和应用却并不简单。Hadoop 能够支持各种语言的 MapReduce 实现,通过 MapReduce 编程能够灵活地使用和配置足够的机器处理海量数据。

6.1　MapReduce 结构模型

6.1.1　MapReduce 概述

Hadoop MapReduce 是一个使用上相对简单的软件框架,基于它写出来的应用程序能够运行在由上千台商用机器组成的大型集群上,并以一种可靠容错的方式并行处理 TB 级别的数据集。

一个 MapReduce 作业(Job)通常会把输入的数据集切分为若干独立的数据块,由 Map 任务(Task)以完全并行的方式处理它们。MapReduce 会对 Map 的输出先进行排序,然后把结果输出给 Reduce 任务。通常,作业的输入和输出都会被存储在文件系统中。MapReduce 负责任务的调度和监控,以及重新执行已经失败的任务。

通常,MapReduce 框架和分布式文件系统是运行在一组相同的节点上的,也就是说,计算节点和存储节点通常在一起。这种配置允许框架在那些已经存储数据的节点上高效地调度任务,这样可以高效地利用整个集群的网络带宽。

MapReduce 框架由一个单独的主机作业跟踪器(Master JobTracker)和每个集群节点一个的从机作业跟踪器(Slave TaskTracker)共同组成。Master 负责调度构成一个作业的所有任务,这些任务分布在不同的 Slave 上,Master 监控它们的执行,并重新执行已经失败的任务,而 Slave 仅负责执行由 Master 指派的任务。

应用程序至少应该指明输入/输出的位置(路径),并通过实现合适的接口或抽象类提供 map 和 reduce 函数,再加上其他作业的参数就构成了作业配置(Job Configuration)。然后,Hadoop 的 job 客户端提交作业(jar 包或可执行程序等)和配置信息给 JobTracker,后者负责分发这些软件和配置信息给 Slave、调度任务并监控它们的执行,同时提供状态和诊断信息给作业客户端(job-client)。

虽然 Hadoop 框架是用 Java 实现的,但 Map/Reduce 应用程序不一定必须用 Java 编写。

MapReduce 是面向大数据并行处理的计算模型、框架和平台,它隐含着以下 3 层含义。

(1) MapReduce 是一个基于集群的高性能并行计算平台(Cluster Infrastructure),它允许用市场上普通的商用服务器构成一个包含多达数千个节点的分布式并行计算集群。

(2) MapReduce 是一个并行计算的软件框架(Software Framework),它能自动完成计算任务的并行化处理,自动划分计算数据和计算任务,在集群节点上自动分配和执行任务并收集计算结果,将数据分布存储、数据通信、容错处理等并行计算涉及的很多系统底层的复杂细节交由系统处理,大幅减少了软件开发人员的负担。

(3) MapReduce 是一个并行程序设计模型与方法(Programming Model & Methodology),它借助于函数式程序设计语言 Lisp 的设计思想,提供了一种简便的并行程序设计方法,用 map 和 reduce 两个函数编程实现基本的并行计算任务,提供抽象的操作和并行编程接口,以简单方便地完成大规模数据的编程和计算处理。

6.1.2　Map 和 Reduce(映射和规约)

简单说来,一个映射(Map)函数就是对一些独立元素组成的概念上的列表(如一个测试成绩的列表)中的每个元素进行指定操作(例如,假设有人发现所有学生的成绩都被高估了 1 分,则该人可以定义一个"减 1"的映射函数,用来修正这个错误)。事实上,每个元素都是被独立操作的,而原始列表没有被更改,因为这里创建了一个新的列表以保存新的结果。这就是说,Map 操作是可以高度并行的,这对高性能要求的应用以及并行计算领域的需求非常有用。

规约(Reduce)操作是指对一个列表的元素进行适当的合并(例如,如果有人想知道班级成绩平均分,则可以定义一个 Reduce 函数,通过让列表中的元素与和自己相邻的元素相加的方式把列表减半,如此递归运算直到列表只剩下一个元素,然后用这个元素除以人数,就得到了平均分)。虽然 Reduce 函数不如 Map 函数那么并行,但是因为化简总是有一个简单的答案,大规模的运算相对独立,所以 Reduce 函数在高度并行的环境下也很有用。

6.1.3　MapReduce 的主要功能及技术特征

1. 用途

MapReduce 被 Google 广泛应用于应用程序中,包括分布 grep、分布排序、Web 连接图反转、每台机器的词矢量、Web 访问日志分析、反向索引构建、文档聚类、机器学习、基于统计的机器翻译等。值得注意的是,MapReduce 实现以后,它被用来重新生成 Google 的整个索引,并取代老的程序更新索引。

MapReduce 会生成大量的临时文件。为了提高效率,MapReduce 利用 Google 文件系统管理和访问这些文件。

超过 1 万个不同的 Google 项目已经采用 MapReduce 实现,包括大规模的算法图形处理、文字处理、数据挖掘、机器学习、统计机器翻译以及众多其他领域。

其他实现方法有如 Nutch 项目开发的实验性的 MapReduce 实现,即后来大名鼎鼎的 Hadoop;Phoenix 是斯坦福大学开发的基于多核/多处理器、共享内存的 MapReduce 实现等。

2. 主要功能

MapReduce 提供了以下主要功能。

1) 数据划分和计算任务调度

系统自动将一个作业待处理的大数据划分为多个数据块,每个数据块对应于一个计算任务(Task),并自动调度计算节点以处理相应的数据块。作业和任务调度功能主要负责分配和调度计算节点(Map 节点或 Reduce 节点),同时负责监控这些节点的执行状态,并负责 Map 节点执行的同步控制。

2) 数据/代码互定位

为了减少数据通信,基本原则是本地化数据处理,即一个计算节点尽可能多地处理其本地磁盘上分布存储的数据,从而实现代码向数据的迁移;当无法进行这种本地化数据处理时,再寻找其他可用节点,并将数据从网络上传送给该节点(数据向代码迁移)。

3) 系统优化

为了减少数据通信开销,中间结果数据在进入 Reduce 节点前会进行一定的合并处理。一个 Reduce 节点处理的数据可能来自多个 Map 节点。为了避免在 Reduce 计算阶段发生数据相关性,Map 节点输出的中间结果需要使用一定的策略进行适当的划分处理,保证相关性数据发送到同一个 Reduce 节点。此外,系统还进行一些计算性能优化处理,例如对最慢的计算任务采用多备份执行,选择最快完成者作为结果。

4) 出错检测和恢复

在由低端商用服务器构成的大规模 MapReduce 计算集群中,节点硬件(主机、磁盘、内存等)出错和软件出错是常态,因此 MapReduce 需要能够检测并隔离出错节点,并调度分配新的节点接管出错节点的计算任务。同时,系统还将维护数据存储的可靠性,用多备份冗余存储机制提高数据存储的可靠性,并及时检测和恢复出错的数据。

3. 主要技术特征

MapReduce 在设计上具有以下主要的技术特征。

1) 向"外"横向扩展,而非向"上"纵向扩展

MapReduce 集群选用的是价格便宜、易于扩展的低端商用服务器,而非价格昂贵、不

易扩展的高端服务器。

对于大规模数据处理,由于有大量数据存储的需要,显而易见,基于低端服务器的集群远比基于高端服务器的集群优越,这就是为什么 MapReduce 并行计算集群会基于低端服务器实现的原因。

2) 失效被认为是常态

MapReduce 集群中使用大量的低端服务器,节点硬件失效和软件出错是常态。因此一个设计良好、具有高容错性的并行计算系统不能因为节点失效而影响计算服务的质量,任何节点失效都不应当导致结果不一致或不确定;当任何一个节点失效时,其他节点要能够无缝地接管失效节点的计算任务;当失效节点恢复后,新节点应能自动无缝地加入集群,而不需要管理员进行人工系统配置。

MapReduce 并行计算软件框架使用了多种有效的错误检测和恢复机制,例如节点自动重启技术可以使集群和计算框架具有对付节点失效的健壮性,能有效对失效节点进行检测和恢复操作。

3) 把处理向数据迁移

传统高性能计算系统通常有很多处理器节点与一些外存储器节点相连,例如用存储区域网络(Storage Area Network,SAN)连接的磁盘阵列,因此大规模数据处理时外存文件数据 I/O 访问会成为制约系统性能的瓶颈。

为了减少大规模数据并行计算系统中的数据通信开销,能够把数据传送到处理节点(数据向处理器或代码迁移),应当考虑将处理向数据靠拢和迁移。MapReduce 采用了数据/代码互定位技术,计算节点将首先尽量负责计算其本地存储的数据,以发挥数据本地化的特点,仅当节点无法处理本地数据时,再采用就近原则寻找其他可用计算节点,并把数据传送到该可用计算节点。

4) 顺序处理数据,避免随机访问数据

大规模数据处理的特点决定了大量的数据记录难以全部存放在内存,通常只能放在外存中进行处理。由于磁盘的顺序访问远比随机访问快得多,因此 MapReduce 主要设计为面向顺序式大规模数据的磁盘访问处理。

为了实现面向大数据集批处理的高吞吐量的并行处理,MapReduce 可以在利用集群中的大量数据存储节点的同时访问数据,以此利用分布集群中大量节点上的磁盘集合提供高带宽的数据访问和传输。

5) 为应用开发者隐藏系统层细节

在软件工程实践指南中,专业程序员之所以认为写程序很困难,是因为程序员需要记住太多的编程细节(从变量名到复杂算法的边界情况处理),这对大脑记忆是巨大的认知负担,需要高度集中注意力。而并行程序的编写困难更多,如需要考虑多线程中诸如同步等复杂烦琐的细节。由于并发执行中的不可预测性,程序的调试与查错也十分困难。处理大规模数据时,程序员需要考虑数据分布存储管理、数据分发、数据通信和同步、计算结果收集等诸多细节问题。

MapReduce 提供了一种抽象机制,可以将程序员与系统层细节隔离开来,程序员仅需要描述需要计算什么,而具体如何计算则交由系统的执行框架处理,这样程序员便可以从系统层细节中解放出来,而致力于其应用本身计算问题的算法设计。

6) 平滑无缝的可扩展性

这里的可扩展性主要包括两层意义上的可扩展性:数据可扩展性和系统规模可扩展性。

理想的软件算法应当能随着数据规模的扩大而表现出持续的有效性,性能上的下降程度应与数据规模扩大的倍数相当;在集群规模上,要求算法的计算性能应能随着节点数的增加保持接近线性程度的增长。绝大多数现有的单机算法都达不到以上理想的要求;把中间结果数据维护在内存中的单机算法在大规模数据处理时会很快失效;从单机到基于大规模集群的并行计算从根本上需要完全不同的算法设计。MapReduce 在很多情形下能实现以上理想的扩展性特征。

多项研究发现,对于很多计算问题,基于 MapReduce 的计算性能可以随节点数目的增长保持近似于线性的增长。

6.2　MapReduce 的工作原理

6.2.1　Shuffle 和 Sort

MapReduce 保证对每个 Reduce 的输入都是已排序的,系统执行排序的过程——传输 Map 的输出到 Reduce 作为输入称为 Shuffle(译为洗牌)。

1. Map 的任务

在 Map 函数开始产生输出时,并不是简单地写到磁盘上,出于效率的原因会先写到内存的缓冲区,并做一些预排序处理,最后才写到磁盘。图 6-1 展示了这一过程。

每个 Map 任务都有一个环形的内存缓冲区,用于存储 Map 的输出。缓冲区的大小默认为 100MB(可以通过设置 mapreduce.task.io.sort.mb 属性调整)。当缓冲区中的内容达到指定阈值的大小(由 mapreduce.map.sort.spill.percent 属性设置,默认为 0.8 或 80%)时,一个后台进程就开始将缓冲区中的内容溢出(Spill)到磁盘上。当 Spill 发生时,Map 的输出就可以继续写到缓冲区中,但是在这期间,如果缓冲区被填满了,则该 Map 将被锁定,直到 Spill 完成。Spill 以循环(Round-Robin)的方式将溢出的内容写到由 mapreduce.cluster.local.dir 属性指定的目录中,该目录为当前 Job 的一个子目录。

在写到磁盘之前,线程先将数据分区,每个分区对应于它们最终被发送到的 Reducer。在每个分区内,后台进程会在内存中按 key 排序,如果有 combiner 函数,则它将在已排序的输出上运行。运行 combiner 函数可以使 Map 的输出更加紧凑,所以应将有更少的数据写到本地磁盘和传递给 Reducer 中的 reduce 函数。

因为内存缓冲区每次达到 Spill 的阈值都会创建一个 Spill 文件,所以在 Map 任务写完最后的输出记录后,可能会存在多个 Spill 文件。在任务结束之前,这些 Spill 文件将被合并成一个已分区和排序好的输出文件。配置 mapreduce.task.io.sort.factor 属性可控制每次合并 Spill 文件的最大数量,默认为 10。

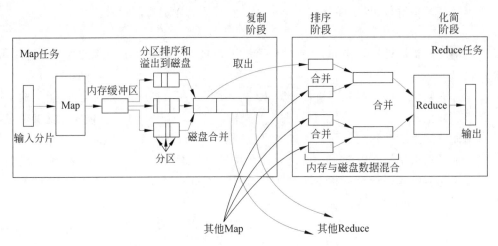

图 6-1 Shuffle 和 Sort 在 MapReduce 中的应用

如果有至少 3 个 Spill 文件（mapreduce.map.combine.minspills 属性设置至少为 3），则在写入输出文件之前，combiner 函数将会再次运行。combiner 函数对输入反复运行，并不影响最终的结果。因为如果仅有 1 个或 2 个 Spill 文件，再调用 combiner 函数以减少 Map 输出的大小并不值得，所以它不会再运行 Map 的输出。

当 Map 输出写到磁盘时，建议对其进行压缩，因为这样可以使 Map 输出较快地写到磁盘上，节省存储空间，并减少传递 reduce 函数的数据量。默认 Map 输出是不压缩的，但是可以通过将 mapreduce.map.output.compress 属性设置为 true 启用压缩，使用的压缩库由 mapreduce.map.output.compress.codec 属性指定。

输出文件的分区通过 HTTP 提供给 reduce 函数。用于文件分区的最大工作线程的数量是由 mapreduce.shuffle.max.threads 属性控制的，所以此设置针对的是每个 NodeManager，而不是 Map 任务，默认为 0，这意味着工作线程的最大数量为机器处理器数量的 2 倍。

2. Reduce 的任务

在 Reduce 处理部分，运行 Map 任务的输出文件存放在本地磁盘上（注意：虽然 Map 的输出总是写到磁盘上，但 Reduce 输出也许不是），但现在需要在其分区文件上运行 Reduce 任务，并且 Reduce 任务所需的特定分区来自于集群中的若干 Map 任务的输出。因为每个 Map 任务的完成时间不同，所以只要有 Map 任务完成，Reduce 任务就开始复制它们的输出，这就是所谓的 Reduce 任务的复制（Copy）阶段。因为 Reduce 任务有少量的 Copy 线程，所以它可以并行提取 Map 的输出，默认为 5 个线程。线程数可以通过设置 mapreduce.reduce.shuffle.parallelcopies 属性改变。

如果 Map 输出较小，则它们将被复制到 Reduce 任务 JVM 的内存中（缓冲区的大小是由 mapreduce.reduce.shuffle.input.buffer.percent 属性控制的，它指定了使用堆大小的比例）；否则它们将被复制到磁盘上。当内存缓冲区的大小达到一个阈值（由 mapreduce.reduce.shuffle.merge.percent 属性控制）或者达到 Map 输出的阈值（由 mapreduce.

reduce.merge.inmem.threshold 控制)时,将会被合并和溢出(Spill)到磁盘上。如果指定了 combiner,则在归并(Merge)期间它将会运行,以减少写到磁盘上的数据量。

随着复制的累积,一个后台进程会把它们合并成若干较大的、已排序的文件,这为之后的 Merge 操作节省了时间。需要注意的是,压缩的 Map 输出必须在内存中解压缩,以便于归并它们。

当所有 Map 输出复制完成后,Reduce 任务就进入排序(Sort)阶段(恰当地说应该称之为 Merge 阶段,因为排序已经在 Map 端完成)。这个阶段将合并 Map 输出,并保持它们的排序顺序,同时循环进行。例如,如果有 50 个 Map 输出,合并系数为 10(默认为 10,由 mapreduce.task.io.sort.　factor 属性设置,与 Map 的合并类似),那么将会合并 5 轮,每轮将有 10 个文件合并成 1 个文件,所以最后将产生 5 个中间文件。

最后一轮并不是将这 5 个文件合并成一个已排序的文件,而是直接传递给 reduce 函数,这样做可以节省一次对磁盘的访问,这就是最后的 Reduce 阶段。最后的合并可能来自于内存和磁盘的混合。

注意:因为最后一轮的目标是合并的最小文件数量要匹配合并系数,所以如果有 40 个文件,则合并系数为 10;并不是合并 4 轮,每轮合并 10 个文件,最终得到 4 个文件,而是第一轮仅合并 4 个文件,之后的 3 轮每轮将合并完整的 10 文件,那么现在将有 4 个合并后的文件和 6 个未合并的文件,即总共 10 个文件作为最后一轮。注意:这并没有改变轮的次数,它只是进行优化,以最大限度地减少写到磁盘的数据量,因为最后一轮总是直接合并到 Reduce。处理过程如图 6-2 所示。

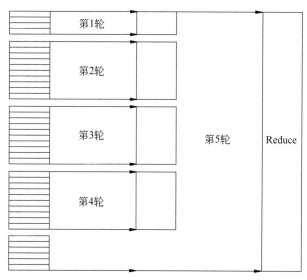

图 6-2　40 个文件、合并系数为 10 的处理过程示意

在 Reduce 阶段,将对已排序的 Map 输出中的每个 key 调用 reduce 函数,这个阶段的输出会被直接写到文件系统上,这时的文件系统通常为 HDFS。对于 HDFS,因为 NodeManager 也正在运行一个 DataNode,所以第一个块的副本将被直接写到本地磁盘上。

3. Configuration Tuning

现在能够更好地理解怎样调整 Shuffle,以提高 MapReduce 的性能。相关的设置适用于每个 Job(除非另有说明),对于每个配置的默认值,能够较好地适用于一般的 Job。Map 端可调整的属性和 Reduce 端可调整的属性分别如表 6-1 和表 6-2 所示。

表 6-1　**Map 端可调整的属性**

属 性 名 称	类 型	默认值	描 述
mapreduce.task.io.sort.mb	int	100	对 Map 输出进行排序的内存缓冲区的大小,单位为 MB
mapreduce.map.sort.spill.percent	float	0.80	Map 输出占用内存缓冲区的比例。如果达到此比例,则 Map 输出将会写到磁盘上
mapreduce.task.io.sort.factor	int	10	在排序文件时,每次合并文件的最大数量。这个属性同样也用于 Reduce,通常将该值增加到 100
mapreduce.map.combine.minspills	int	3	运行 combiner 函数需要 Spill 文件的最小数量(如果指定了 combiner)
mapreduce.map.output.compress	boolean	false	是否压缩 Map 输出
mapreduce.map.output.compress.codec	Class name	org. apache.hadoop.io.compress.DefaultCodec	压缩 Map 输出所使用的编解码器
mapreduce.shuffle.max.threads	int	0	在 Shuffle 阶段,每个节点用于处理 Map 输出到 Reduce 的工作线程数。这是集群范围的设置,不能针对单个 Job 设置。设置为 0 意味着将使用 Netty 默认的 2 倍于可用的处理进程

表 6-2　**Reduce 端可调整的属性**

属 性 名 称	类 型	默认值	描 述
mapreduce.reduce.shuffle.parallelcopies	int	5	用于将 Map 输出复制到 Reduce 的线程数
mapreduce.reduce.shuffle.maxfetchfailures	int	10	在报告错误前,一个 Reduce 获取 Map 输出的尝试次数
mapreduce.task.io.sort.factor	int	10	在排序文件时,每次合并流的最大数量,这个属性也应用于 Map
mapreduce.reduce.shuffle.input.buffer.percent	float	0.70	在 Shuffle 的 Copy 阶段分配给 Map 输出缓冲区的比例

属 性 名 称	类 型	默认值	描　　　述
mapreduce.reduce.shuffle.merge.percent	float	0.66	Map 输出缓冲区的使用比例（由 mapred.job.shuffle.input.buffer.percent 定义）的阈值。当达到这个值时，就开始合并 Map 输出并溢出到磁盘上
mapreduce.reduce.merge.inmem.threshold	int	1000	处理合并 Map 输出和溢出到磁盘的线程数。该值为 0 意味着没有限制，spill 的行为仅由 mapreduce.reduce.shuffle.merge.percent 属性控制
mapreduce.reduce.input.buffer.percent	float	0.0	在 Reduce 过程中，在内存中保留 Map 输出的大小占整个堆空间大小的比例。在 Reduce 阶段开始时，Map 输出在内存中的大小不能超过次大小。默认在 Reduce 开始之前，为了给 Reduce 尽可能多的内存空间，所有 Map 输出是在磁盘上进行合并的。如果 Reduce 需要的内存较少，则可以增加此值，以减少写入磁盘的次数

　　调整 Shuffle 是给 Shuffle 尽可能多的内存。但有一个折中，因为还需要确保有足够的内存提供给 Map 和 Reduce，这就是为什么在编写 Map 和 Reduce 时要尽可能少地使用内存，当然它们不能无限制地使用内存（如避免 Map 输出的累积）。

　　运行 Map 和 Reduce 的 JVM 分配内存是由 mapred.child.java.opts 属性设置的。在任务节点，应该试着使这个值尽可能大。

　　在 Map 端，可以通过降低溢出到磁盘的次数获得更好的性能。如果能够估算出 Map 输出的大小，则可以适当调整"mapreduce.task.io.sort.＊"属性值以使溢出的数量最小。特别地，可以适当增加 mapreduce.task.io.sort.mb 属性值。在整个 Job 运行过程中有一个 MapReduce 计数器，用于统计溢出到磁盘上的总记录数，这样有助于优化。需要注意的是，这个计数器包括 Map 和 Reduce 的溢出。

　　在 Reduce 端，获得最佳的性能是所有的中间数据都驻留在内存中，但这种情况通常不会发生，因为在一般情况下，所有的内存是留给 Reduce 函数的。但是，如果 Reduce 函数使用较少的内存，则可以设置 apreduce.reduce.merge.inmem.threshold 属性值为 0，设置 mapreduce.reduce.input.buffer.percent 属性值为 1.0（或较低的值），也许会带来性能的提升。

　　一般地，Hadoop 缓冲区的大小默认为 4KB（这是比较低的），因此应该在集群中增加这个值（通过设置 io.file.buffer.size 属性实现）。

6.2.2　任务的执行

1. 输 入 与 输 出

　　MapReduce 框架运转在＜key,value＞键值对上。也就是说，框架把作业的输入看作是一组＜key,value＞键值对，同样也产出一组＜key,value＞键值对作为作业的输出，这两组键值对的类型可能不同。

框架需要对 key 和 value 的类（class）进行序列化操作，因此，这些类需要实现 Writable 接口。另外，为了方便框架执行排序操作，key 类必须实现 WritableComparable 接口。

一个 MapReduce 作业的输入和输出类型如下。

```
(input) <k1, v1>->map -><k2, v2>->combine -><k2, v2>->reduce -><k3, v3>
(output)
```

2. MapReduce 用户界面

应用程序通常应实现 Mapper 接口中的 map 方法和 Reducer 接口中的 reduce 方法。除此之外，还包括其他一些核心接口，如 JobConf、JobClient、Partitioner、OutputCollector、Reporter、InputFormat、OutputFormat 等。框架中还有一些有用的功能点，如 DistributedCache、IsolationRunner 等。

3. 任务的执行和环境

TaskTracker 是在一个单独的 JVM 上以子进程的形式执行的 Map/Reduce 任务（Task）。

子任务会继承父 TaskTracker 的环境。用户可以通过配置 JobConf 中的参数 mapred.child.java.opts 设定 JVM 子进程上的附加选项。例如，将参数设置为 Djava.library.path=<>，将一个非标准路径设置为运行时的链接以搜索共享库等。如果 mapred.child.java.opts 包含符号"@taskid@"，则它会被替换成 MapReduce 的 taskid 的值。

下面是一个包含多个参数和替换的例子，其中包括：记录 JVM GC 日志；JVM JMX 代理程序以无密码的方式启动，这样它就能连接到 jconsole 上，从而查看子进程的内存和线程，得到线程的 dump；把子 JVM 的最大堆尺寸设置为 512MB，并为子 JVM 的 java.library.path 添加一个附加路径。

【例 6-1】 设置属性，使之包含多个参数和替换的任务。

```
<property>
    <name>mapred.child.java.opts</name>
    <value>
        -Xmx512M -Djava.library.path=/home/mycompany/lib
                        -verbose:gc -Xloggc:/tmp/@taskid@.gc
                        -Dcom.sun.management.jmxremote.authenticate=false
                        -Dcom.sun.management.jmxremote.ssl=false
    </value>
</property>
```

用户或管理员也可以使用 mapred.child.ulimit 设定运行的子任务的最大虚拟内存。mapred.child.ulimit 的值以 KB 为单位，并且必须大于或等于-Xmx 参数传给 Java VM 的值；否则 VM 会无法启动。

注意：mapred.child.java.opts 只用于设置 TaskTracker 启动的子任务。

"${mapred.local.dir}/taskTracker/" 是 TaskTracker 的本地目录，用于创建本地缓存和 Job，它可以指定多个目录（跨越多个磁盘），文件会半随机地保存到本地路径下的某个目录。当 Job 启动时，TaskTracker 会根据配置文档创建本地 Job 目录，目录结构如下。

(1) ${mapred.local.dir}/taskTracker/archive/。分布式缓存，这个目录保存本地的分布式缓存，因此本地分布式缓存是在所有任务和 Job 之间共享的。

(2) ${mapred.local.dir}/taskTracker/jobcache/$jobid/，本地 Job 目录。

(3) ${mapred.local.dir}/taskTracker/jobcache/$jobid/work/，Job 指定的共享目录。各个任务可以使用这个空间作为暂存空间，用于共享文件。这个目录通过 job.local.dir 参数暴露给用户，这个路径可以通过 API JobConf.getJobLocalDir() 访问，它也可以被作为系统属性获得。因此，用户（如运行 streaming）可以调用 System.getProperty(job.local.dir) 获得该目录。

(4) ${mapred.local.dir}/taskTracker/jobcache/$jobid/jars/。存放 jar 包的路径，用于存放作业的 jar 文件和展开的 jar。job.jar 是应用程序的 jar 文件，它会被自动分发到各台机器，在任务启动前会被自动展开。使用 API JobConf.getJar() 函数可以得到 job.jar 的位置。使用 JobConf.getJar().getParent() 可以访问存放展开的 jar 包的目录。

(5) ${mapred.local.dir}/taskTracker/jobcache/$jobid/job.xml。一个 job.xml 文件，是本地的通用作业配置文件。

(6) ${mapred.local.dir}/taskTracker/jobcache/$jobid/$taskid。每个任务都有一个目录 task-id，它有如下目录结构。

① ${mapred.local.dir}/taskTracker/jobcache/$jobid/$taskid/job.xml。一个 job.xml 文件，是本地化的任务作业配置文件。任务本地化是指为该 task 设定特定的属性值，这些值会在下面具体说明。

② ${mapred.local.dir}/taskTracker/jobcache/$jobid/$taskid/output。一个存放中间过程的输出文件的目录，它保存了由 framwork 产生的临时 MapReduce 数据，如 Map 输出文件等。

③ ${mapred.local.dir}/taskTracker/jobcache/$jobid/$taskid/work。任务的当前工作目录。

④ ${mapred.local.dir}/taskTracker/jobcache/$jobid/$taskid/work/tmp。任务的临时目录。用户可以设定属性 mapred.child.tmp 为 Map 和 Reduce 任务设定临时目录。默认值是 "./tmp"。如果这个值不是绝对路径，则它会把任务的工作路径添加到该路径前面作为任务的临时文件路径。如果这个值是绝对路径，则直接使用这个值。如果指定的目录不存在，则会自动创建该目录。之后，按照选项 "-Djava.io.tmpdir='临时文件的绝对路径'" 执行 java 子任务。pipes 和 streaming 的临时文件路径是通过环境变量 "TMPDIR='the absolute path of the tmp dir'" 设定的。如果 mapred.child.tmp 有 "./tmp" 值，则创建这个目录。

表 6-3 中的属性是每个任务执行时使用的本地参数,它们保存在本地化的任务作业配置文件中。

表 6-3　task 执行时使用的本地参数属性

名　称	类　型	描　述
mapred.job.id	String	job id
mapred.jar	String	job 目录下 job.jar 的位置
job.local.dir	String	job 指定的共享存储空间
mapred.tip.id	String	task id
mapred.task.id	String	task 尝试 id
mapred.task.is.map	boolean	是否是 map task
mapred.task.partition	int	task 在 job 中的 id
map.input.file	String	map 读取的文件名
map.input.start	long	map 输入的数据块的起始位置偏移
map.input.length	long	map 输入的数据块的字节数
mapred.work.output.dir	String	task 临时输出目录

任务的标准输出和错误输出会被读到 TaskTracker 中,并且记录到“＄｛HADOOP_LOG_ DIR｝/userlogs”。

DistributedCache 用于在 Map 或 Reduce 中分发 jar 包和本地库。子 JVM 总是把当前工作目录添加到 java.library.path 和 LD_LIBRARY_PATH 中,因此可以通过 System.loadLibrary 或 System.load 装载缓存的库。有关使用分布式缓存加载共享库的细节请参考 native_libraries.html。

6.2.3　故障处理

1. 任务的 Side-Effect File

在一些应用程序中,子任务需要产生一些 Side-File,这些文件与作业实际输出结果的文件不同。

在这种情况下,若同一个 Mapper 或者 Reducer 的两个实例(如预防性任务)同时打开或者写文件系统(FileSystem)上的同一文件就会产生冲突。因此,应用程序在写文件时,需要为每次任务尝试(不仅是每次任务,每个任务可以尝试执行多次)选取一个独一无二的文件名(使用 attemptid,如 task_200709221812_0001_m_000000_0)。

为了避免冲突,MapReduce 框架为每次尝试执行的任务都建立和维护一个特殊的“＄｛mapred.output.dir｝/_temporary/_＄｛taskid｝”子目录。这个目录位于本次尝试执行任务输出结果所在的 FileSystem 上,可以通过“＄｛mapred.work.output.dir｝”访问这个子目录。对于成功完成的任务尝试,只有“＄｛mapred. output. dir｝/_ temporary/_

＄｛taskid｝”下的文件会移动到“＄｛mapred.output.dir｝”。当然,框架会丢弃那些失败的任务尝试的子目录。这种处理过程对于应用程序来说是完全透明的。

在任务执行期间,应用程序在写文件时可以利用这个特性。例如,通过 FileOutputFormat. getWorkOutputPath()获得“＄｛mapred.work.output.dir｝”目录,并在其下创建任意任务执行时所需的 Side-File。框架在任务尝试成功时会马上移动这些文件,因此不需要在程序内为每次任务尝试选取一个独一无二的名字。

注意：在每次任务尝试执行期间,“＄｛mapred.work.output.dir｝”的值实际上是“＄｛mapred.output.dir｝/_temporary/_｛＄taskid｝”。这个值是 Map/Reduce 框架创建的。因此,使用这个特性的方法是在 FileOutputFormat.getWorkOutputPath()路径下创建 Side-File。

对于只使用 Map 而不使用 Reduce 的作业,这个结论也成立。在这种情况下,Map 的输出结果会直接生成到 HDFS 上。

2. 调试

MapReduce 框架能够运行用户提供的用于调试的脚本程序。当 MapReduce 任务失败时,用户可以通过运行脚本在任务日志(如任务的标准输出、标准错误、系统日志以及作业配置文件)上做后续处理工作。用户提供的调试脚本程序的标准输出和标准错误会输出为诊断文件。如果需要,则这些输出结果也可以打印在用户界面上。

3. 分发脚本文件

用户要用 DistributedCache 机制分发和链接脚本文件。

4. 提交脚本

快速提交调试脚本的方法是分别为需要调试的 Map 任务和 Reduce 任务设置 mapred.map.task.debug.script 和 mapred.reduce.task.debug.script 属性的值。这些属性也可以通过 API 的 JobConf.setMapDebugScript(String) 和 JobConf.setReduceDebugScript(String) 设置。对于 streaming,可以分别为需要调试的 Map 任务和 Reduce 任务使用命令行选项“-mapdebug”和“-reducedegug”以提交调试脚本。

脚本的参数是任务的标准输出、标准错误、系统日志以及作业配置文件。在运行 Map/Reduce 失败的节点上运行如下调试命令。

```
$script $stdout $stderr $syslog $jobconf
```

Pipes 程序根据第 5 个参数获得 C++ 程序名,因此调试 Pipes 程序的命令如下。

```
$script $stdout $stderr $syslog $jobconf $program
```

5. 默认行为

对于 Pipes,默认的脚本会用 gdb 处理 core dump,打印 stack trace 并给出正在运行线程的信息。

6. JobControl

JobControl 是一个工具,它封装了一组 MapReduce 作业以及它们之间的依赖关系。

7. 数据压缩

Hadoop MapReduce 框架为应用程序的写入文件操作提供压缩工具,这些工具可以为 Map 输出的中间数据和作业最终输出数据(如 Reduce 输出)提供支持,它还附带了一些 CompressionCodec 的实现,比如实现了 zlib 和 lzo 压缩算法。Hadoop 同样支持 gzip 文件格式。

考虑到性能问题(zlib)以及 Java 类库的缺失(lzo)等因素,Hadoop 也为上述压缩解压算法提供本地库的实现。

8. 中间输出

应用程序可以通过 API 的 JobConf.setCompressMapOutput(boolean)控制 Map 输出的中间结果,并且可以通过 API 的 JobConf.setMapOutputCompressorClass(Class)指定 Compression Codec。

9. 作业输出

应用程序可以通过 API 的 FileOutputFormat.setCompressOutput(JobConf,boolean)控制输出是否需要压缩,并且可以使用 API 的 FileOutputFormat.setOutputCompressorClass(JobConf,Class)指定 CompressionCodec。

如果作业输出要保存为 SequenceFileOutputFormat 格式,则需要使用 API 的 SequenceFileOutputFormat. setOutputCompressionType（JobConf,SequenceFile. CompressionType）,设定 SequenceFile.CompressionType(如 RECORD/BLOCK,默认是 RECORD)。

6.2.4 作业调度

1. 作业配置

JobConf 代表一个 MapReduce 作业的配置。

JobConf 是用户向 Hadoop 框架描述一个 MapReduce 作业如何执行的主要接口,框架会按照 JobConf 描述的信息尝试完成这个作业。

（1）一些参数可能会被管理者标记为 final,这意味着它们不能被更改。

（2）一些作业的参数可以直截了当地设置(如 setNumReduceTasks(int)),而另一些参数则与框架或者作业的其他参数之间微妙地相互影响,并且设置起来比较复杂(如 setNumMapTasks(int))。

通常,JobConf 会指明 Mapper、Combiner(如果有)、Partitioner、Reducer、InputFormat 和 OutputFormat 的具体实现。JobConf 还能指定一组输入文件（setInputPaths(JobConf,Path

…）/addInputPath（JobConf，Path））和（setInputPaths（JobConf，String）/addInputPaths（JobConf，String））以及输出文件应该写在何处（setOutputPath(Path)）。

JobConf 可有选择地对作业设置一些高级选项，如设置 Comparator；放到 DistributedCache 上的文件；中间结果或者作业输出结果是否需要压缩以及如何压缩；利用用户提供的脚本（setMapDebugScript（String）/setReduceDebugScript（String））进行调试；作业是否允许预防性（speculative）任务的执行（setMapSpeculativeExecution（boolean））/（setReduceSpeculative Execution（boolean））；每个任务的最大尝试次数（setMaxMapAttempts（int）/setMaxReduce Attempts（int））；一个作业能容忍的任务失败的百分比（setMaxMapTaskFailuresPercent（int）/setMaxReduceTaskFailuresPercent（int）））等。

当然，用户能使用 set（String，String）/get（String，String）设置或者取得应用程序需要的任意参数。然而，DistributedCache 的使用是面向大规模只读数据的。

2. 作业的提交与监控

JobClient 是用户提交的作业与 JobTracker 交互的主要接口。

JobClient 提供提交作业、追踪进程、访问子任务的日志记录，以及获得 MapReduce 集群状态信息等功能。

作业提交过程如下。

（1）检查作业输入/输出样式细节。

（2）为作业计算 InputSplit 值。

（3）如果需要，则为作业的 DistributedCache 建立必须的统计信息。

（4）复制作业的 jar 包和配置文件到 FileSystem 上的 MapReduce 系统目录下。

（5）提交作业到 JobTracker 并监控它的状态。

作业的历史文件记录到指定目录的"_logs/history/"子目录下。这个指定目录由 hadoop.job.history.user.location 设定，默认是作业输出的目录。因此，默认情况下，文件会存放在"mapred.output.dir/_logs/history"目录下。用户可以设置 hadoop.job.history.user.location 为 none 以停止日志记录。

用户可以使用下面的命令看到指定目录下的历史日志记录的摘要。

```
$ hadoop job - history output-dir
```

这个命令会打印出作业的细节，以及失败的和被杀死的任务细节。

要想查看有关作业的更多细节，如成功的任务、每个任务尝试的次数（Task Attempt）等，可以使用下面的命令。

```
$ hadoop job - history all output-dir
```

用户可以使用 OutputLogFilter 从输出目录列表中筛选日志文件。

一般情况下，用户利用 JobConf 创建应用程序并配置作业属性，然后用 JobClient 提交作业并监视它的进程。

3. 作业的控制

有时,用一个单独的 MapReduce 作业并不能完成一个复杂的任务。这时,用户可能要链接多个 MapReduce 作业。这是容易实现的,因为作业通常会输出到分布式文件系统上,所以可以把这个作业的输出作为下一个作业的输入实现串联。

然而,这也意味着确保每一作业完成(成功或失败)的责任就直接落在了用户身上。在这种情况下,可以使用的控制作业的选项有以下几个。

(1) runJob(JobConf):提交作业,仅当作业完成时返回。

(2) submitJob(JobConf):只提交作业,之后需要轮询它返回的 RunningJob 句柄的状态,并根据情况调度。

(3) JobConf.setJobEndNotificationURI(String):设置一个作业完成通知,可避免轮询。

4. 作业的输入

InputFormat 为 MapReduce 作业描述输入的细节规范。MapReduce 框架根据作业的 InputFormat 进行处理。

(1) 检查作业输入的有效性。

(2) 把输入文件切分成多个逻辑 InputSplit 实例,并把每一实例分发给一个 Mapper。

(3) 提供 RecordReader 的实现,这个 RecordReader 从逻辑 InputSplit 中获得输入记录,这些记录将由 Mapper 处理。

基于文件的 InputFormat 实现(通常是 FileInputFormat 的子类)默认行为是按照输入文件的字节大小把输入数据切分成逻辑分块(Logical InputSplit)。其中,输入文件所在的 FileSystem 的数据块尺寸是分块大小的上限,而 FileSystem 的下限可以设置为 mapred.min.split.size 的值。

考虑到边界情况,对于很多应用程序来说,很明显按照文件大小进行逻辑分割是不能满足需求的。在这种情况下,应用程序需要实现一个 RecordReader 以处理记录的边界,并为每个任务提供一个逻辑分块的面向记录的视图。

TextInputFormat 是默认的 InputFormat。

如果一个作业的 Inputformat 是 TextInputFormat,并且框架检测到输入文件的后缀是 gz 和 lzo,就会使用对应的 CompressionCodec 自动解压缩这些文件。但是需要注意,上述带后缀的压缩文件不会被切分,并且整个压缩文件会分给一个 Mapper 进行处理。

5. 作业的输出

OutputFormat 描述 MapReduce 作业的输出样式。MapReduce 框架根据作业的 OutputFormat 进行处理。

(1) 检验作业的输出,如检查输出路径是否已经存在。

(2) 提供一个 RecordWriter 的实现,用来输出作业结果。输出文件保存在 FileSystem 上。

TextOutputFormat 是默认的 OutputFormat。

6.3　MapReduce 的命令行应用

6.3.1　命令概述

在 Hadoop 中,很多功能是可以通过命令行方式实现的。MapReduce 的命令主要用于实现一些与作业调度和管理有关的功能,也有一些与 Hadoop 命令、HDFS 命令类似的功能。全部 MapReduce 的命令行通过执行 shell 脚本的 mapred 文件实现。

在不带任何参数的情况下,执行 mapred 脚本将打印该命令的描写叙述,命令格式如下。

```
mapred [SHELL_OPTIONS] COMMAND [GENERIC_OPTIONS] [COMMAND_OPTIONS]
```

Hadoop 有一个用来解析通用选项和运行类的选项解析框架,各命令参数及选项的作用如下。

(1) COMMAND 是要执行的 MapReduce 命令,这些命令分为用户命令和管理命令。

(2) SHELL_OPTIONS 是通用 shell 命令选项,其作用与前述 Hadoop 等命令的相同。

(3) GENERIC_OPTIONS 是多个命令支持的公共选项集,可参考其他命令中的描述。

(4) COMMAND_OPTIONS 是以下各种命令的选项,根据不同命令有不同选项。

执行无参数的 mapred 命令可以打印 MapReduce 命令概况,如图 6-3 所示。

```
File  Edit  View  Search  Terminal  Help
[root@localhost ~]# mapred
Usage: mapred [--config confdir] [--loglevel loglevel] COMMAND
       where COMMAND is one of:
 pipes                run a Pipes job
 job                  manipulate MapReduce jobs
 queue                get information regarding JobQueues
 classpath            prints the class path needed for running
                      mapreduce subcommands
 historyserver        run job history servers as a standalone daemon
 distcp <srcurl> <desturl> copy file or directories recursively
 archive -archiveName NAME -p <parent path> <src>* <dest> create a hadoop archive
 archive-logs         combine aggregated logs into hadoop archives
 hsadmin              job history server admin interface

Most commands print help when invoked w/o parameters.
[root@localhost ~]# 
```

图 6-3　mapred 命令执行结果

6.3.2　用户命令

针对用户的命令,用于对集群进行操作,十分有用。

1. archive 命令

该命令用于创建 Hadoop 文档。该命令与 Hadoop 命令中的 archive 命令相同。

2. archive-logs 命令

该命令可将 YARN 聚合的日志合并到 Hadoop 文件中,以减少 HDFS 中的文件数量,更多信息可以在 Hadoop 归档日志指南中找到。

3. classpath 命令

该命令可以打印需要得到的 Hadoop 的 jar 和所需要的 lib 包路径,hdfs 和 yarn 脚本都有这个命令。如果调用时不带选项参数,则打印由命令脚本设置类路径,该类路径项中可能包含通配符。其他选项打印通配符扩展后的类路径,或将类路径写入 jar 文件的清单。使用选项在不能使用通配符且扩展类路径超过支持的最大命令行长度的环境中非常有用。该命令的格式如下。

```
mapred classpath [--glob |--jar <path>|-h |--help]
```

4. distcp 命令

该命令用于递归地复制文件或者文件夹。与 Hadoop 命令中的 distcp 命令相同。

5. job 命令

这是很重要的一条命令,用户通过这条命令与 MapReduce 交互作业,命令格式如下。

```
mapred job | [GENERIC_OPTIONS] | [-submit <job-file>] | [-status <job-id>] |
[-counter <job-id> <group-name> <counter-name>] | [-kill <job-id>] | [-
events < job - id > < from - event - # > < # - of - events >] | [- history [all] <
jobHistoryFile|jobId>] [-outfile <file>] [-format <human|json>]] | [-list
[all]] | [-kill-task <task-id>] | [-fail-task <task-id>] | [-set-priority <
job-id> <priority>] | [-list-active-trackers] | [-list-blacklisted-trackers]
| [-list-attempt-ids <job-id> <task-type> <task-state>] [-logs <job-id> <
task-attempt-id>] [-config <job-id> <file>]
```

命令选项含义如表 6-4 所示。

表 6-4　job 命令选项

命 令 选 项	选 项 描 述
-submit<job-file>	提交一个作业
-status<job-id>	打印 Map 任务和 Reduce 任务完成百分比和全部作业的计数器
-counter<job-id><group-name> <counter-name>	打印计数器的值

续表

命 令 选 项	选 项 描 述
-kill ＜job-id＞	依据 job-id 终止指定作业
-events ＜job-id＞ ＜from-event-#＞ ＜#-of-events＞	打印给定范围 JobTracker 接收的事件的详细信息
-history [all] ＜jobOutputDir＞	打印作业详细信息、失败和终止的任务详细信息。通过指定[all]选项可以查看有关作业的更多详细信息,例如成功的任务、每个任务的任务尝试、任务计数器等。可以指定可选的文件输出路径(而不是 stdout)。格式默认为可读,但也可以通过[-format]选项更改为 JSON
-list [all]	打印当前正在执行的 job,假设加了 all,则打印全部的 job
-kill-task ＜task-id＞	终止任务,终止的任务不记录失败重试的数量
-fail-task ＜task-id＞	使任务失效。终止的任务不记录失败重试的数量。默认任务的尝试次数是 4 次,超过 4 次则不尝试。假设使用 fail-task 命令使同一个任务失效 4 次,那么这个任务将不会继续尝试,并且会导致整个 JOB 失败
-set-priority ＜job-id＞ ＜priority＞	改变 JOB 的优先级。允许的优先级有:VERY_HIGH,HIGH,NORMAL,LOW,VERY_LOW
-list-active-trackers	列出集群中所有活动的 NodeManager
-list-blacklisted-trackers	列出集群中被列入任务跟踪器的黑名单。基于 MRv2 的集群中不支持此命令
-list-attempt-ids job-id task-type task-state	根据给定的任务类型和状态列出尝试 ID (attempt-id)。任务类型(task-type)的有效值为 REDUCE、MAP。任务状态(task-state)的有效值为 running、pending、completed、failed、killed
-logs job-id task-attempt-id	Dump the container log for a job if taskAttemptId is not specified, otherwise dump the log for the task with the specified taskAttemptId. The logs will be dumped in system out. 如果未指定 task-Attempt-Id,则转储作业的容器日志,否则转储具有指定 task-Attempt-Id 的任务的日志。日志将在系统外转储
-config job-id file	下载作业配置文件

6. pipes 命令

执行管道作业,命令格式如下。

```
mapred pipes [-conf <path>][-jobconf <key=value>, <key=value>, ...][-input
<path>][-output <path>][-jar <jar file>][-inputformat <class>][-map <
class>][-partitioner <class>][-reduce <class>][-writer <class>][-program
<executable>][-reduces <num>]
```

Hadoop pipes 允许使用 C++ 编写 MapReduce 程序,允许用户混用 C++ 和 Java 的 RecordReader、Mapper、Partitioner、Rducer 和 RecordWriter 这五个组件。

命令选项如表 6-5 所示。

表 6-5　pipes 命令选项表

命 令 选 项	选 项 描 述
-conf*path*	对作业进行配置
-jobconf　<*key=value*>，<*key=value*>，…	为作业添加或覆盖配置
-input*path*	设置作业输入目录路径
-output*path*	设置作业输出目录路径
-jar*jar file*	指定作业的 jar 文件名
-inputformat*class*	指定作业的 InputFormat 类
-map*class*	指定 Java Map 类
-partitioner*class*	指定 Java Partitioner 类
-reduce*class*	指定 Java Reduce 类
-writer*class*	指定 Java RecordWriter 类
-program*executable*	指定可执行 URI
-reduces*num*	指定 Reduce 个数

7. queue 命令

该命令用于交互和查看 Job 队列信息，命令格式如下。

```
mapred queue [-list] | [-info <job-queue-name>[-showJobs]] | [-showacls]
```

命令选项如表 6-6 所示。

表 6-6　queue 命令选项

命 令 选 项	选 项 描 述
-list	获取系统中配置的作业队列的列表，以及与作业队列关联的调度信息
-info <*job-queue-name*>［-showJobs］	显示特定作业队列的作业队列信息和关联的调度信息。如果加上 -showJobs 选项，则会显示提交到特定作业队列的作业列表
-showacls	显示当前用户允许的队列名称和相关联的队列操作。列表仅包含用户有权访问的队列

6.3.3　管理命令

管理命令是管理员经常管理集群时用到的命令，这些命令只能由具有管理员权限的用户使用。

1. historyserver 命令

该命令用来启动 JobHistoryServer 服务，命令格式如下。

```
mapred historyserver
```

2. hsadmin 命令

运行 MapReduce hsadmin 客户端,可以执行 JobHistoryServer 管理命令,hsadmin 命令选项如表 6-7 所示,命令格式如下。

```
mapred hsadmin [-refreshUserToGroupsMappings] | [-refreshSuperUserGroups-
Configuration] | [-refreshAdminAcls] | [-refreshLoadedJobCache] | [-refreshLog-
RetentionSettings] | [-refreshJobRetentionSettings] | [-getGroups [username]] | [-
help [cmd]]
```

表 6-7　hsadmin 命令选项表

参 数 选 项	选 项 描 述
-refreshUserToGroupsMappings	刷新用户和组的相应关系
-refreshSuperUserGroupsConfiguration	刷新超级用户代理组映射
-refreshAdminAcls	刷新 JobHistoryServer 管理的 ACL
-refreshLoadedJobCache	刷新 JobHistoryServer,载入 Job 的缓存
-refreshJobRetentionSettings	刷新 Job histroy,job cleaner 被设置
-refreshLogRetentionSettings	刷新日志保留周期和日志保留的检查间隔
-getGroups [username]	获取这个 username 属于哪个组
-help [cmd]	获取命令帮助

6.4　MapReduce 的 API 应用编程

6.4.1　与数据输入有关的类

下面介绍 MapReduce 编程中常用到的几个类,包括 InputFormat、FileInputFormat、CombineFileInputFormat、InputSplit、RecordReader。

1. InputFormat——输入格式类

JobClient 通过指定的输入文件的格式生成数据分片 InputSplit。一个分片不是数据本身,而是可分片数据的引用。InputFormat 接口负责生成分片,并处理 MapReduce 的输入部分,它有以下 3 个作用。

(1) 验证作业的输入是否规范。

(2) 把输入文件切分成 InputSplit。

(3) 提供 RecordReader 的实现类,把 InputSplit 读到 Mapper 中进行处理。

InputFormat 接口的处理过程如图 6-5 所示。

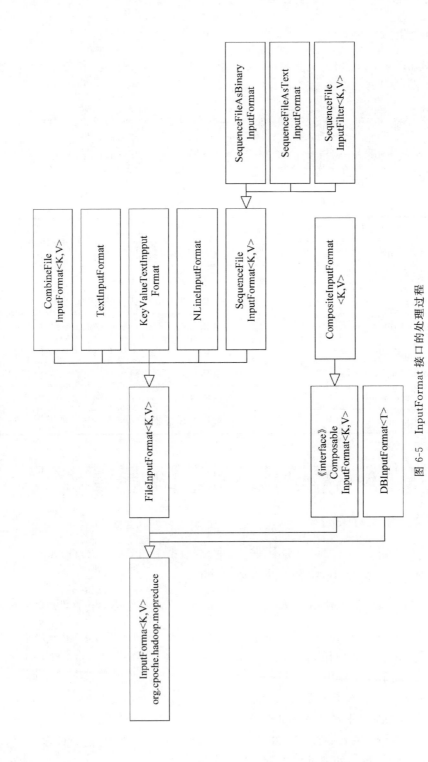

图 6-5　InputFormat 接口的处理过程

2. FileInputFormat——文件输入格式类

抽象类 FileInputFormat 是所有使用文件作为数据源且通过 InputFormat 实现的基类，FileInputFormat 输入数据格式的分片大小由数据块的大小决定。

FileInputFormat 保存作为 Job 输入的所有文件，并实现了对输入文件计算 splits 的方法。获得记录的方法是由不同的子类 FileInputFormat 实现的。FileInputFormat 的实现代码结构如下。

```
package org.apache.hadoop.mapreduce.lib.input;
public abstract class FileInputFormat<K, V>extends InputFormat<K, V>{
    protected long computeSplitSize (long blockSize, long minSize, long
    maxSize) {
        return Math.max(minSize, Math.min(maxSize, blockSize));
    }
    /*生成文件列表并使其成为文件片段。*/
    public List<InputSplit>getSplits(JobContext job) throws IOException {
        long minSize = Math. max (getFormatMinSplitSize (), getMinSplitSize
        (job));
        long maxSize =getMaxSplitSize(job);
          ...
        long blockSize =file.getBlockSize();
        long splitSize =computeSplitSize(blockSize, minSize, maxSize);
          ...
    }
    /*获取最小拆分大小*/
    public static long getMinSplitSize(JobContext job) {
        return job.getConfiguration().getLong(SPLIT_MINSIZE, 1L);
    }
    /*获取最大拆分大小*/
    public static long getMaxSplitSize(JobContext context) {
        return context.getConfiguration().getLong(SPLIT_MAXSIZE,Long.MAX_
        VALUE);
    }
    //是否分片
    /*
        给定的文件名是否可分片?通常是可分片,但如果文件是流压缩的,则不能分片
<code>FileInputFormat</code>实现可以覆盖这种情况,并返回<code>false</code>以
确保单个输入文件绝不会被分片,以便{@link Mapper}处理整个文件
    */
    protected boolean isSplitable(JobContext context, Path filename) {
        return true;          //默认需要分片
    }
}
```

如果不需要分片,则需要重写 isSplitable 方法,用户程序需要完成下述工作。

(1) 继承 FileInputFormat 基类。

(2) 重写其中的 getSplits(JobContext context)方法。

(3) 重写 createRecordReader(InputSplit split,TaskAttemptContext context)方法。

3. CombineFileInputFormat——文件合并类

抽象类 CombineFileInputFormat 可以用来合并小文件,因为它是一个抽象类,所以使用时需要创建一个 CombineFileInputFormat 的实体类,并且实现 getRecordReader() 方法。避免文件分片的方法如下。

(1) 数据块容量应尽可能大,这样可以使文件的容量小于数据块的容量,就不用进行分片了。

(2) 继承 FileInputFormat,并重写 isSplitable()方法。

CombineTextInputFormat 的实现源码如下。

```
package org.apache.hadoop.mapreduce.lib.input;
/* 输入格式是 <code>CombineFileInputFormat</code>-与 <code>TextInputFormat
</code>等价 */
public class CombineTextInputFormat extends CombineFileInputFormat <
LongWritable,Text>{
    public RecordReader< LongWritable, Text > createRecordReader (InputSplit
    split,
        TaskAttemptContext context) throws IOException {
        return new CombineFileRecordReader<LongWritable,Text>(
                (CombineFileSplit) split, context, TextRecordReaderWrapper.
                class);
    }
    /* 可给<code>CombineFileRecordReader</code>传递记录读取器,以便它可以在
        < code > CombineFileInputFormat </code > 中 使 用。- 相 当 于 < code >
        TextInputFormat</code> */
private static class TextRecordReaderWrapper extends CombineFileRecordReader-
Wrapper<LongWritable,Text>{
    // this constructor signature is required by CombineFileRecordReader
    public TextRecordReaderWrapper (CombineFileSplit split,TaskAttemptContext
                                context, Integer idx)
                            throws IOException, InterruptedException {
    super(new TextInputFormat(), split, context, idx);
    }
    }
}
```

4. InputSplit——数据分块类

InputSplit 是一个单独的需要 Mapper 处理的数据块。一般的 InputSplit 是字节样式输入,然后由 RecordReader 处理并转化成记录样式。

FileSplit 是默认的 InputSplit,它把 map.input.file 设定为输入文件的路径。输入文件是逻辑分块文件。

在执行 MapReduce 之前,原始数据被分割成若干分块(Split),每个分块作为一个 Map 任务的输入。在 Map 执行过程中,分块会被分解成一个个记录(key-value 对),Map 会依次处理每个记录。

因为 FileInputFormat 只划分比 HDFS 数据块大的文件,所以 FileInputFormat 划分的结果是这个文件或这个文件中的一部分。

如果一个文件的容量比 HDFS 数据块容量小,则它不会被划分,这也是 Hadoop 处理大文件的效率要比处理很多小文件的效率更高的原因。

当 Hadoop 处理很多小文件(文件容量小于 HDFS 数据块容量)时,由于 FileInputFormat 不会对小文件进行划分,所以每个小文件都会被当作一个分块并分配一个 Map 任务,从而导致效率低下。

例如,一个 1GB 的文件会被划分成 16 个 64MB 的分块,并分配 16 个 Map 任务进行处理,而 10 000 个 100KB 的文件会被 10 000 个 Map 任务处理。

5. RecordReader——记录读取类

RecordReader 从 InputSplit 读入<key,value>对。

一般地,RecordReader 会把由 InputSplit 提供的字节样式的输入文件转化成由 Mapper 处理的记录样式的文件。因此,RecordReader 负责处理记录的边界情况,并把数据表示成<keys,value>对的形式。

6.4.2　Mapper/Reducer 类

1. Mapper 类

Mapper 将关键字/输入键值对映射到一组中间格式的键值对集合。在应用程序中需要编写自己的 Mapper 类,例如定义类 MyMapper 的语句结构如下。

```
public class MyMapper extends Mapper<Object, Text, Text, IntWritable>{
    //类体语句
}
```

Map 是一类将输入记录集转换为中间格式记录集的独立任务,这种转换的中间格式记录集不需要与输入记录集的类型一致。一个给定的输入键值对可以映射成 0 个或多个输出键值对。

Hadoop MapReduce 框架为每个 InputSplit 生成一个 Map 任务,而每个 InputSplit

是由该作业的 InputFormat 生成的。下面首先讨论 Mapper 类中的几个重要方法。

1) cleanup 方法

在任务结束时运行该方法,在应用程序中需要重写该方法。cleanup 方法的定义代码如下。

```
protected void cleanup(Context context);
```

2) map 方法

对输入分片中每个 key-value 对调用一次。在应用程序中需要重写 map 方法,实现 map 功能。map 方法的定义代码如下。

```
protected void map(KEYIN key, VALUEIN value, Context context);
```

3) run 方法

应用程序可能需要重写此方法,以便对 Mapper 的执行进行更完整的控制。对 map 处理施加更大控制的方法有多线程 Mapper 等。run 方法的定义代码如下。

```
void run(Context context);
```

4) setup 方法

该方法在任务开始时执行一次。setup 方法的定义代码如下。

```
protected void setup(Context context);
```

如果作业的 reduce 个数为 0,则映射器的输出将直接写入 OutputFormat,而不按键排序。下面是一个定义 Mapper 类子类的例子。

【例 6-2】 将输入的字符串转换为以单词为单位的 key-value 对,这里的 key 是拆分的单词,value 固定为 1,代码如下。

```
public class TokenCounterMapper extends Mapper < Object, Text, Text,
IntWritable>{
    private final static IntWritable one =new IntWritable(1);
    private Text word =new Text();
    public void map (Object key, Text value, Context context) throws
    IOException, InterruptedException {
    StringTokenizer itr =new StringTokenizer(value.toString());
    while (itr.hasMoreTokens()) {
      word.set(itr.nextToken());
      context.write(word, one);
    }
  }
}
```

2. Reducer 类

Reducer 类将与一个 key 关联的一组中间数值集归约(Reduce)为一个更小的数值集。

用户可以通过 JobConf.setNumReduceTasks(int)设定一个作业中的 Reduce 任务数。在应用程序中,用户应自己定义 Reducer 的子类,例如定义类 MyReducer 的语句结构如下。

```
public class MyReducer extends Mapper<Object, Text, Text, IntWritable>{
    //类体语句

}
```

下面介绍 Reducer 类中的 reduce 方法,其他方法与 Mapper 类中的方法一致。

reduce 方法会针对每个 key 值调用一次,在应用程序中应重写 reduce 方法,该方法的定义代码如下。

```
protected void reduce(KEYIN key, Iterable<VALUEIN>values, Context context)
                        throws IOException, InterruptedException;
```

【例 6-3】 将输入文件中的 key-value 对进行规约,实现单词计数的 key-value 对输出,key 是单词,value 是单词计数值。

程序代码如下。

```
public class IntSumReducer extends Reducer < Key < Key > , IntWritable, Key,
IntWritable>{
    private IntWritable result =new IntWritable();
    public void reduce(Key key , Iterable<IntWritable>values,
                        Context context) throws IOException, Interrupted-
                        Exception {
        int sum =0;
        for (IntWritable val : values) {          //对相同单词进行统计
            sum +=val.get();
        }
        result.set(sum);
        context.write(key, result);              //输出结果为单词和单词计数值
    }
}
```

6.4.3 Job 类及相关类

1. Job 类

在编写 MapReduce 程序时,通常需要在 main 函数中建立一个 Job 对象,并设置它的

作业名(JobName),然后配置输入/输出路径,设置 Mapper 类 和 Reducer 类,设置 InputFormat 和正确的输出类型等。然后使用 job.waitForCompletion()提交到 JobTracker,等待 Job 运行并返回,这就是一般的 Job 设置过程。JobTracker 会初始化这 个 Job,首先获取输入分片,然后将一个个 task 分配给 TaskTrackers 执行。TaskTracker 获取任务(Task)是通过心跳的返回值得到的,然后 TaskTracker 就会为收到的 Task 启 动一个 JVM 以运行。

Job 类继承自 JobContext 类。JobContext 提供了获取作业配置功能,如作业 ID、作 业的 Mapper 类和 Reducer 类、输入格式、输出格式等,其中除了作业 ID 之外都是只读 的。Job 类在 JobContext 的基础上提供了设置作业配置信息的功能、跟踪进度以及提交 作业的接口和控制作业的方法。

Job 类允许用户配置作业、提交作业、控制其执行和查询状态。set 方法只在提交作 业之前有效,之后将抛出 IllegalStateException。

通常,用户创建应用程序并通过 Job 描述作业的各个方面,然后提交作业并监视其进 度。下面是一个关于如何提交作业的示例。

```
Job job =Job.getInstance();                        // 创建一个新的 Job
job.setJarByClass(MyJob.class);                    //设置 Job 的主类
job.setJobName("myjob");                           // 指定作业名称
job.setInputPath(new Path("in"));                  //指定作业输入路径
job.setOutputPath(new Path("out"));                //指定作业输出路径
job.setMapperClass(MyJob.MyMapper.class);          //指定 Mapper 类
job.setReducerClass(MyJob.MyReducer.class);        //指定 Reducer 类
job.waitForCompletion(true);                       //提交作业,然后轮询进度,直到作业完成
```

Job 类中定义了很多用于作业设置和管理的方法,但不是所有方法都会用到。一般 不建议使用类的构造方法 Job()建立作业,可以通过相关方法建立作业。下面介绍几个 最常用的方法。

1)Job 的构造方法

Job 有 3 种构造方法,定义代码如下。

```
public Job()  throws IOException;
public Job(Configuration conf) throws IOException;
public Job(Configuration conf, String  jobName) throws IOException;
```

2)getInstance 方法

该方法有以下几种定义形式。

```
public static Job getInstance() throws IOException;
public static Job getInstance(Configuration conf) throws IOException;
                                                     //需要配置对象参数
```

```
public static Job getInstance(Configuration conf, String jobName) throws
IOException;                                              //需要配置对象和作业名参数
public static Job getInstance(JobStatus status, Configuration conf) throws
IOException;                                              //需要作业状态和作业配置
```

这组方法用于构造无特定群集的作业对象,可根据参数需要选择使用哪个方法。

3) getStatus 方法

该方法可以获取作业状态,定义形式如下。

```
public JobStatus getStatus() throws IOException,InterruptedException;
```

4) getJobFile 方法

该方法可以返回被提交的作业配置的路径,定义形式如下。

```
public String getJobFile()
```

5) setNumReduceTasks 方法

该方法用于设置 Reduce 任务的个数,定义形式如下。

```
public void setNumReduceTasks(int tasks) throws IllegalStateException;
```

其他一些常用方法可参考前述提交作业的代码片段。对于更多 Job 类的方法,可查阅 Hadoop 官方网站。

2. 与配置有关的类和接口

1) Configuration 类

该类用于管理配置信息,定义形式如下。

```
public class Configuration extends Object implements Serializable;
```

Configuration 类的一个子类是 JobConf,所以经常用 JobConf 类构造 Configuration 对象。JobConf 类的定义形式如下。

```
public class JobConf extends Configuration
```

该类用于 Map/Reduce 作业配置。下面是构造方法的定义代码。

```
public JobConf();              //构造 Map/Reduce 作业配置
public JobConf(boolean loadDefaults);
                    //构造 Map/Reduce 配置,参数指定是否从默认文件中读取资源
public JobConf(Class exampleClass);
            //构造一个 Map/Reduce 作业配置,参数是包含 jar 的类,用作作业的 jar
public JobConf(Configuration conf);
            //构造一个 Map/Reduce 作业配置,参数是将继承其设置的配置
```

```
public JobConf(Configuration conf, Class exampleClass);
                                          //结合上面两个方法的参数
public JobConf(Path config);   //参数是配置格式为 XML 格式的作业描述文件路径(Path 对象)
public JobConf(String config); //参数是配置格式为 XML 格式的作业描述文件(字符串形式)
```

一些常用的 JobConf 类中的方法定义如下。

```
public void setJar(String jar);
public void setJarByClass(Class cls);
public void setWorkingDirectory(Path dir);
public void setNumTasksToExecutePerJvm(int numTasks);
public void setInputFormat(Class<? extends InputFormat>theClass);
public void setOutputFormat(Class<? extends OutputFormat>theClass);
```

以上是一些 set 方法,每个 set 方法都有对应的 get 方法。

2) JobConfigurable 接口

Configure 是该接口中定义的一个方法,该方法用于由一个 JobConf 对象初始化一个实例,该接口的定义代码如下。

```
public interface JobConfigurable{
    void configure(Job Conf job);
}
```

接口 Mapper 是 jobConfigurable 的子接口,因此实现 Mapper 需要重写 configure (JobConf)方法。这个方法需要传递一个 JobConf 参数,目的是完成 Mapper 的初始化工作,然后框架为这个任务的 InputSplit 中的每个键值对调用一次 Map 中的 WritableComparable、Writable、OutputCollector 和 Reporter 操作。Mapper 接口的定义代码如下。

```
public interface Mapper<K1,V1,K2,V2>extends JobConfigurable, Closeable;
```

应用程序可以重写 Closeable.close()方法以执行相应的清理工作。

输出键值对不需要与输入键值对的类型一致。一个给定的输入键值对可以映射成 0 个或多个输出键值对。调用 OutputCollector.collect(WritableComparable,Writable)可以收集输出的键值对。

应用程序可以使用 Reporter 报告进度、设定应用级别的状态消息、更新 Counter(计数器),或者仅表明自己运行正常。

框架随后会把与一个特定 key 关联的所有中间过程的值(value)分组,然后把它们传给 Reducer 以生成最终的结果。用户可以通过 JobConf.setOutputKeyComparatorClass (Class)指定具体负责分组的 Comparator。

Mapper 的输出被排序后,就会被划分给每个 Reducer。分块的总数目和一个作业的 Reduce 任务的数目相同。用户可以通过实现自定义的 Partitioner 控制哪个 key 被分配给哪个 Reducer。

用户可选择通过 JobConf.setCombinerClass(Class)指定一个 combiner，它负责对中间过程的输出进行本地的聚集，这样有助于降低从 Mapper 到 Reducer 的数据传输量。

这些被排好序的中间过程的输出结果的保存格式是 key-len、key、value-len、value。应用程序可以通过 JobConf 控制这些中间结果是否压缩以及如何压缩，使用哪种 CompressionCode。

Map 的数目通常是由输入数据的大小决定的，一般就是所有输入文件的总块数。

Map 正常的并行规模是每个节点（Node）10～100 个 Map，对于 CPU 消耗较小的 Map 任务，可以设置到 300 个左右。由于每个任务的初始化都需要一定的时间，因此比较合理的情况是 Map 执行的时间至少超过 1 分钟。

这样，如果输入 10TB 的数据，每个块的大小是 128MB，则需要大约 82 000 个 Map 完成任务，除非使用 setNumMapTasks(int)将这个数值设置得更高。

6.4.4　输出格式类与记录输出类

1．输出格式类

应用程序可以通过 FileOutputFormat.setCompressOutput(JobConf,Boolean)控制输出是否需要压缩，并且可以使用 FileOutputFormat.setOutputCompressorClass(JobConf,Class)指定 CompressionCode。

如果作业输出要保存为 SequenceFileOutputFormat 格式，则需要通过 SequenceFileOutputFormat.setOutputCompressionType(JobConf,SequenceFile.CompressionType)设定 SequenceFile.CompressionType（例如，RECORD / BLOCK 默认是 RECORD）。

2．记录输出类

RecordWriter 生成＜key，value＞对到输出文件。
RecordWriter 可以把作业的输出结果写到 FileSystem。

6.5　MapReduce 应用实例

本节通过介绍两个完整的程序实例说明 MapReduce 应用程序设计的基本方法。一个是单词计数程序，这是一个典型的 MapReduce 程序设计实例；另一个是统计学生平均成绩程序。这两个程序案例较为简单，便于理解，非常适合于 MapReduce 基本编程方法的学习。

6.5.1　单词计数程序设计

首先明确单词计数问题，即对文本中包含的不同单词的出现频率进行统计。例如，一篇文章中 Good 这个单词出现了 10 次，那么就在输出文件中输出 Good 10，把这个看成是一个＜key，value＞对。为了简单，将输入文件看成一个处理对象，无须分片。

　　首先需要设计一个 WordCount 类作为主类,包含 main()方法,该方法用来实现作业创建、作业配置及作业启动运行工作。然后需要分别设计 Mapper 类的子类,称为TokenizerMapper。在这个类中需要重写 map 方法。另外还要设计 Reducer 类的子类,称为 IntSumReducer。在这个类中需要重写 reduce 方法,实现单词计数。

　　程序的完整代码如下。

```java
import java.io.IOException;
import java.util.StringTokenizer;
import org.apache.hadoop.conf.Configuration;
import org.apache.hadoop.fs.Path;
import org.apache.hadoop.io.IntWritable;
import org.apache.hadoop.io.Text;
import org.apache.hadoop.mapreduce.Job;
import org.apache.hadoop.mapreduce.Mapper;
import org.apache.hadoop.mapreduce.Reducer;
import org.apache.hadoop.mapreduce.lib.input.FileInputFormat;
import org.apache.hadoop.mapreduce.lib.output.FileOutputFormat;
public class WordCount {
    public static class TokenizerMapper extends Mapper<Object, Text, Text,
    IntWritable>{
        private final static IntWritable one =new IntWritable(1);
        private Text word =new Text();
            public void map(Object key, Text value, Context context)
                        throws IOException, InterruptedException {
            StringTokenizer itr =new StringTokenizer(value.toString());
            while (itr.hasMoreTokens()) {
                word.set(itr.nextToken());
                context.write(word, one);
            }
        }
    }
    public static class IntSumReducer extends Reducer< Text, IntWritable,
    Text,IntWritable>{
        private IntWritable result =new IntWritable();
            public void reduce(Text key, Iterable<IntWritable>values,
                                Context context )
                                throws IOException, Interrupted-
                                Exception {
        int sum =0;
        for (IntWritable val : values) {
            sum +=val.get();
        }
        result.set(sum);
```

```
            context.write(key, result);
        }
    }
    public static void main(String[] args) throws Exception {
        Configuration conf = new Configuration();
        Job job = Job.getInstance(conf, "word count");
        job.setJarByClass(WordCount.class);
        job.setMapperClass(TokenizerMapper.class);
        job.setCombinerClass(IntSumReducer.class);
        job.setReducerClass(IntSumReducer.class);
        job.setOutputKeyClass(Text.class);
        job.setOutputValueClass(IntWritable.class);
        FileInputFormat.addInputPath(job, new Path(args[0]));
        FileOutputFormat.setOutputPath(job, new Path(args[1]));
        System.exit(job.waitForCompletion(true) ? 0 : 1);
    }
}
```

假设环境变量的设置如下。

```
export JAVA_HOME=/soft/java/default
export PATH=${JAVA_HOME}/bin:${PATH}
export HADOOP_CLASSPATH=${JAVA_HOME}/lib/tools.jar
```

假设 HDFS 中的输入目录和输出目录分别如下。

- /user/joe/wordcount/input
- /user/joe/wordcount/output

两个测试文本文件 file01 和 file02 作为输入，列出目录命令及结果如下。

```
$bin/hadoop fs -ls /user/joe/wordcount/input/
/user/joe/wordcount/input/file01
/user/joe/wordcount/input/file02
```

用 cat 命令显示文件的命令和内容如下。

```
$bin/hadoop fs -cat /user/joe/wordcount/input/file01
Hello World Bye World
$bin/hadoop fs -cat /user/joe/wordcount/input/file02
Hello Hadoop Goodbye Hadoop
```

编译程序并建立 jar 包，然后运行应用程序，命令如下。

```
$ bin/hadoop jar wc. jar WordCount /user/joe/wordcount/input /user/joe/
wordcount/output
```

6.5.2 计算平均成绩的程序设计

假设一个班的学生有几门课程成绩,需要计算每个学生的平均成绩。每门课程的成绩构成一个文本文件,其中每行包括姓名和成绩,有几门课程就有几个文件。现在用一个MapReduce 程序统计每个学生的平均成绩。例如下面是一门课程的成绩文件。

```
小明 23
小强 57
小红 80
小飞 93
小刚 32
小木 99
...
```

在编写程序时,定义一个用于实现 map 方法的类 AverageMapper,该类继承 Mpper类,该类重写 map 方法,实现从输入文件分解<key,value>对并分发给 reduce 进行处理。另外,还要定义一个类 AverageReducer,该类继承自 Reducer 类,重写 reduce 方法,实现平均成绩的计算。

整个程序的代码如下。

```java
import java.io.IOException;
import java.util.Iterator;
import java.util.StringTokenizer;

import org.apache.hadoop.conf.Configuration;
import org.apache.hadoop.fs.Path;
import org.apache.hadoop.io.FloatWritable;
import org.apache.hadoop.io.Text;
import org.apache.hadoop.mapreduce.Job;
import org.apache.hadoop.mapreduce.Mapper;
import org.apache.hadoop.mapreduce.Reducer;
import org.apache.hadoop.mapreduce.lib.input.FileInputFormat;
import org.apache.hadoop.mapreduce.lib.output.FileOutputFormat;
import org.apache.hadoop.util.GenericOptionsParser;

/**
 * 计算学生的平均成绩
 * 学生成绩以每科一个文件输入
 * 文件内容为:姓名 成绩
 */
public class AverageScore {
    public static class AverageMapper extends Mapper < Object, Text, Text,
    FloatWritable>{
```

```
    protected void map(Object key, Text value, Context context) throws
IOException, InterruptedException{
        String line =value.toString();
        StringTokenizer tokens =new StringTokenizer(line,"\n");
        while(tokens.hasMoreTokens()){
            String tmp =tokens.nextToken();
            String Tokenizer sz =new StringTokenizer(tmp);
            String name =sz.nextToken();
            float score =Float.valueOf(sz.nextToken());
            Text outName =new Text(name);
            FloatWritable outScore =new FloatWritable(score);
            context.write(outName, outScore);
        }
    }
}


public static class AverageReducer extends Reducer<Text, FloatWritable,
Text, FloatWritable>{
    protected void reduce(Text key, Iterable<FloatWritable>value,Context
                    context)
                    throws IOException, InterruptedException {
        float sum =0;
        int count =0;
        for(FloatWritable f:value){
            sum +=f.get();
            count ++;    //shuffle 之后肯定是<名字,<成绩 1,成绩 2,成绩
                    3...>>,故一个 value 肯定是一门学科
        }
        FloatWritable averageScore =new FloatWritable(sum/count);
        context.write(key, averageScore);
    }

}

public static void main(String[] args) throws IOException, ClassNotFound-
Exception, InterruptedException{
    System.out.println("Begin");
    Configuration conf =new Configuration();
    String[] otherArgs =new GenericOptionsParser(conf, args).getRemaining-
    Args();
    if(otherArgs.length<2){
        System.out.println("please input at least 2 arguments");
        System.exit(2);
```

```
        }

        Job job = new Job(conf, "Average Score");
        job.setJarByClass(AverageScore.class);
        job.setMapperClass(AverageMapper.class);
        job.setCombinerClass(AverageReducer.class);
        job.setReducerClass(AverageReducer.class);
        job.setOutputKeyClass(Text.class);
        job.setOutputValueClass(FloatWritable.class);
        FileInputFormat.addInputPath(job, new Path(otherArgs[0]));
        FileOutputFormat.setOutputPath(job, new Path(otherArgs[1]));
        System.exit(job.waitForCompletion(true) 0:1);
        System.out.println("End");
    }
}
```

程序中用到了 Java 的类 StringTokenizer,该类可将输入转换为用指定分隔符分离的
单词集合。程序经编译打包成 jar 文件后用 Hadoop 命令执行。执行程序前,应在 HDFS
文件系统中建立输入目录。例如,建立目录为"/user/ $ USER/input",并将输入文件从
本地文件系统复制到该目录中。假设在用户主目录下进行操作,学生成绩文件存放于
"./student_score"目录中,那么执行下述命令即可构造 HDFS 文件系统目录并复制文件。

```
# cd
# hdfs dfs -mkdir -p /user/$USER/input
# hdfs dfs -copyFromLocal ./student_score/* input
```

执行 jar 文件时,可指定输出目录为 output,该目录无须事先创建,由系统自动创建。
正确执行程序后,可用以下命令查看结果。

```
# hdfs dfs -ls output
# hdfs dfs -cat output/*
```

6.5 本章小结

本章简单介绍了 MapReduce 的结构模型和工作原理,重点对 MapReduce 命令行应
用和 API 应用编程进行了详细讲解,最后通过两个应用实例综合体现了 MapReduce 的
使用方法及优势。

习　　题

1. 为什么说 MapReduce 是面向大数据并行处理的计算模型、框架和平台?
2. MapReduce 提供了哪些功能?

3. MapReduce 在设计上具有哪些技术特征？

4. MapReduce 的作业调度包括哪些内容？

5. MapReduce 的文件操作命令有哪些？简述其作用。

6. Mapper 类和 Reducer 类的主要作用是什么？

7. 上机操作实现 MapReduce 程序 WordCount。

8. 上机操作实现 MapReduce 程序，计算平均成绩。

9. 上机操作实现 MapReduce 程序，进行数据去重操作。

10. 上机操作实现 MapReduce 程序，进行排序操作。

第 2 篇　Hadoop 家族的其他项目

　　在应用 Hadoop 平台处理大数据时,需要 Hadoop 家族的其他组件协同工作。其中,数据库系统 HBase 和数据仓库 Hive 是很重要的数据存储系统。另外,快速通用计算引擎 Spark 也十分重要,它在数据分析领域起着非常重要的作用。本篇主要介绍 Hadoop 家族的数据库系统 HBase、数据仓库 Hive、快速通用计算引擎 Spark 的基本应用方法。

Hadoop 数据库 HBase

学习目标

- 了解 HBase 的基本概念、逻辑结构以及物理结构。
- 掌握 HBase 数据库的 shell 命令操作。
- 掌握 HBase 数据库表的创建、删除以及数据记录的插入、修改、查询等操作。
- 掌握 HBase API 编程。

HBase 是 Hadoop 家族的重要成员,它是一个开源的非关系分布式数据库,也是一个基于行键、列键和时间戳建立索引且可以随机访问的存储和检索数据的平台。HBase 不限制存储的数据的种类,允许动态、灵活的数据模型,不用 SQL,也不强调数据之间的关系。HBase 被设计成在一个服务器集群上运行,可以相应地横向扩展。

7.1 HBase 概述

7.1.1 HBase 简介

Hadoop 标准数据库(Hadoop Database,HBase)是建立在 Hadoop 文件系统上的分布式、面向列的开源数据库,它是 Google BigTable 的开源实现。Google BigTable 利用 Hadoop HDFS 作为其文件存储系统,可以直接通过 HBase 存储 HDFS 数据,利用 Hadoop MapReduce 处理 HBase 中的海量数据,并利用 Zookeeper 作为协同服务。HBase 是一个可分布、可扩展的大数据存储的数据库,可以快速、随机访问海量的结构化数据。HBase 是横向扩展的,它可以通过不断增加廉价的商用服务器增加其计算和存储能力。

1. HBase 与 HDFS 的区别

Hadoop 分布式文件系统(Hadoop Distributed File System,HDFS)是适用于存储大容量文件的分布式文件系统,它不支持快速单独查找记录,提供高延迟批量处理,没有批处理概念,只能顺序访问所提供的数据。而 HBase 是建立在 HDFS 之上的数据库,提供在数十亿条记录中低延迟访问单行记录(随机存取)以及在较大的表中进行快速查找的功能。HBase 的内部使用哈希表并提供随机接入功能,并且可以存储索引及快速查找 HDFS 文件中的数据。

2. HBase 与关系数据库的区别

HBase 不同于一般的关系数据库(Relational Database,RDB),它是一个适合于非结构化数据存储的数据库。表 7-1 说明了 HBase 与 RDB 的区别。

表 7-1　HBase 与 RDB 的区别

性　质	HBase	RDB
存储模式	基于列存储	基于行模式存储
表	宽表,是横向扩展	细而专的小表,很难形成规模
事务	没有任何事务	事务性的
规范化	非规范化的数据	具有规范化的数据
结构化	具有半结构及结构化数据	结构化数据

3. 面向列数据库与面向行数据库的区别

HBase 是基于列存储而不是基于行存储模式。面向列的数据库是指存储数据表作为数据列的部分,而不是作为行数据。表 7-2 说明了面向行和面向列的数据库的区别。

表 7-2　面向行和面向列的数据库的区别

行式数据库	列式数据库
适用于联机事务处理(OLTP)过程	适用于联机分析处理(Online Analytical Processing,OLAP)过程
数据库被设计为小数目的行和列	数据库被设计为巨大表

7.1.2　HBase 的特点

HBase 是一个高可靠性、高性能、面向列、可伸缩的分布式存储系统。HBase 表的数据可以存储在本地或 HDFS 之上。利用 HBase 技术可在廉价 PC 服务器上搭建起大规模结构化存储集群。

HBase 的特点如下。

(1) 数据量大。一个表可以支持 10 亿行、百万列。

(2) 无模式。每行都有一个可排序的主键和任意多的列,列可以根据需要动态增加,同一张表中的不同行可以有截然不同的列。

(3) 面向列的数据库。面向列(族)的存储和权限控制,列(族)独立检索。

(4) 表结构稀疏。HBase 表中的空(null)列并不占用存储空间,表可以设计得非常稀疏。

(5) 数据多版本。每个单元中的数据可以有多个版本,默认情况下版本号自动分配,是单元格插入时的时间戳。

（6）数据类型单一。HBase 中的数据都是字符串，没有类型。

7.2　HBase 体系结构

HBase 的服务器体系结构遵循简单的主从服务器架构，它隶属于 Hadoop 的生态系统，由 HMaster 服务器（HMasterServer）、HRegion 服务器（HRegionServer）、Zookeeper 集群构成。HBase 的体系结构如图 7-1 所示。

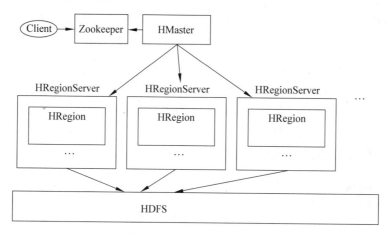

图 7-1　HBase 的体系结构

HMaster 服务器负责管理所有的 HRegion 服务器，而 HBase 中的所有服务器都通过 Zookeeper 协调并处理 HBase 服务器运行期间可能遇到的错误。HMaster 服务器本身不存储 HBase 中的任何数据，HBase 逻辑上的表可能会被划分为多个 HRegion，然后存储到 HRegion 服务器群中，HMaster 服务器中存储的是从数据到 HRegion 服务器中的映射。

1. 主服务器

主服务器（HMasterServer）的功能如下。
- 分配区域给区域服务器并在 Apache Zookeeper 的帮助下完成这个任务。
- 处理跨区域的服务器区域的负载均衡，卸载繁忙的服务器和转移占用较少区域的服务器。
- 通过判定负载均衡维护集群的状态。
- 负责模式变化和其他元数据操作，如创建表和列。

2. 区域服务器

区域（Region）是 HBase 集群分布数据的最小单位，这里的数据被放到服务器集群中。区域服务器（HRegionServer）主要负责响应用户的 I/O 请求，向 HDFS 文件系统中读写数据，是 HBase 中最核心的模块。

所有数据库的数据一般都保存在 Hadoop 分布式文件系统中,用户可以通过一系列的 HRegion 服务器获取这些数据。一台机器上一般只运行一个 HRegion 服务器,且每个 HRegion 服务器只会维护一个区段的 HRegion。

当用户需要更新数据时,更新的数据会被分配到对应的 HRegion 服务器,以进行修改操作。这些修改先是被写到 Hmemcache(内存中的缓存,保存最近更新的数据)缓存和服务器的 Hlog(磁盘上面的记录文件,它记录所有的更新操作)文件中。在操作写入 Hlog 之后,commit() 调用才会将其返回给客户端。

在读取数据时,HRegion 服务器会先访问 Hmemcache 缓存。只有缓存中没有该数据,HRegion 才会回到 Hstores 磁盘上寻找,每个列族都会有一个 HStore 集合,每个 HStore 集合包含很多 HstoreFile 文件。

区域服务器拥有以下区域操作功能。

- 与客户端进行通信并处理与数据相关的操作。
- 句柄读写所有区域的请求。
- 由区域大小的阈值决定区域的大小。

3. Zookeeper

Zookeeper 是一个开放源码的分布式应用程序协调服务,是 Google Chubby 的一个开源实现,是 Hadoop 和 HBase 的重要组件。Zookeeper 是一个为分布式应用提供一致性服务的软件,提供的功能包括配置维护、域名服务、分布式同步、组服务等。

Zookeeper 的目标就是封装好复杂易出错的关键服务,将简单易用的接口和性能高效、功能稳定的系统提供给用户。

Zookeeper Quorum 中除了存储-ROOT-表的地址和 HMaster 的地址,还存储了以 Ephemeral 方式注册到 Zookeeper 中的 HRegionServer,使得 HMaster 可以随时感知到每个 HRegionServer 的健康状态。

7.3　HBase 的数据模型

7.3.1　逻辑模型

HBase 进行数据建模的方式与关系数据库略有不同。关系数据库围绕表、列和数据类型——数据的形态通过严格的规则进行限制,遵守这些严格规则的数据称为结构化数据。HBase 在设计上没有严格形态的数据。数据记录可能包含不一致的列、不确定大小等,这种数据称为半结构化数据(SemiStructured Data)。

HBase 的逻辑模型是有序映射的映射集合,可以被看成以行键(Row Key)、列族(Column Family)、时间戳(Timestamp)标识的有序 Map 数据结构的数据库,具有稀疏、分布式、持久化、多维度等特点。HBase 以表的形式存储数据,表由行键和列族组成,一个表有多个列族。HBase 逻辑模型如图 7-2 所示。

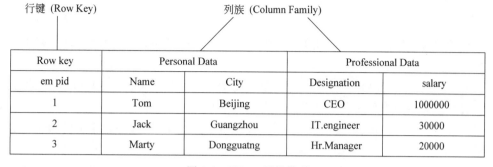

行键 (Row Key)　　　　　　列族 (Column Family)

Row key	Personal Data		Professional Data	
em pid	Name	City	Designation	salary
1	Tom	Beijing	CEO	1000000
2	Jack	Guangzhou	IT.engineer	30000
3	Marty	Dongguatng	Hr.Manager	20000

图 7-2　HBase 逻辑模型

HBase 的关键术语有以下几种。

1. 行键

(1) 行键(Row Key)是表中每条记录的主键。每条记录都有唯一的行键。行键没有数据类型,可以是任意字符串,最大长度是 64KB。在 HBase 内部,行键被保存为字节数组。

(2) 表中数据按照行键的字典序(Byte Order)排序存储,默认按照升序排序。

(3) 所有对表的访问都要通过行键进行。行键的作用是方便快速查找。

2. 列族

(1) 列族(Column Family)必须在定义表时给出。

(2) 列族是由多个列形成的集合,即一个列族可以包含多个列。列族中的列可以按需求动态加入,列中的数据都以二进制形式存储,没有数据类型,用户需要自行进行类型转换。

(3) 数据按列族分开存储,每个列族对应一个存储。

(4) 列名都以列族作为前缀。例如,在 Personal Data:name 中,冒号是列族名和列名的分隔符。

3. 单元

(1) 单元(Cell)是指通过行(Row)和列(Column)确定的一个存储单元,它是由{row key,column,version}唯一确定的单元。

(2) 单元中的数据没有类型,全部以字节码存储。在一个单元中,数据的不同版本的顺序是按照时间倒序排序的。

4. 时间戳

(1) 时间戳(Timestamp)可以被看作数据的版本号。每个单元都保存着同一份数据的多个版本。

(2) 时间戳是由系统时间自动赋值的,精确到 ms,也可以显式赋值。时间戳的类型是 64 位类型。

5.区域

(1) HBase 自动把表水平(按 Row)划分成多个区域(Region),每个区域会保存一个表中某段连续的数据。

(2) 每个表在一开始只有一个区域,随着数据不断插入表,区域不断增大,当增大到一个阈值时,区域就会等分为两个新的区域。

(3) 当表中的行不断增多时,就会出现越来越多的区域,这样一张完整的表被保存在多个区域上。

(4) HRegion 是 HBase 中分布式存储和负载均衡的最小单元。最小单元表示不同的 HRegion 可以分布在不同的 HRegionServer 上,但一个 HRegion 不会拆分到多个服务器上。

7.3.2 物理模型

HBase 数据库与关系数据库一样,它的表是由行和列组成的。然而,HBase 的列按照列族分组,每个列族在硬盘上有各自的 HFile 集合。这种物理上的隔离允许在列族底层的 HFile 层上分别管理。表中每个列族存储在 HDFS 上的一个单独文件中,空值不会被保存。HBase 为每个值维护了多级索引,即＜key,column family,column name,timestamp＞物理存储。HBase 的物理模型主要有以下特点。

(1) 表中所有行都按照 Row Key 的字典序排列。

(2) 表在行的方向上被分割为多个 Region。

(3) 表按大小分割,每个表开始只有一个 Region。随着数据的增多,Region 不断增大。当增大到一个阈值时,Region 就会等分为两个新的 Region,之后会出现越来越多的 Region。

(4) Region 是 HBase 中分布式存储和负载均衡的最小单元,不同的 Region 会分布到不同的 RegionServer 上。

(5) Region 虽然是分布式存储的最小单元,但并不是存储的最小单元。Region 由一个或者多个 Store 组成,每个 Store 保存一个列族;每个 Strore 又由一个 memStore 和 0 至多个 StoreFile 组成,StoreFile 包含 HFile;memStore 存储在内存中,StoreFile 存储在 HDFS 中。

7.4 HBase 的下载与安装

7.4.1 HBase 的下载

最好直接在 CentOS 7.0 环境下通过访问 HBase 官网地址找到 HBase 的下载链接,选择 HBase 的下载版本。目前较新的版本是 HBase 2.2.5。进入下载页面后,可选择 2.2.5 版本的 bin 文件,如图 7-3 所示。

进入软件包下载页面,可选择一个下载链接,如图 7-4 所示。

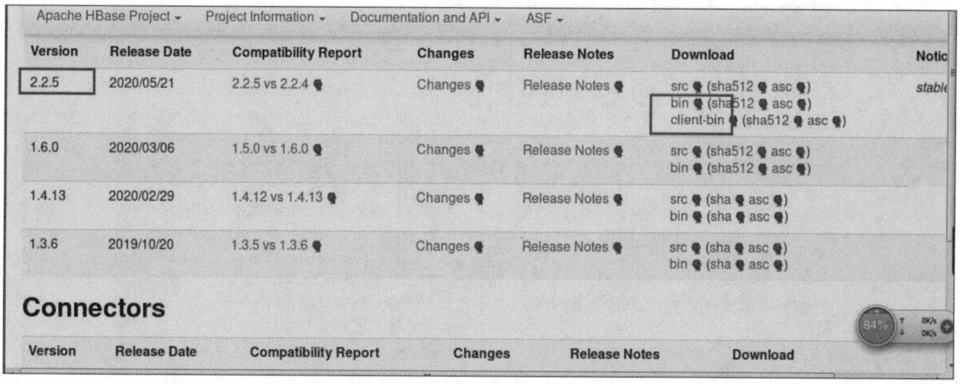

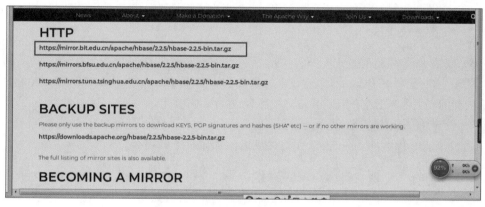

图 7-3　下载 HBase 2.2.5 安装包

图 7-4　HBase 2.2.5 安装包下载选项

　　软件包下载完成后,文件 hbase-2.2.5-bin-tar.gz 会存放在用户主目录的"下载"目录中。

7.4.2　HBase 的安装

　　为了更方便地掌握 HBase 的知识,本节仅介绍单机模式下 HBase 的安装方法。

1.下载并解压缩安装包文件

　　从官方网站下载安装包 hbase-2.2.5-bin.tar.gz 到"~/下载"目录下,将软件包文件移动到"/soft"目录,命令如下。

```
#mv  ~/下载/hbase-2.2.5-bin.tar.gz /soft
#cd  /soft
#tar -zxvf hbase-2.2.5-bin.tar.gz
```

　　执行命令,将 HBase 软件包解压缩到"/soft/hbase-2.2.5"目录中。该目录下的文件及目录如图 7-5 所示。

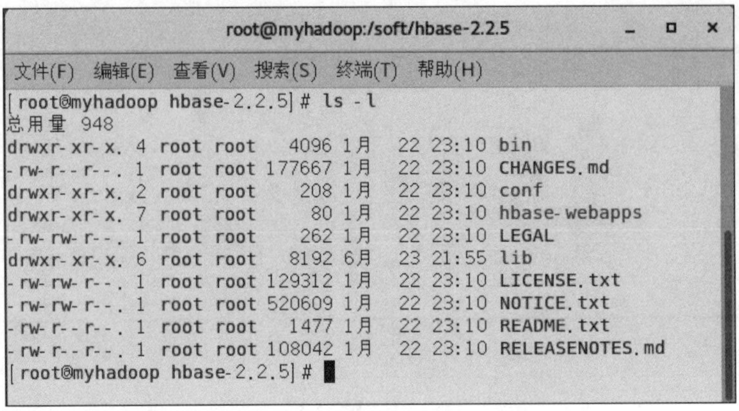

图 7-5 hbase-2.2.5 的文件和目录

2. 设置环境变量

1) 设置 Java 环境变量

为了支持最新的 HBase 版本,建议部署的 JDK 版本在 1.7.0 以上。本书采用 JDK 14.0.1。本书前面的有关内容已经介绍了 Java 环境配置,在此不再赘述。

2) 设置 HBase 环境变量

通过编辑文件"/etc/profile",在文件最后添加以下 2 行命令。

```
export HBASE_HOME=/soft/hbase-2.2.5
export PATH=$HBASE_HOME/bin:$JAVA_HOME/bin:$PATH
```

3) 修改 hbase-env.sh 文件

hbase-env.sh 存放在 hbase 安装目录的 conf 下,执行下述命令。

```
#vi $HBASE_HOME/conf/hbase-env.sh
```

加入 JDK 的安装路径,配置信息如下。

```
export JAVA_HOME=/soft/jdk-14.0.1
```

在配置文件中查找 HBASE_MANAGES_ZK,将 HBASE_MANAGES_ZK 的值改为 true,表示使用 hbase 自带的 Zookeeper,配置信息如下。

```
export HBASE_MANAGES_ZK=true
```

4) 修改 hbase-site.xml 文件

hbase-site.xml 存放在 HBase 安装目录的 conf 下。执行下述命令编辑 hbase-site.xml 文件。

```
#vi $HBASE_HOME/conf/hbase-site.Xml
```

在＜configuration＞和＜/configuration＞之间添加以下代码。

```
<property>
    <name>hbase.rootdir</name>
    <value>hdfs://HBaseServer:8020/hbase</value>
</property>
<property>
    <name>hbase.cluster.distributed</name>
    <value>true<value>
</property>
<property>
    <name>hbase.zookeeper.property.dataDir</name>
    <value>/var/hadoop/zookeeper</value>
</property>
<property>
    <name>hbase.zookeeper.quorum</name>
    <value>HBaseServer</value>
</property>
```

3. 启动、验证和停止 HBase

(1) 进入 CentOS 系统。

(2) 在系统的桌面上右击,在弹出的快捷菜单中选择 Open in Terminal 选项,打开命令窗口。

(3) 在运行 HBase 之前必须开启 Hadoop,在命令提示符下输入 start-dfs.sh 命令即可开启 HDFS。

(4) 启动 HBase,执行 start-hbase.sh 命令即可启动 HBase,如图 7-6 所示。

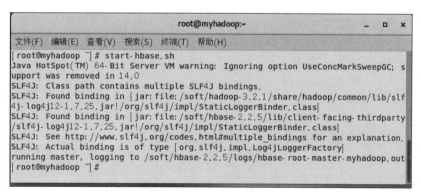

图 7-6　HBase 启动成功

(5) 进入 HBase shell 命令环境,执行 hbase shell 命令,如图 7-7 所示。

(6) 退出 HBase shell 命令环境,执行 exit 或 quit 命令。

(7) 关闭 HBase,执行 stop-hbase.sh 命令,如图 7-8 所示。

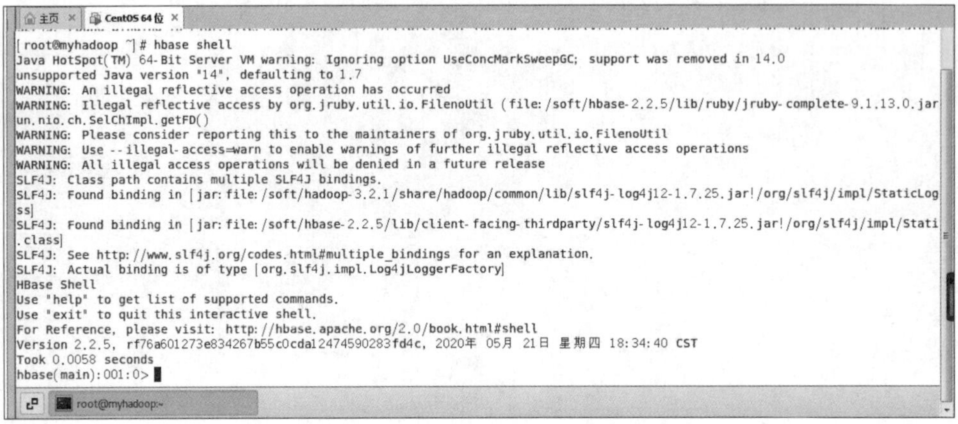

```
[root@myhadoop ~]# hbase shell
Java HotSpot(TM) 64-Bit Server VM warning: Ignoring option UseConcMarkSweepGC; support was removed in 14.0
unsupported Java version "14", defaulting to 1.7
WARNING: An illegal reflective access operation has occurred
WARNING: Illegal reflective access by org.jruby.util.io.FilenoUtil (file:/soft/hbase-2.2.5/lib/ruby/jruby-complete-9.1.13.0.jar
un.nio.ch.SelChImpl.getFD()
WARNING: Please consider reporting this to the maintainers of org.jruby.util.io.FilenoUtil
WARNING: Use --illegal-access=warn to enable warnings of further illegal reflective access operations
WARNING: All illegal access operations will be denied in a future release
SLF4J: Class path contains multiple SLF4J bindings.
SLF4J: Found binding in [jar:file:/soft/hadoop-3.2.1/share/hadoop/common/lib/slf4j-log4j12-1.7.25.jar!/org/slf4j/impl/StaticLog
ss]
SLF4J: Found binding in [jar:file:/soft/hbase-2.2.5/lib/client-facing-thirdparty/slf4j-log4j12-1.7.25.jar!/org/slf4j/impl/Stati
.class]
SLF4J: See http://www.slf4j.org/codes.html#multiple_bindings for an explanation.
SLF4J: Actual binding is of type [org.slf4j.impl.Log4jLoggerFactory]
HBase Shell
Use "help" to get list of supported commands.
Use "exit" to quit this interactive shell.
For Reference, please visit: http://hbase.apache.org/2.0/book.html#shell
Version 2.2.5, rf76a601273e834267b55c0cda12474590283fd4c, 2020年 05月 21日 星期四 18:34:40 CST
Took 0.0058 seconds
hbase(main):001:0>
```

图 7-7 执行 hbase shell 命令

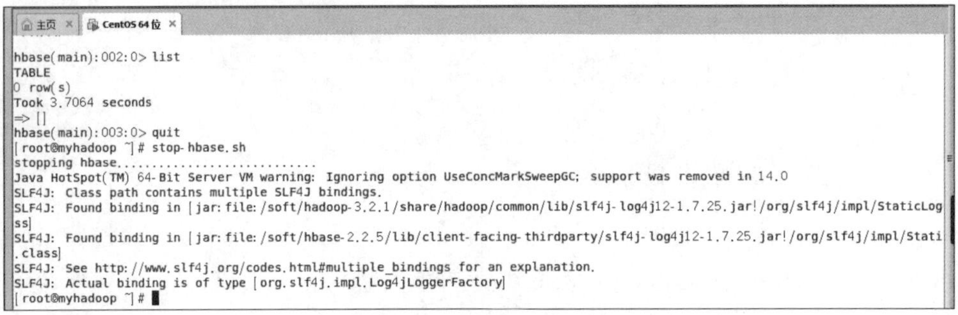

```
hbase(main):002:0> list
TABLE
0 row(s)
Took 3.7064 seconds
=> []
hbase(main):003:0> quit
[root@myhadoop ~]# stop-hbase.sh
stopping hbase...........................
Java HotSpot(TM) 64-Bit Server VM warning: Ignoring option UseConcMarkSweepGC; support was removed in 14.0
SLF4J: Class path contains multiple SLF4J bindings.
SLF4J: Found binding in [jar:file:/soft/hadoop-3.2.1/share/hadoop/common/lib/slf4j-log4j12-1.7.25.jar!/org/slf4j/impl/StaticLog
ss]
SLF4J: Found binding in [jar:file:/soft/hbase-2.2.5/lib/client-facing-thirdparty/slf4j-log4j12-1.7.25.jar!/org/slf4j/impl/Stati
.class]
SLF4J: See http://www.slf4j.org/codes.html#multiple_bindings for an explanation.
SLF4J: Actual binding is of type [org.slf4j.impl.Log4jLoggerFactory]
[root@myhadoop ~]#
```

图 7-8 停止执行 HBase

(8) 关闭 Hadoop,执行 stop-dfs.sh 命令,结果如图 7-9 所示。

```
[root@localhost Desktop]# stop-dfs.sh
Stopping namenodes on [localhost]
localhost: stopping namenode
localhost: stopping datanode
Stopping secondary namenodes [0.0.0.0]
0.0.0.0: stopping secondarynamenode
[root@localhost Desktop]#
```

图 7-9 关闭 Hadoop

7.5 HBase shell

HBase 包含可以与 HBase 进行通信的 shell。HBase 使用 Hadoop 文件系统存储数据,它拥有一个主服务器和区域服务器。数据存储在区域中,这些区域被分割并存储在区域服务器中。

主服务器管理这些区域服务器,所有任务均发生在 HDFS。HBase shell 支持的命令主要包括通用命令、数据定义语言和数据操作语言。

7.5.1　通用命令

HBase 的通用命令包括 status、version、table_help 和 whoami。

1. status

status 显示在系统上运行的服务器的细节和系统的状态信息,如服务器的数量等信息。

2. version

version 提供正在使用的 HBase 版本信息。

3. table_help

table_help 命令用于提供表命令的帮助信息。

4. whoami

whoami 命令用于提供有关用户的信息。

7.5.2　数据定义语言

1. create 命令

功能说明:创建一个数据库表,必须指定表名和列族名。命令格式如下。

```
create '<表名>','<列族名>'
```

例如,创建一个表 clerk,它有 2 个列族:personal data 和 professional data。

```
create 'clerk', 'personal data','professional data'
```

2. list 命令

功能说明:列出 HBase 的所有表。命令格式如下。

```
list [查找内容]
```

例如,显示所有表。

```
list
```

例如,显示表名为 abc 的表。

```
list 'abc'
```

例如,显示表名以 abc 开头的表。

```
list 'abc.*'
```

例如，显示 ns 域中以 abc 开头的表。

```
list 'ns:abc.*'
```

例如，显示 ns 域中的所有表。

```
list 'ns:.*'                                        .
```

3. 禁用表

1）disable 命令
功能说明：禁用指定的表。命令格式如下。

```
disable '<表名>'
```

例如，禁用表 clerk。

```
disable 'clerk'
```

表被禁用之后，仍然可以通过 list 命令和 exists 命令查看到。
2）is_disabled 命令
功能说明：验证表是否被禁用，显示结果为 true 或 flase。命令格式如下。

```
is_disabled '<表名>'
```

例如，验证表 clerk 是否被禁用。

```
is_disabled 'clerk'
```

3）disable_all 命令
功能说明：禁用所有表，用于禁用所有与给定的正则表达式匹配的表。命令格式如下。

```
disable_all '正则表达式'
```

例如，禁用以 r 开头的表。

```
disable_all 'r.*'
```

4. 启用表

1）enable 命令
功能说明：启用一个表。命令格式如下。

```
enable '<表名>'
```

例如，启用表 clerk。

```
enable 'clerk'
```

2）is_enabled 命令

功能说明：验证表是否已启用，显示结果为 true 或 false。命令格式如下。

```
is_enable '<表名>'
```

例如，判断表 clerk 是否已启用。

```
is_enable 'clerk'
```

5. 表描述和修改

1）describe 命令

功能说明：提供一个表的描述，包括表的结构信息。命令格式如下。

```
describe '<表名>'
```

例如，显示 clerk 表的描述信息。

```
describe 'clerk'
```

2）alter 命令

功能说明：修改表结构信息，使用此命令可以更改列族的单元，设定最大数量和删除表范围运算符（如 MAX_FILESIZE、READONLY、MEMSTORE_FLUSHSIZE、DEFERRED_LOG_FLUSH 等），并从表中删除列族。命令格式如下。

```
alter '<表名>'
```

（1）设定列族最大数量的命令格式：

```
alter '<表名>', NAME =>'列族名', VERSIONS =>数量
```

例如，将表 clerk 的列族 infor 单元的最大数目修改为 5。

```
alter 'clerk', NAME =>'infor', VERSIONS =>5
```

（2）设置表为只读的命令格式：

```
alter '<表名>', READONLY
```

例如，将表 clerk 设置为只读。

```
alter 'clerk', READONLY
```

（3）删除表范围的命令格式：

```
alter '<表名>', METHOD =>, NAME =>数量
```

例如，从 clerk 表中删除 MAX_FILESIZE。

```
alter 'clerk', METHOD =>'table_att_unset', NAME =>'MAX_FILESIZE'
```

（4）删除列族的命令格式：

```
alter '表名','delete' =>'列族名'
```

例如，删除表 clerk 的列族 data。

```
alter clerk','delete'=>'data'
```

6. exists 命令

功能说明：验证表是否存在。命令格式如下。

```
exists '<表名>'
```

例如，验证表 clerk 是否存在。

```
exists 'clerk'
```

7. 删除表

1）drop 命令
功能说明：从 HBase 中删除指定表。命令格式如下。

```
drop '<表名>'
```

注意：在删除一个表之前必须先将其禁用。
例如，删除表 clerk。

```
disable 'clerk'
drop 'clerk'
```

2）drop_all 命令
功能说明：删除与在参数中的正则表达式匹配的表。命令格式如下。

```
drop_all '正则表达式'
```

注意：在删除这些表之前必须先将它们禁用。

例如，删除以 t 字符开头的表。

```
drop_all 't*'
```

8. exit 命令

功能说明：退出 HBase shell。命令格式如下。

```
exit
```

7.5.3 数据操作语言

HBase 的数据操作语言可以实现对表数据的添加、删除、修改、读取等操作。

1. put 命令

功能说明：在表的指定的行中插入指定列的数据。命令格式如下。

```
put '<表名>','<行键>','<列族:列名>','<值>'
```

例如，在表 clerk 中插入一行职员数据。

```
put 'clerk','1','personal data:name','chenqiang'
```

例如，在表 clerk 中插入一行城市信息数据。

```
put 'clerk','1','personal data:city','dongguang'
```

例如，将表 clerk 的行键为 1 的行中的 personal data 列族的 city 更新为 nanchang。

```
put 'clerk','1','personal data:city','nanchang'
```

2. get 命令

功能说明：从表中读取数据显示输出。命令格式如下。

```
get '<表名>','<行键>',[{COLUMN =>'列族:列名'}]
```

例如，得到表 clerk 中行键为 1 的数据。

```
get 'clerk', '1'
```

例如，得到表 clerk 中行键为 1 的指定列 name 的数据。

```
get 'clerk', '1', {COLUMN=>'personal data:name'}
```

3. delete 命令

功能说明：删除表中的单元值。命令格式如下。

```
delete '<表名>','<行键>','<列名>','<时间戳>'
```

例如，删除表 clerk 中行键为 1 的行 personal data 列族中的 city 列的值。

```
delete 'clerk','1','personal data:city'
```

4. deleteall 命令

功能说明：删除给定行的所有单元。命令格式如下。

```
deleteall '<表名>','<行>'
```

例如，删除表 clerk 中行键为 1 的所有单元。

```
Deleteall 'clerk','1'
```

5. scan 命令

功能说明：扫描并返回表数据。命令格式如下。

```
scan '<表名>'
```

例如，得到表 clerk 中的数据。

```
scan 'clerk'
```

6. count 命令

功能说明：计数并返回表中的行数。命令格式如下。

```
count '<表名>'
```

例如，得到表 clerk 中的行数。

```
count 'clerk'
```

7. truncate 命令

功能说明：截断(禁用、删除和重新)创建指定的表。命令格式如下。

```
truncate '<表名>'
```

例如,截断表 clerk。

```
truncate 'clerk'
```

截断表之后,使用 scan 命令进行验证,会得到表的行数为 0。

【例 7-1】　HBase shell 基本命令操作。

(1) 进入 HBase shell 命令环境。

(2) 查看当前 HBase 的状态,执行 status 命令,如图 7-10 所示。

```
hbase(main):001:0> status
1 active master, 0 backup masters, 1 servers, 0 dead, 4.0000 average load
```

图 7-10　执行 status 命令后得到的结果

(3) 查看当前 HBase 的版本,在 HBase 提示符后执行 version 命令。

(4) 查看当前操作 HBase 的系统用户,在 HBase 提示符后执行 whoami 命令。

(5) 查看 HBase 命令的帮助,在 HBase 提示符后使用 table_help 命令,执行结果如图 7-11 所示。

```
hbase(main):005:0> table_help
Help for table-reference commands.

You can either create a table via 'create' and then manipulate the table via com
mands like 'put', 'get', etc.
See the standard help information for how to use each of these commands.

However, as of 0.96, you can also get a reference to a table, on which you can i
nvoke commands.
For instance, you can get create a table and keep around a reference to it via:

   hbase> t = create 't', 'cf'
```

图 7-11　table_help 命令执行后得到的结果

【例 7-2】　HBase shell 操作用户表。customer 表(客户信息)的结构如表 7-3 所示。

表 7-3　customer 表结构

Row Key	Personal Data		Bank Data	
CID	CName	CSex	BankID	BankName

在表 7-3 中,Row Key 是行键,Personal Data 和 Bank Data 是列族,Personal Data 有 Name(姓名)列、Sex(性别)列,Bank Data 有 BankID(银行账号)列和 BankName(银行名称)列。

(1) 进入 HBase shell 命令模式,查看当前状态的用户表。执行 list 命令,结果如图 7-12 所示。

(2) 创建 customer 表,命令如下。

```
create 'customer', 'P0ersonal Data', 'Bank Data'
```

```
hbase(main):001:0> list
TABLE
clerk
t1
user
3 row(s) in 0.8150 seconds
```

图 7-12   执行 list 命令后得到的结果

（3）使用 list 命令查看创建表的操作是否成功，结果如图 7-13 所示。

```
hbase(main):005:0> list
TABLE
clerk
customer
t1
user
4 row(s) in 0.0630 seconds
```

图 7-13   执行 list 命令后得到的结果

（4）使用 descript 命令查看表结构信息，结果如图 7-14 所示。

```
hbase(main):007:0> describe 'customer'
Table customer is ENABLED
customer
COLUMN FAMILIES DESCRIPTION
{NAME => 'Bank Data', BLOOMFILTER => 'ROW', VERSIONS => '1', IN_MEMORY => 'false
', KEEP_DELETED_CELLS => 'FALSE', DATA_BLOCK_ENCODING => 'NONE', TTL => 'FOREVER
', COMPRESSION => 'NONE', MIN_VERSIONS => '0', BLOCKCACHE => 'true', BLOCKSIZE =
> '65536', REPLICATION_SCOPE => '0'}
{NAME => 'Personal Data', BLOOMFILTER => 'ROW', VERSIONS => '1', IN_MEMORY => 'f
alse', KEEP_DELETED_CELLS => 'FALSE', DATA_BLOCK_ENCODING => 'NONE', TTL => 'FOR
EVER', COMPRESSION => 'NONE', MIN_VERSIONS => '0', BLOCKCACHE => 'true', BLOCKSI
ZE => '65536', REPLICATION_SCOPE => '0'}
2 row(s) in 0.3200 seconds
```

图 7-14   执行 descript 命令后得到的结果

（5）使用 put 命令向表中插入 3 条数据，数据信息如表 7-4 所示。

表 7-4   向数据表插入的数据信息

Row Key	Personal Data		Bank Data	
CID	CName	CSex	BankID	BankName
1	Zhangsan	M	62220769	China Bank
2	Chenqiang	M	62220791	Jiangxi Bank
3	Shengshiquang	M	62220020	Guangzhou Bank

插入第 1 行数据的命令如下，执行同样的命令，依次插入第 2 行和第 3 行数据。

```
put 'customer','1','Personal Data:CName','Zhangsan'
put 'customer','1','Personal Data:CSex','M'
put 'customer','1','Bank Data:BankID','62220769'
put 'customer','1','Bank Data:BankName','China Bank'
```

（6）使用 get 命令分别查看 3 条数据信息，命令及执行结果如图 7-15 所示。

```
hbase(main):013:0> get 'customer','1'
COLUMN                CELL
 Bank Data:BankID      timestamp=1523198583487, value=62220769
 Bank Data:BankName    timestamp=1523198588286, value=China Bank
 Personal Data:CName   timestamp=1523198223172, value=Zhangsan
 Personal Data:CSex    timestamp=1523198234745, value=M
4 row(s) in 0.1300 seconds

hbase(main):014:0> get 'customer','2'
COLUMN                CELL
 Bank Data:BankID      timestamp=1523199078582, value=62220791
 Bank Data:BankName    timestamp=1523199089778, value=Jiangxi Bank
 Personal Data:CName   timestamp=1523199057145, value=Chenqiang
 Personal Data:CSex    timestamp=1523199069105, value=M
4 row(s) in 0.0840 seconds

hbase(main):015:0> get 'customer','3'
COLUMN                CELL
 Bank Data:BankID      timestamp=1523199121548, value=62220020
 Bank Data:BankName    timestamp=1523199130017, value=Guangzhou Bank
 Personal Data:CName   timestamp=1523199102993, value=Zhangsan
 Personal Data:CSex    timestamp=1523199112490, value=M
4 row(s) in 0.1020 seconds
```

图 7-15　使用 get 命令分别查看 3 条数据信息的结果

（7）使用 scan 命令查看所有数据信息，命令与执行结果如图 7-16 所示。

```
hbase(main):016:0> scan 'customer'
ROW                   COLUMN+CELL
 1                     column=Bank Data:BankID, timestamp=1523198583487, value=62220769
 1                     column=Bank Data:BankName, timestamp=1523198588286, value=China Bank
 1                     column=Personal Data:CName, timestamp=1523198223172, value=Zhangsan
 1                     column=Personal Data:CSex, timestamp=1523198234745, value=M
 2                     column=Bank Data:BankID, timestamp=1523199078582, value=62220791
 2                     column=Bank Data:BankName, timestamp=1523199089778, value=Jiangxi Bank
 2                     column=Personal Data:CName, timestamp=1523199057145, value=Chenqiang
 2                     column=Personal Data:CSex, timestamp=1523199069105, value=M
 3                     column=Bank Data:BankID, timestamp=1523199121548, value=62220020
 3                     column=Bank Data:BankName, timestamp=1523199130017, value=Guangzhou Ban
                       k
 3                     column=Personal Data:CName, timestamp=1523199102993, value=Zhangsan
 3                     column=Personal Data:CSex, timestamp=1523199112490, value=M
3 row(s) in 0.4720 seconds
```

图 7-16　使用 scan 命令查看所有数据信息的结果

（8）使用 count 命令查看 customer 表的记录行数，命令如下。

```
count 'customer'
```

（9）使用 disable 命令禁用 customer 表，命令如下。

```
disable 'customer'
```

执行 disable 命令后，则不能对表进行读写操作，如图 7-17 所示。

```
hbase(main):002:0> disable 'customer'
0 row(s) in 2.9020 seconds

hbase(main):003:0> count 'customer'

ERROR: customer is disabled.
```

图 7-17　使用 disable 命令禁用 customer 表及禁用后操作表的结果

7.6　HBase API

HBase 是用 Java 编写的，因此它提供 Java API 和 HBase 通信。Java API 是与 HBase 进行通信的最快方法。HBase API 常用的类有以下几个。

7.6.1　HBaseAdmin 类

HBaseAdmin 类可以执行管理员任务，它提供的方法包括创建表、删除表、列出表项、使表有效或无效以及添加和删除表列族成员等。HBaseAdmin 类存放在 org.apache.hadoop.hbase.client 包中。

HBase API 的主要方法如下。

- void addColumn(String tableName, HColumnDescriptor column)：向一个已经存在的表添加列。
- void checkHBaseAvalilable(HBaseConfiguration conf)：静态函数，查看 HBase 是否处于运行状态。
- void createTable(HTableDescriptor desc)：创建一个新表。
- void createTable(HTableDescriptor desc, byte[][] splitKeys)：创建一个新表，使用一组初始指定的分割键限定空区域。
- void deleteColumn(byte[] tableName, String columnName)：从表中删除列。
- void deleteColumn(String tableName, String columnName)：删除表中的列。
- void deleteTable(String tableName)：删除一个存在的表。
- void enabledTable(byte[] tableName)：使表处于有效状态。
- void disabledTable(byte[] tableName)：使表处于无效状态。
- void HTabledDescriptor[] listTables()：列出所有用户控件表项。
- void modifyTable(byte[] tableName, HTableDescriptor htd)：修改表的模式，这是异步的操作，可能需要花费一定的时间。
- boolean tableExists(String tableName)：检查表是否存在。

【例 7-3】　设置 HBase 客户端的端口号为 2181，给出相关代码。

相关代码如下。

```
//创建 HBaseConfiguration 类的实例 config
Configuration config =HBaseConfiguration.create();
//设置客户端的端口号为 2181
config.set("hbase.zookeeper.property.clientPort","2181");
```

【例 7-4】　创建 HBaseAdmin 的实例，禁用 clerk 表。

相关代码如下。

```
//创建 HBaseAdmin 的实例 admin
HBaseAdmin admin =new HBaseAdmin(config);
```

```
//禁用clerk表
admin.disableTable("clerk");
```

7.6.2　HTable 类

HTable 类可以用来和 HBase 表直接通信,此方法对于更新操作来说是非线程安全的。HTable 类的主要方法如下。

- void checkAdnPut(byte[] row,byte[] family,byte[] qualifier,byte[] value,Put put):自动检查 row/family/qualifier 是否与给定的值匹配。
- void close():释放所有资源或挂起内部缓冲区中的更新。
- Boolean exists(Get get):检查 Get 实例指定的值是否存在于 HTable 的列中。
- Result get(Get get):获取指定行的某些单元格所对应的值。
- byte[][] getEndKeys():获取当前打开的表中的每个区域的结束键值。
- ResultScanner getScanner(byte[] family):获取当前给定列族的 Scanner 实例。
- HTableDescriptor getTableDescriptor():获取当前表的 HTableDescriptor 实例。
- byte[] getTableName():获取表名。
- static Boolean isTableEnabled(HBaseConfiguration conf,String tableName):检查表是否有效。
- void put(Put put):向表中添加值。

【例 7-5】　获取表中指定列族的信息。

相关代码如下。

```
HTable table =new HTable(config, Bytes.toBytes(tablename));
ResultScanner scanner =table.getScanner(family);
```

7.6.3　HTableDescriptor 类

HTableDescriptor 类包含表的名字以及表的列族信息,它存放在 org.apache.hadoop.hbase 包中。

HTableDescriptor 类的主要方法如下。

- void addFamily(HColumnDescriptor descriptor):添加一个列族。
- HColumnDescriptor removeFamily(byte[] column):移除一个列族。
- byte[] getName():获取表的名字。
- byte[] getValue(byte[] key):获取属性的值。
- void setValue(String key,String value):设置属性的值。

【例 7-6】　给表添加一个列族。

相关代码如下。

```
HTableDescriptor htd =new HTableDescriptor(table);
htd.addFamily(new HcolumnDescriptor("family"));
```

7.6.4　HColumnDescriptor 类

HColumnDescriptor 类维护关于列族的信息,如版本号、压缩设置等,它通常在创建表或者为表添加列族时使用。列族创建后不能直接修改,只能通过先删除、后重新创建的方式修改。列族被删除时,列族中的数据也会被同时删除,它存放在 org.apache.hadoop. hbase 包中。

HColumnDescriptor 类的主要方法如下。

- byte[]　getName():获取列族的名字。
- byte[]　getValue(byte[] key):获取对应属性的值。
- void　setValue(String key,String value):设置对应属性值的方法。

【例 7-7】 给表添加列族,相关代码如下。

```
HTableDescriptor htd =new HTableDescriptor(tablename);
HColumnDescriptor col =new HColumnDescriptor("content:");
htd.addFamily(col);
```

7.6.5　Get 类

Get 类用来获取单个行的相关信息,它存放在 org.apache.hadoop.hbase.client 包中。Get 类的主要方法如下。

- Get(byte[] row):构造方法,可以为指定行创建一个 Get 操作。
- Get addColumn(byte[] family,byte[] qualifier):获取指定列族和列修饰符对应的列。
- Get addFamily(byte[] family):通过指定的列族获取其对应列的所有列。
- Get setTimeRange(long minStamp,long maxStamp):获取指定区间的列的版本号。
- Get setFilter(Filter filter):执行 Get 操作时设置服务器端的过滤器。
- Get addColumn(byte[] family,byte[] qualifier):检索来自特定列族使用的指定限定符。
- Get addFamily(byte[] family):检索指定系列中的所有列。

【例 7-8】 获取 tablename 表中 row 行的对应数据,相关代码如下。

```
HTable table =new HTable(config,Bytes.toBytes(tablename));
Get get =new Get(Bytes.toBytes(row));
Result result =table.get(get);
```

7.6.6　Put 类

Put 类用于获取单个行的数据,它存放在 org.apache.hadoop.hbase 包中。Put 类的主要方法如下。

- Put(byte[] row)：创建一个指定行的 Put 操作。
- Put(byte[] rowArray，int rowOffset，int rowLength)：创建一个指定起始行、行长度的字节行数组的 Put 操作。
- Put(byte[] rowArray，int rowOffset，int rowLength，long ts)：创建一个指定起始行、行长度、时间戳的 Put 操作。
- Put(byte[] row，long ts)：创建一个指定行和时间戳的 Put 操作。
- Put add(byte[] family，byte[] qualifier，byte[] value)：添加指定的列和值到 Put 操作。
- Put add(byte[] family，byte[] qualifier，long ts，byte[] value)：添加指定的列和值，使用指定的时间戳作为其版本到 Put 操作。
- Put add(byte[] family，ByteBuffer qualifier，long ts，ByteBuffer value)：添加指定的列和值，使用指定的时间戳作为其版本到 Put 操作。
- Put add(byte[] family，ByteBuffer qualifier，long ts，ByteBuffer value)：添加指定的列和值，使用指定的时间戳作为其版本到 Put 操作。

【例 7-9】 向表 tablename 添加 family、qualifier、value 指定的值，相关代码如下。

```
HTable table =new HTable(config,Bytes.toBytes(tablename));
Put put =new Put(row);
put.add(family,qualifier,value);
```

7.6.7 Delete 类

Delete 类用于对单行执行删除操作。若要删除整行，则需要实例化一个 Delete 对象。它存放在 org.apache.hadoop.hbase.client 包中。

Delete 类的主要方法如下。

- Delete(byte[] row)：创建一个指定行的 Delete 操作。
- Delete(byte[] rowArray，int rowOffset，int rowLength)：创建一个指定起始行和行长度的 Delete 操作。
- Delete(byte[] rowArray，int rowOffset，int rowLength，long ts)：创建一个指定起始行、行长度以及时间戳的 Delete 操作。
- Delete(byte[] row，long timestamp)：创建一个指定行和时间戳的 Delete 操作。
- Delete deleteColumn(byte[] family，byte[] qualifier)：删除指定列的最新版本。
- Delete deleteColumns(byte[] family，byte[] qualifier，long timestamp)：删除所有版本时间戳小于或等于指定时间戳的指定列。
- Delete deleteFamily(byte[] family)：删除指定的所有列族的所有版本。
- Delete deleteFamily(byte[] family，long timestamp)：删除指定列具有时间戳小于或等于指定的时间戳的列族。

【例 7-10】 删除第 row1 行的列信息，相关代码如下所示。

```
hconfigiguration hconfig = HbaseConfiguration.create();
HTable hTable = new HTable(hconfig, tableName);
Delete delete = new Delete(toBytes("row1"));
delete.deleteColumn(Bytes.toBytes("personal"), Bytes.toBytes("name"));
delete.deleteFamily(Bytes.toBytes("professional"));
table.delete(delete);
table.close();
```

7.6.8　Result 类

Result 类用于存储 Get 或者 Scan 操作后获取到的表的单行值,使用 Result 类提供的方法可以直接获取值或者各种 Map 结构(key-value 对),它存放在 org.apache.hadoop. hbase.client 包中。

Result 类的主要方法如下。

- boolean containsColumn(byte[] family,byte[] qualifier):检查指定的列是否存在。
- NavigableMap<byte[],byte[]>getFamilyMap(byte[] family):获取对应列族包含的修饰符与值的键值对。
- byte[] getValue(byte[] family,byte[] qualifier):获取对应列的最新值。

7.6.9　ResultScanner 类

ResultScanner 类提供客户端获取值的接口。

ResultScanner 类的主要方法如下。

- void close():关闭 scanner 并释放分配给它的资源。
- Result next():获取下一行的值。

【例 7-11】 循环获取行中的列值,代码如下。

```
ResultScanner scanner = table.getScanner(Bytes.toBytes(family));
for(Result rowResult : scanner){
    Bytes[] str = rowResult.getValue(family,column);
}
```

【例 7-12】 在 Eclise 的开发环境中添加 HBase 项目和 HBase 类库包插件。

(1)将 HBase 安装目录中的 lib 文件夹复制到自己指定的位置(本例位置为"/usr/local/"),如图 7-18 所示。

(2)运行 Eclipse,创建一个 Java 项目。

(3)执行 Project→Properties 命令,打开如图 7-19 所示的对话框。

(4)单击 Java Build Path 中的 Libraries 标签,单击 Add Library 按钮。

(5)单击 User Library 按钮,单击 Next 按钮,如图 7-20 所示。

(6)单击 User Libraries 按钮,如图 7-21 所示。

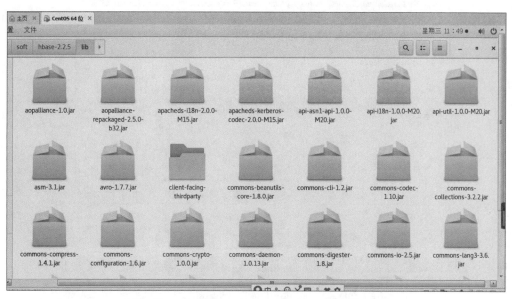

图 7-18　HBase 安装目录中的 lib 文件夹

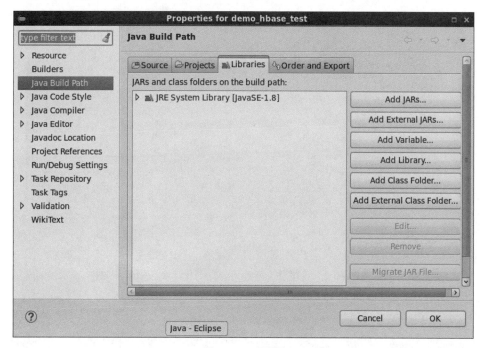

图 7-19　对话框

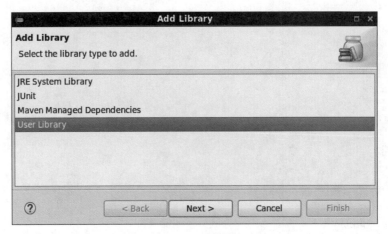

图 7-20　添加库

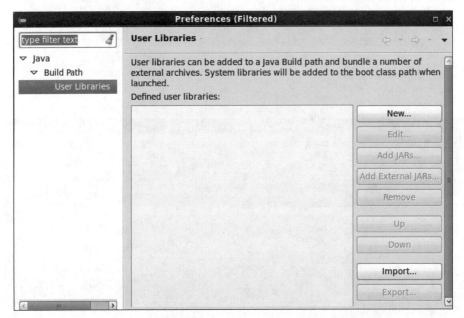

图 7-21　用户库界面

（7）新建 hbaselib 类库包（用户类名可自行定义），操作结果如图 7-22 所示。

（8）单击 Add External JARS 按钮，选择存放 HBase 类库包的文件，如图 7-23 所示。

（9）单击 OK 按钮，即可在项目中查看添加的 HBase 类库包，如图 7-24 所示。

（10）新建 Test.java 文件进行测试，代码如下。

```
public class Test {
    public static void main(String[] args){
        //创建 HBaseConfiguration 类的实例 config
```

```
Configuration config =HBaseConfiguration.create();
//设置客户端的端口号为 2181
config.set("hbase.zookeeper.property.clientPort","2181");
System.out.println("ok");
    }
}
```

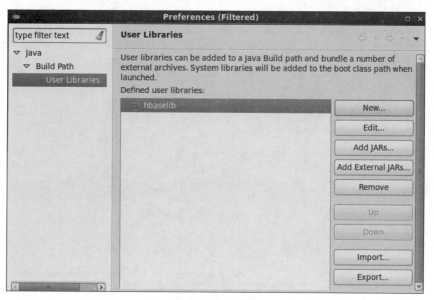

图 7-22　建立新库

图 7-23　选择存放 HBase 类库包的文件

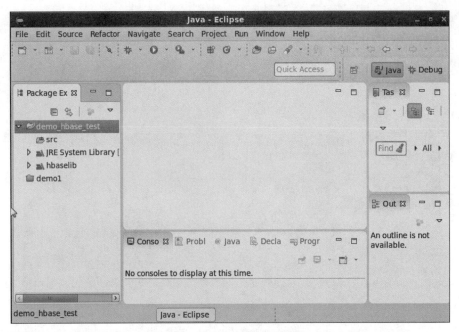

图 7-24　添加的 HBase 类库包

（11）测试代码运行后的结果，如图 7-25 所示。

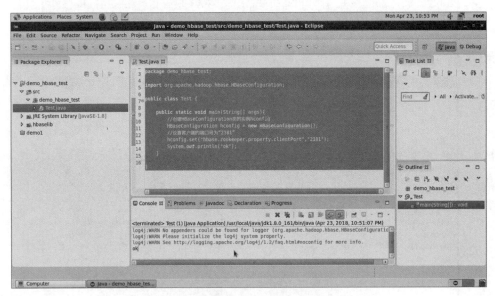

图 7-25　测试代码运行后的结果

【例 7-13】　通过 Java API 编程实现对 HBase 数据库表的创建、删除、添加数据等操作。

（1）创建 Java Project 项目，项目名称为 demo_hbase_api，并添加 HBase API 开发类库包。

(2) 创建 Java 类,类名为 HBaseAPI,代码如下。

```
public class HBaseAPI {
    Configuration config=null;
    public HBaseAPI(){
        config =HBaseConfiguration.create();
        //设置客户端的端口号为 2181
        config.set("hbase.zookeeper.property.clientPort","2181");
    }
    public void createTable (String tableName , String [ ] family) throws
    Exception {
        HBaseAdmin admin=new HBaseAdmin(config);
        HTableDescriptor desc =new HTableDescriptor(tableName);
        for(int i=0;i<family.length;i++){
            desc.addFamily(new HColumnDescriptor(family[i]));
            System.out.println("column:"+family[i]);
        }
        if(admin.tableExists(tableName)){
            System.out.println("表已经存在!");
        }else{
            admin.createTable(desc);
            System.out.println("表创建成功!");
        }
    }


    public void createTable(String tableName, HTableDescriptor htds) throws
    Exception {
        HBaseAdmin admin=new HBaseAdmin(config);
        boolean tableExists =admin.tableExists(Bytes.toBytes(tableName));
        System.out.println(tableExists ? "表已存在" : "表不存在");
        admin.createTable(htds);
        tableExists =admin.tableExists(Bytes.toBytes(tableName));
        System.out.println(tableExists ? "创建表成功" : "创建失败");
    }

    public void descTable(String tableName) throws Exception {
        HBaseAdmin admin=new HBaseAdmin(config);
        HTable table=new HTable(config, tableName);
        HTableDescriptor desc =table.getTableDescriptor();
        HColumnDescriptor[] columnFamilies =desc.getColumnFamilies();

        for(HColumnDescriptor t:columnFamilies){
            System.out.println(Bytes.toString(t.getName()));
        }
```

```
    }

    // 这种方式是替换该表 tableName 的所有列族
    public void modifyTable(String tableName) throws Exception {
        HBaseAdmin admin=new HBaseAdmin(config);
        HTableDescriptor htd = new HTableDescriptor ( TableName. valueOf
        (tableName));
        htd.addFamily(new HColumnDescriptor(Bytes.toBytes("cf3")));
        htd.addFamily(new HColumnDescriptor(Bytes.toBytes("cf2")));
        admin.modifyTable(tableName, htd);
        // 删除该表 tableName 中的特定列族
        // admin.deleteColumn(tableName, "cf3");
        System.out.println("修改成功");
    }


    public void getAllTables() throws Exception {
        HBaseAdmin admin =new HBaseAdmin(config);
        String[] tableNames =admin.getTableNames();
        for(int i=0;i<tableNames.length;i++){
            System.out.println(tableNames[i]);
        }
    }


    //更新数据、插入数据
    public void putData(String tableName, String rowKey, String familyName,
    String columnName, String value)
            throws Exception {
        HTable htable=new HTable(config, Bytes.toBytes(tableName));
        Put put=new Put(Bytes.toBytes(rowKey));
        put.add(Bytes.toBytes(familyName), Bytes.toBytes(columnName), Bytes.
        toBytes(value));
        htable.put(put);
    }


    //为表添加数据
    public void addData(String tableName, String rowKey, String[] column1,
    String[] value1, String[] column2,String[] value2) throws Exception {
        Put put=new Put(Bytes.toBytes(rowKey));
        HTable htable=new HTable(config, Bytes.toBytes(tableName));
        HColumnDescriptor[] columnFamilies = htable. getTableDescriptor ( ).
        getColumnFamilies();
        for(int i=0;i<=columnFamilies.length;i++){
            String nameAsString =columnFamilies[i].getNameAsString();
```

```
        if(nameAsString.equals("lie01")){
            for(int j=0;j<column1.length;j++){
                put.add( Bytes. toBytes ( nameAsString ), Bytes. toBytes
                (column1[j]),Bytes.toBytes(value1[j]));
            }
        }
        if(nameAsString.equals("lie02")){
            for(int j=0;j<column2.length;j++){
                put.add( Bytes. toBytes ( nameAsString ), Bytes. toBytes
                (column2[j]),Bytes.toBytes(value2[j]));
            }
        }

    }
    htable.put(put);
    System.out.println("addData ok!");
}


//根据 rowkey 查询
public Result getResult ( String tableName, String rowKey) throws
Exception {
    Get get=new Get(Bytes.toBytes(rowKey));
    HTable htable=new HTable(config, Bytes.toBytes(tableName));
    Result result=htable.get(get);
    return result;
}


//查询指定的某列
public Result getResult ( String tableName, String rowKey, String
familyName, String columnName) throws Exception {
    Get get=new Get(Bytes.toBytes(rowKey));
    HTable htable=new HTable(config, Bytes.toBytes(tableName));
    get.addColumn(Bytes.toBytes(familyName),Bytes.toBytes(columnName));
    Result result=htable.get(get);
    for(KeyValue k:result.list()){
        System.out.println(Bytes.toString(k.getFamily()));
        System.out.println(Bytes.toString(k.getQualifier()));
        System.out.println(Bytes.toString(k.getValue()));
        System.out.println(k.getTimestamp());
    }
    return result;
}
```

```
//遍历查询表
public ResultScanner getResultScann(String tableName) throws Exception {
    Scan scan=new Scan();
    ResultScanner rs =null;
    HTable htable=new HTable(config, tableName);
    try{
        rs=htable.getScanner(scan);
        for(Result r: rs){
            for(KeyValue kv:r.list()){
                System.out.println(Bytes.toString(kv.getRow()));
                System.out.println(Bytes.toString(kv.getFamily()));
                System.out.println(Bytes.toString(kv.getQualifier()));
                System.out.println(Bytes.toString(kv.getValue()));
                System.out.println(kv.getTimestamp());
            }
        }
    }finally{
        rs.close();
    }
    return rs;
}


public ResultScanner getResultScann(String tableName, Scan scan) throws
Exception {
ResultScanner rs =null;
    HTable htable=new HTable(config, tableName);
    try{
        rs=htable.getScanner(scan);
        for(Result r: rs){
            for(KeyValue kv:r.list()){
                System.out.println(Bytes.toString(kv.getRow()));
                System.out.println(Bytes.toString(kv.getFamily()));
                System.out.println(Bytes.toString(kv.getQualifier()));
                System.out.println(Bytes.toString(kv.getValue()));
                System.out.println(kv.getTimestamp());
            }
        }
    }finally{
        rs.close();
    }
    return rs;
}
```

```
//查询表中的某列
public Result getResultByColumn(String tableName, String rowKey, String
familyName, String columnName)
        throws Exception {
    HTable htable=new HTable(config, tableName);
    Get get=new Get(Bytes.toBytes(rowKey));
    get.addColumn(Bytes.toBytes(familyName),Bytes.toBytes(columnName));
    Result result=htable.get(get);
    for(KeyValue kv: result.list()){
        System.out.println(Bytes.toString(kv.getFamily()));
        System.out.println(Bytes.toString(kv.getQualifier()));
        System.out.println(Bytes.toString(kv.getValue()));
        System.out.println(kv.getTimestamp());
    }
    return result;
}


//查询某列数据的某个版本
public Result getResultByVersion(String tableName, String rowKey, String
familyName, String columnName,
        int versions) throws Exception {
    HTable htable=new HTable(config, tableName);
    Get get =new Get(Bytes.toBytes(rowKey));
    get.addColumn(Bytes.toBytes(familyName), Bytes.toBytes(columnName));
    get.setMaxVersions(versions);
    Result result=htable.get(get);

    for(KeyValue kv: result.list()){
        System.out.println(Bytes.toString(kv.getFamily()));
        System.out.println(Bytes.toString(kv.getQualifier()));
        System.out.println(Bytes.toString(kv.getValue()));
        System.out.println(kv.getTimestamp());
    }
    return result;
}


//删除指定的某列
public void deleteColumn ( String  tableName,  String  rowKey,  String
falilyName, String columnName) throws Exception {
    HTable htable=new HTable(config, tableName);
    Delete de =new Delete(Bytes.toBytes(rowKey));
    de.deleteColumn(Bytes.toBytes(falilyName), Bytes.toBytes(columnName));
```

```
        htable.delete(de);
    }

    //删除指定的某个 rowKey
    public void deleteColumn ( String  tableName,  String  rowKey )  throws
    Exception {
        HTable htable=new HTable(config, tableName);
        Delete de =new Delete(Bytes.toBytes(rowKey));
          htable.delete(de);
    }

    //让该表失效
    public void disableTable(String tableName) throws Exception {
        HBaseAdmin admin=new HBaseAdmin(config);
        admin.disableTable(tableName);
    }

    //删除表
    public void dropTable(String tableName) throws Exception {
        HBaseAdmin admin=new HBaseAdmin(config);
        admin.disableTable(tableName);
        admin.deleteTable(tableName);
    }
    }
```

（3）编写测试类 Test，代码如下。

```
public class Test {
    public static void main(String[] args){
        HBaseAPI hbaseapi=new HBaseAPI();
        String tableName="test";
        String[] family={"basic data"};
        try {
            hbaseapi.getAllTables();
            hbaseapi.createTable(tableName,family);
            System.out.println("ok");
        } catch (Exception e) {
            e.printStackTrace();
        }
    }
}
```

（4）启动 HBase。

（5）运行测试，结果如图 7-26 所示。

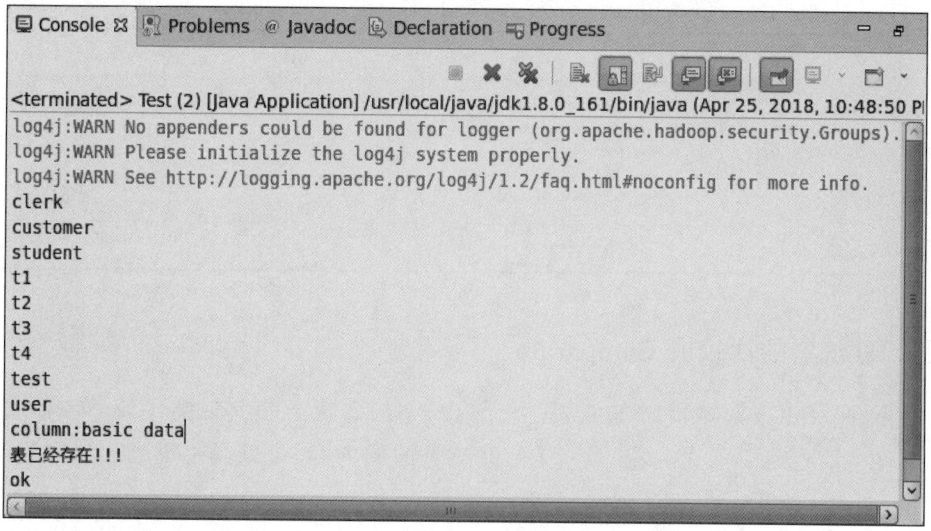

图 7-26　测试结果

7.7　HBase 过滤器

7.7.1　过滤器 Filter

　　HBase API 中的查询操作在面对大量数据时是非常无力的,HBase 提供了高级的查询过滤器 Filter。Filter 可以根据族、列、版本等更多的条件对数据进行过滤。基于 HBase 本身提供的三维有序(主键有序、列有序、版本有序),Filter 可以高效地完成查询过滤的任务。带有 Filter 条件的远程过程调用(Remote Procedure Call,RPC)查询请求会把 Filter 分发到各个 RegionServer。Filter 是一个服务器端(Server-side)的过滤器,它可以降低网络传输的压力。

　　HBase 为筛选数据提供了一组过滤器。通过这个过滤器,HBase 中的数据筛选操作可以在多个维度(行、列、数据版本)进行。也就是说,过滤器最终能够筛选的数据能够细化到具体的一个存储单元格上(由行键、列名、时间戳定位)。通常来说,通过行键、值筛选数据的应用场景较多。

　　要想完成一个过滤操作,至少需要两个参数:一个是抽象的操作符,另一个是具体的比较器(Comparator)。Comparator 可以对字节级、字符串级进行比较操作。有了这两个参数,应用程序就可以清晰地定义筛选的条件以过滤数据。

7.7.2　过滤器的操作符

　　HBase 提供了枚举类型的变量以表示这些抽象的操作符,如 LESS、LESS_OR_EQUAL、EQUAL、NOT_EUQAL 等。这些操作符的说明如表 7-5 所示。

表 7-5　过滤器的操作符

操 作 符	描　述	操 作 符	描　述
LESS	小于	GREATER_OR_EQUAL	大于或等于
LESS_OR_EQUAL	小于或等于	GREATER	大于
EQUAL	等于	NO_OP	排除所有
NOT_EUQAL	不等于		

7.7.3　过滤器的比较器 Comparator

CompareFilter 是高层的抽象类,下面介绍它的实现类和实现类代表的各种过滤条件。这里,实现类实际上代表参数中的过滤器过滤的内容,可以是主键、族名、列值等,由 CompareFilter 决定。

常用的比较过滤器有以下 6 种。

(1) BinaryComparator:按字节索引顺序比较指定数组,采用 Bytes.compareTo(byte[])。

(2) BinaryPrefixComparator:与 BinaryComparator 相似,从前面开始比较。

(3) NullComparator:判断给定对象是否为空。

(4) BitComparator:按位异或、与、并进行比较操作。

(5) RegexStringComparator:提供一个正则比较器,仅支持 EQUAL 和非 EQUAL。

(6) SubStringComparator:判断提供的子串是否出现在 table 的 value 中。

7.7.4　过滤器的使用

1. 行过滤器

行过滤器(RowFilter)主要对行(row)值进行过滤,不符合条件的行将被过滤。

【例 7-14】　获取 row 值小于或等于 row-5 的行进行显示,其他行将被过滤。

代码如下。

```
public void testRowFilter ( String tableName, CompareOp compareOp,
ByteArrayComparable compare) {
    Configuration conf=init();
    try {
        //创建表连接
        HTable table=new HTable(conf, tableName);
        //创建一个 scan 对象
        Scan scan=new Scan();
        //创建一个 rowfilter,并对其赋值
        RowFilter filter=new RowFilter(compareOp, compare);
        scan.setFilter(filter);
        //进行输出查询
```

```
        ResultScanner rs=table.getScanner(scan);
        Result result=null;
        while((result=rs.next())!=null){
            KeyValue[] kvs=result.raw();
            for(KeyValue kv:kvs){
                System.out.println(kv.toString());
            }
        }
        rs.close();
        table.close();
    } catch (Exception e) {
    }
}

public static void main(String[] args){
    RowFilterExaple exaple=new RowFilterExaple();
    exaple.testRowFilter(" test ", CompareOp. LESS _ OR _ EQUAL, new  BinaryComparator
    (Bytes.toBytes("row-5")));
}
```

注意：因为在对比时使用 compareTo()函数对二进制进行比较,所以会出现 row-10 小于 row-5 值的情况,因为转换成字节数组以后 1 小于 5。

2. 列簇过滤器

列簇过滤器(FamilyFilter)对列族进行过滤,即在获取数据的过程中,不符合该过滤器条件的列族内的数据都会被过滤。

【例 7-15】　将名称中含有字母 t 的列族中的数据返回到客户端。

代码如下。

```
public void exapmle(String tableName){
    Configuration conf=init();
    try {
        HTable table=new HTable(conf, tableName);
        //创建 scan 对象
        Scan scan=new Scan();
        //添加列族过滤器
        FamilyFilter  filter =  new  FamilyFilter ( CompareOp. EQUAL,  new
        SubstringComparator("t"));
        scan.setFilter(filter);
        //进行获取
        ResultScanner rs=table.getScanner(scan);
        Result result=null;
        while((result=rs.next())!=null){
```

```
        KeyValue[] kvs=result.raw();
        for(KeyValue kv:kvs){
            System.out.println(kv.toString());
        }
    }
    //关闭表连接
    rs.close();
    table.close();
} catch (Exception e) {
    e.printStackTrace();
}
}
```

3. 列名过滤器

列名过滤器(QualifierFilter)主要对扫描到的所有数据的列进行过滤,符合条件的列的数据会被返回到客户端,不符合的会被过滤。

【例 7-16】 将列名等于 test 的列的数据返回到客户端,过滤其他列的数据。

代码如下。

```
public void example(String tableName){
    Configuration conf=init();
    try {
        HTable table=new HTable(conf, tableName);
        //生成 scan 对象
        Scan scan=new Scan();
        //创建过滤器,使用二进制前缀比较器
        QualifierFilter filter=new  QualifierFilter ( CompareOp. EQUAL, new
        BinaryPrefixComparator(Bytes.toBytes("test")));
        //添加过滤器
        scan.setFilter(filter);
        //获取数据
        ResultScanner rs=table.getScanner(scan);
        //展示数据
        Result result=null;
        while((result=rs.next())!=null){
            KeyValue[] kvs=result.raw();
            for(KeyValue kv:kvs){
                System.out.println(kv.toString());
            }
        }
        //释放资源
```

```
            rs.close();
            table.close();
        } catch (Exception e) {
            e.printStackTrace();
        }
    }
```

4. 值过滤器

值过滤器(ValueFilter)对返回的数据的值进行过滤,只有符合条件的(Key,Value)键值对才会被返回。

【例 7-17】　只有值不为空的(key,value)键值对才能被返回到客户端,过滤值为空的(key,value)键值对。代码如下。

```
public void example(String tableName){
    Configuration conf=init();
    try {
        //创建表连接
        HTable table=new HTable(conf, tableName);
        //创建 scan
        Scan scan=new Scan();
        //创建值过滤器
        ValueFilter filter = new ValueFilter (CompareOp. NOT _ EQUAL, new
NullComparator());
        //添加过滤器
        scan.setFilter(filter);
        //进行数据获取
        ResultScanner rs=table.getScanner(scan);
        //进行数据展示
        Result result=null;
        while((result=rs.next())!=null){
            KeyValue[] kvs=result.raw();
            for(KeyValue kv:kvs){
                System.out.println(Bytes.toString(kv.getValue()));
            }
        }
        //关闭数据源
        rs.close();
        table.close();
    } catch (Exception e) {
        e.printStackTrace();
    }
}
```

7.8 本章小结

HBase 是一个分布式的、面向列的开源数据库,它将 Hadoop HDFS 作为其文件存储系统,通过 Hadoop MapReduce 处理 HBase 中的海量数据,将 Zookeeper 作为协同服务。

本章首先介绍了 HBase 的安装与配置、启动和关闭,然后介绍了 HBase shell 主要命令的使用方法,最后介绍了如何使用 HBase API 进行编程。

习　　题

一、选择题

1. 以下对 HBase 的描述错误的是(　　)。
   A. 不是开源的　　　　　　　　　　B. 是面向列的
   C. 是分布式的　　　　　　　　　　D. 是一种 NoSQL 数据库

2. HBase 的逻辑模型不包含的属性是(　　)。
   A. 行键　　　　　B. 列族　　　　　C. 记录　　　　　D. 时间戳

3. 进入 HBase shell 命令状态的命令是(　　)。
   A. start-hbase.sh　　B. hbase shell　　C. hbase command　D. shell

4. HBase 的通用命令不包括(　　)。
   A. status　　　　　B. version　　　　C. whoami　　　　D. Create

5. 在 HBase 中,以下创建表的命令不正确的是(　　)。
   A. create 't1', 'f1', 'f2', 'f3'
   B. create 't1', {NAME => 'f1'}, {NAME => 'f2'}, {NAME => 'f3'}
   C. create 't1', {NAME => 'f1', VERSIONS => 5}
   D. create 't1', {NAME => 'f1'}, {VERSIONS => 5}

6. 以下关于 HBase 表的操作描述正确的是(　　)。
   A. HBase 表在任何状态下都可以被 drop 命令删除
   B. HBase 表必须在执行 enable 命令后才可以被 drop 命令删除
   C. HBase 表必须在执行 disable 命令后才可以被 drop 命令删除
   D. HBase 表必须在执行 is_enable 命令后才可以被 drop 命令删除

二、填空题

1. HBase 的体系结构由_____、_____、_____构成。

2. HBase shell 支持的命令主要有_____、_____、_____和_____。

3. 启动 HBase 的命令是_____。

三、简答题

1. 简述 HBase 的特点。
2. 简述 HBase 物理模型的特点。

四、实战作业

1. 下载、安装、配置 HBase。
2. 通过 HBase 建立学生和课程表，要求如下。
(1) 学生可以选择多门课程，每门课程可以被多个学生选择。
(2) 查询某位学生所选的所有课程。
(3) 查询某个课程的学生列表。
(4) 学生可以修改选择的课程。

学生与课程之间是多对多的关系，可以建立 3 张表：学生表、课程表、成绩表。表结构如下。

(1) 学生表 t_student

RowKey：学生 ID(sid)	姓名(sname)，性别(ssex)，出生日期(sbirth)，联系电话(stell)，家庭地址(saddr)

(2) 课程表 t_course

RowKey：课程 ID(cid)	课程名(cname)，学分(ccredit)，学时(chour)

(3) 成绩表 t_sc

RowKey：ID(id)	学生 ID(sid)，课程 ID(cid)，成绩(score)

Hadoop 数据仓库 Hive

学习目标

- 了解 Hive 的基本概念、特点和架构。
- 掌握 Hive 的安装和配置方法。
- 掌握 Hive shell 命令的操作方法。
- 掌握 Hive 内置运算符和内置函数的使用方法。

Hive 是 Hadoop 家族的重要成员之一,它是基于 Hadoop 的一个数据仓库,可以将结构化的数据文件映射为一张表,并提供类 SQL 查询功能,Hive 底层将 SQL 语句转换为 MapReduce 任务运行。相对于利用 Java 代码编写 MapReduce 程序,Hive 具有开发快速、学习成本低、可扩展性高(自由扩展集群规模)、延展性好(支持自定义函数)的特点。读者在学习 Hadoop 技术时,有必要了解 Hive 的基本内容。本章将简要介绍 Hive 的基本内容,为读者进一步学习 Hadoop 技术奠定基础。

8.1 Hive 概述

8.1.1 Hive 简介

Hive 是一个数据仓库基础工具,在 Hadoop 中用来处理结构化数据。Hive 架构在 Hadoop 之上,是处理大数据的重要工具。Hive 可以使查询和分析更加方便,并提供简单的 SQL 查询功能,可以将 SQL 语句转换为 MapReduce 任务运行。

Hive 是一种数据库技术,可以定义数据库和表以分析结构化数据。主体结构化数据分析以表的方式存储数据,并通过查询进行分析。

Hive 的特点如下。

(1) 可以通过 SQL 处理 Hadoop 的大数据。

(2) 是专门为 OLAP 设计的。

(3) 提供的 SQL 类型查询语言称为 HiveQL 或 HQL。

(4) 是熟知、快速和可扩展的。

8.1.2 Hive 架构

Hive 的体系结构可以分为以下几个部分。

（1）用户接口：包括 shell 命令、JDBC/ODBC 和 Web UI,其中最常用的是 shell 命令接口。

（2）Hive 解析器(驱动 Driver)：Hive 解析器的核心功能是根据用户编写的 SQL 语法匹配出相应的 MapReduce 模板,形成对应的 MapReduce job 进行执行。

（3）Hive 元数据库（MetaStore）：Hive 将表中的元数据信息存储在数据库中,如 Derby(自带的)、MySQL(实际工作中配置的)；Hive 中的元数据信息包括表的名字、表的列和分区、表的属性(是否为外部表等)、表的数据所在的目录等。Hive 中的解析器在运行时会读取元数据库 MetaStore 中的相关信息。

为什么在实际业务中不用 Hive 自带的数据库 Derby,而要重新为其配置一个新的数据库 MySQL 呢？ 这是因为 Derby 具有很大的局限性：Derby 不允许用户打开多个客户端对其进行共享操作,只能打开一个客户端对其进行操作,即同一时刻只能有一个用户使用它,这自然是很不方便的,所以要重新为其配置一个数据库。

（4）Hadoop：Hive 用 HDFS 进行存储,用 MapReduce 进行计算。Hive 数据仓库中的数据存储在 HDFS 中,业务实际分析计算是利用 MapReduce 执行的。

Hive 的架构如图 8-1 所示。

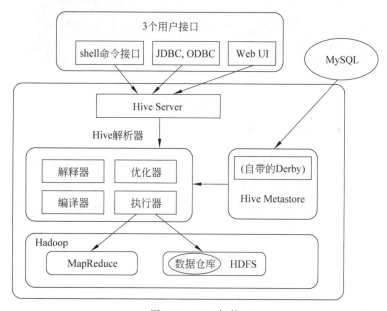

图 8-1　Hive 架构

从图 8-1 中可以看出,在 Hadoop 的 HDFS 与 MapReduce 以及 MySQL 的辅助下,Hive 其实就是利用 Hive 解析器将用户的 SQL 语句解析成对应的 MapReduce 程序而已,即 Hive 仅仅是一个客户端工具,这也是在 Hive 的搭建过程中没有分布与伪分布搭建的原因。

8.1.3　Hive 的安装

Hive 作为 Hadoop 的子项目,需要在 CentOS Linux 操作系统平台上运行。假设已经安装了 JDK 和 Hadoop。

1. 下载 Hive 软件包

目前较新的 Hive 版本是 Hive 3.1.2,可以通过访问 Apache 官网下载安装包文件,文件名是 apache-hive- -3.1.2-bin.tar.gz。建议在 CentOS Linux 7.0 环境下运行浏览器访问 Apache 官网,进入下载页面,选择 Hive 3.1.2 进行下载,文件将下载到用户主目录的"下载"目录中。

创建目录"/soft/hive"并将安装包移动到"/soft"目录中,命令如下。

```
#mkdir /soft/hive
#mv 下载/ apache-hive-3.1.2-bin.tar.gz /soft
```

2. 解压缩 Hive 安装包

解压缩 Hive 安装包,将解压缩后的目录移动到"/soft/hive"目录中,执行下述命令。

```
#cd /soft
#tar zxvf apache-hive -3.1.2-bin.tar.gz
#mv apache-hive-3.1.2-bin/ * hive
#cd
```

3. 设置 Hive 环境

编辑"/etc/profile"文件,添加并修改配置。

```
export HIVE_HOME=/soft/hive
export PATH=$PATH:$HIVE_HOME/bin
export CLASSPATH=$CLASSPATH:$HIVE_HOME/lib/ *
```

4. 配置 Hive

配置 Hive 用于 Hadoop 环境中,需要编辑 hive-env.sh 文件,该文件存放在"$HIVE_HOME/conf"目录。执行以下命令切换到 Hive 配置文件夹并复制模板文件。

```
cd $HIVE_HOME/conf
cp hive-env.sh.template hive-env.sh
```

编辑 hive-env.sh 文件,添加以下行。

```
export HADOOP_HOME=/soft/Hadoop-3.2.1
```

至此,Hive 的安装成功完成。现在需要通过一个外部数据库服务器配置 Metastore,这里使用 MySQL 数据库,我们假设系统已经安装了 MySQL 数据库系统。

5. 进入 MySQL 建立数据库

如果系统中还没有安装 MySQL 数据库系统,则应先安装,然后启动 MySQL 服务器,进入 MySQL 客户端。执行下述命令进入 MySQL 数据库。

```
#systemctl start mysqld.service
#mysql -u root -p
```

然后输入初始密码,进入 MySQL 会话状态。
在 MySQL 中执行下述命令。

```
CREATE DATABASE metastore_hive;
GRANT ALL ON metastore_hive. * TO hive@'%' IDENTIFIED BY 'Hive123$';
GRANT ALL ON metastore_hive. * TO hive@myhadoop IDENTIFIED BY 'Hive123$';
ALTER DATABASE metastore_hive CHARACTER SET latin 1;
SHOW DATABASES;
EXIT
mysql -u root -p
```

输入为用户 root 设定的密码：Password123 $,执行下述命令。

```
use metastore_hive
exit
```

假设已经将 JDBC 驱动程序文件下载到"/soft"目录中。将 JDBC 驱动程序发送到 Hive 安装目录下的 lib 中,执行如下命令。

```
#cd /soft
#cp mysql-connector-java-5.1.44.jar $HIVE_HOME/lib
```

6. 配置 Hive 的 Metastore

配置 Metastore 需要指定 Hive 的数据库存储位置。将"$HIVE_HOME/conf"目录中的 hive-default.xml.template 文件复制到 hive-site.xml 文件,使用以下命令编辑文件 hive-site.xml 中相关的属性值。

```
#cd $HIVE_HOME/conf
#cp hive-default.xml.template hive-site.xml
#vi hive-site.xml
```

在文件中查找并编辑以下代码。由于该文件较大,因此可以使用查询修改的方法进行编辑。

```
<configuration>
  <property>
    <name>javax.jdo.option.ConnectionURL</name>
    <value> jdbc: mysql://myhadoop: 3306/hive? createDatabaseIfNotExist =
    true&amp; useSSL=false</value>
    <description>JDBC connect string for a JDBC metastore</description>
  </property>
  <property>
    <name>javax.jdo.option.ConnectionPassword</name>
    <value>Password123$</value>
    <description>password to use against metastore database</description>
  </property>
  <property>
    <name>hive.metastore.schema.verification</name>
    <value>false</value>
    <description>
      Enforce metastore schema version consistency.
      True: Verify that version information stored in is compatible with
      one from Hive jars. Also disable automatic
      False: Warn if the version information stored in metastore doesn't
      match with one from in Hive jars.
    </description>
  </property>
  <property>
    <name>javax.jdo.option.ConnectionDriverName</name>
    <value>com.mysql.jdbc.Driver</value>
    <description>Driver class name for a JDBC metastore</description>
  </property>
  <property>
    <name>javax.jdo.option.ConnectionUserName</name>
    <value>root</value>
    <description>Username to use against metastore database</description>
  </property>
  <property>
    <name>hive.querylog.location</name>
    <value>/var/local/hive/tmp</value>
    <description>Location of Hive run time structured log file
    </description>
  </property>
  <property>
    <name>hive.exec.local.scratchdir</name>
    <value>/var/local/hive/tmp</value>
    <description>Local scratch space for Hive jobs</description>
  </property>
  <property>
```

```
        <name>hive.downloaded.resources.dir</name>
        <value>/var/local/hive/tmp/resources</value>
      <description>Temporary local directory for added resources in the
      remote file system.</description>
    </property>
    <property>
        <name>hive.server2.logging.operation.log.location</name>
        <value>/var/local/hive/tmp/operation_logs</value>
      <description>Top level directory where operation logs are stored if
      logging functionality is enabled</description>
    </property>
</configuration>
```

7. 验证 Hive 安装

运行 Hive 之前,需要在 HDFS 独立的 Hive 文件夹中创建"/tmp"文件夹。

验证 Hive 之前,需要先启动 Hadoop,然后使用下面的命令在 HDFS 中建立目录并修改目录权限。

```
#hdfs dfs -mkdir /tmp
#hdfs dfs -mkdir -p /user/hive/warehouse
#hdfs dfs -chmod g+w /tmp
#hdfs dfs -chmod g+w /user/hive/warehouse
```

完成上述操作后,还需要初始化 Hive 的数据库,执行如下命令。

```
#schematool -initSchema -dbType mysql
```

命令执行成功后,执行 hive 命令启动 Hive,进入 Hive 的 shell 命令状态,结果如图 8-2 所示。

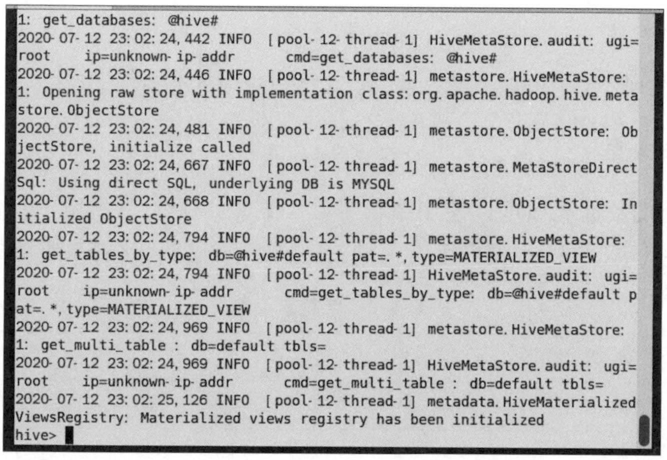

图 8-2　Hive 的运行结果

8.2 Hive 数据类型

Hive 的数据类型分为基本类型和复杂类型两种。

8.2.1 基本类型

基本类型用作 Hive 的列数据类型，与 Java 的数据类型等价。

1. 整型

(1) TINYINT（微整型）：占用 1 字节，只能存储 0～255 的整数。

(2) SMALLINT（小整型）：占用 2 字节，存储范围为 −32 768～32 767。

(3) INT（整型）：占用 4 字节，存储范围为 −2 147 483 648～2 147 483 647。

(4) BIGINT（大整型）：占用 8 字节，存储范围为 $−2^{63}～2^{63}−1$。

整数类型与 Java 整数类型的对应关系如表 8-1 所示。

表 8-1　Hive 整数类型与 Java 整数类型的对应关系

Hive 整数类型	Java 整数类型	后　缀	示　例
TINYINT	byte	Y	10Y
SMALLINT	short	S	10S
INT	int	—	10
BIGINT	long	L	10L

2. 浮点类型

Hive 浮点类型包括单精度（FLOAT）和双精度（DOUBLE）两种，分别对应于 Java 的 float 和 double 类型，分别为 32 位浮点数和 64 位浮点数。

3. 布尔类型

Hive 的布尔类型为 BOOLEAN 类型，其值只能是 true 或 false。

4. 字符串类型

字符串类型的数据类型可以使用单引号(' ')或双引号(" ")指定，包含两个数据类型：VARCHAR 和 CHAR。Hive 遵循字符类型的转义字符规定。字符串类型如表 8-2 所示。

表 8-2　字符串类型

数据类型	长　度
VARCHAR	1～65 355
CHAR	1～255

5. 时 间 戳

Hive 支持传统的 UNIX 时间戳,可达纳秒级的精度。Hive 支持 java.sql.Timestamp 格式 YYYY-MM-DD HH:MM:SS.fffffffff 和 YYYY-MM-DD HH:MM:ss.fffffffff。

6. 日 期

日期值(DATE)支持的日期格式为{{YYYY-MM-DD}}。

7. 联合类型

联合是异类的数据类型的集合,可以使用联合创建的一个实例,其格式如下。

```
UNIONTYPE <int,double,array<String>,struct<a:int,b:string>>
```

【例 8-1】 联合类型的例子。

```
{0:1}
{1:2.0}
{2:["three","four"]}
{3:{"a":5,"b":"five"}}
{2:["six","seven"]}
{3:{"a":8,"b":"eight"}}
{0:9}
{1:8.0}
```

8.2.2 复杂类型

Hive 复杂数据类型如下。

1. 数 组

Hive 中的数组与 Java 中的数组的使用方法相同。格式如下。

```
ARRAY <data_type>
```

2. 映 射

Hive 中的映射类似于 Java 中的映射。格式如下。

```
MAP  <primitive_type, data_type>
```

3. 结 构 体

Hive 结构体类似于使用复杂的数据。格式如下。

```
STRUCT<col_name : data_type [COMMENT col_comment], ...>
```

8.3　Hive 的数据模型

Hive 在逻辑上由存储的数据和描述表形式的相关元素组成,数据一般存放在 HDFS 上。Hive 把元数据存放在关系型数据中,并非放在 HDFS 上。Hive 的数据表分为内部表、外部表、分区表、桶表、视图表这 5 种类型。

8.3.1　内部表

Hive 内部表相当于 MySQL 中的表,它将数据保存在 Hive 自己的数据仓库目录中。例如,表 user 在 HDFS 中的路径为"/warehouse/ec"。warehouse 是在 hive-site.xml 中由 ${hive.metastore. warehouse.dir}指定的数据仓库的目录,所有的表数据都保存在该目录中。如果删除该表,则表的元数据与数据都会被删除。

8.3.2　外部表

相对于内部表,Hive 外部表的数据不存放在自己的数据仓库中,数据仓库只保存数据的元信息。外部表只有一个过程,加载数据和创建表同时完成,并不会移动到数据仓库目录中,只是与外部数据建立一个链接,当删除一个外部表时,仅删除该链接。创建外部表的语句如下。

```
create external table students_ext(sid int,sname string,age int) row format
delimited fields terminated by ',' location '/students';
```

注意:创建表时,当使用 external 关键字时,Hive 知道数据并不属于自己管理,它不会把数据移动到自己的数据仓库中。在丢失外部表时,Hive 只会删除元数据,并不会删除数据信息。location 用于指定外部路径。

8.3.3　分区表

Hive 分区表是将数据按照设定的条件分开存储,从而提高查询效率。以分区的常用情况为例,考虑日志文件中的每条记录都包含一个时间戳。如果根据日期进行分区,那么同一天的记录就会被存放在同一个分区中,只需要扫描查询范围内的文件,对于限定某个条件的查询的效率就会比较高。

8.3.4　桶表

Hive 桶表实际上也是一种分区表,类似 Hash 分区。例如,创建一个桶表,按照员工的职位(job)分桶。

```
create table emp_bucket(empno int,ename string,job string,mgr int,hiredate
string,sal int,comm int,deptno int)clustered by (job) into 4 buckets
```

使用桶表,需要打开一个开关。

```
set hive.enforce.bucketing=true;
```

使用子查询插入数据。

```
insert into emp_bucket select * from emp1;
```

8.3.5　视图表

视图表是一个虚表,它不存储数据,可以用来简化复杂的查询。

8.4　Hive 内置运算符

Hive 有 4 种类型的运算符:关系运算符、算术运算符、逻辑运算符和复杂运算符。

8.4.1　关系运算符

关系运算符用来比较两个操作数。在 Hive 中可用的关系运算符如表 8-3 所示。

表 8-3　关系运算符

运 算 符	运算对象数据类型	描　　　述
A = B	所有基本类型	如果表达式 A 等于表达式 B,则结果为 TRUE,否则为 FALSE
A ! = B	所有基本类型	如果表达式 A 不等于表达式 B,则结果为 TRUE,否则为 FALSE
A < B	所有基本类型	如果表达式 A 小于表达式 B,则结果为 TRUE,否则为 FALSE
A <= B	所有基本类型	如果表达式 A 小于或等于表达式 B,则结果为 TRUE,否则为 FALSE
A > B	所有基本类型	如果表达式 A 大于表达式 B,则结果为 TRUE,否则为 FALSE
A >= B	所有基本类型	如果表达式 A 大于或等于表达式 B,则结果为 TRUE,否则为 FALSE
A IS NULL	所有类型	如果表达式 A 的计算结果为 NULL,则返回 TRUE,否则返回 FALSE
A IS NOT NULL	所有类型	如果表达式 A 的计算结果不为 NULL,则返回 TRUE,否则返回 FALSE
A LIKE B	字符串	如果字符串模式 A 匹配到字符串 B,则返回 TRUE,否则返回 FALSE
A RLIKE B	字符串	如果字符串 A 或字符串 B 为 NULL,则结果为 NULL;如果字符串 A 的任何子串匹配 Java 正则表达式 B,则返回 TRUE;否则返回 FALSE
A REGEXP B	字符串	等同于 RLIKE

【例 8-2】　employee 表由字段 Id、Name、Salary、Designation 和 Dept 组成,查询员工 Id 为 2310 的信息,命令如下。

```
SELECT * FROM employee WHERE Id=2310;
```

8.4.2 算术运算符

算术运算符包括＋（加）、－（减）、＊（乘）、/（除）等。Hive 中可用的算术运算符如表 8-4 所示。

表 8-4 算术运算符

运 算 符	运算对象数据类型	描　　　述
A ＋ B	所有数值类型	A 加 B
A － B	所有数值类型	A 减去 B
A ＊ B	所有数值类型	A 乘以 B
A / B	所有数值类型	A 除以 B
A ％ B	所有数值类型	A 除以 B 后产生的余数
A & B	所有数值类型	A 和 B 按位与
A ｜ B	所有数值类型	A 和 B 按位或
A ^ B	所有数值类型	A 和 B 按位异或
～A	所有数值类型	A 按位非

【例 8-3】 检索 40 加 60 的结果。

```
SELECT 40+60 ADD FROM temp;
```

8.4.3 逻辑运算符

逻辑运算符包括 AND（逻辑与）、OR（逻辑或）、NOT（逻辑非）等。逻辑运算符连接的表达式的运算结果只有 TRUE 或 FALSE,如表 8-5 所示。

表 8-5 逻辑运算符

运 算 符	运算对象数据类型	描　　　述
A AND B	boolean	如果 A 和 B 都是 TRUE,则返回 TRUE,否则返回 FALSE
A && B	boolean	类似于 A AND B
A OR B	boolean	如果 A 或 B 或两者都是 TRUE,则返回 TRUE,否则返回 FALSE
A ｜｜ B	boolean	类似于 A OR B
NOT A	boolean	如果 A 是 FALSE,则返回 TRUE,否则返回 FALSE
! A	boolean	类似于 NOT A

【例 8-4】 查询部门是 TP 且工资超过 40 000 元的员工的详细信息。

```
SELECT * FROM employee WHERE Salary>40000 && Dept=TP;
```

8.4.4　复杂运算符

复杂运算符提供了一个表达式接入复杂类型的元素。Hive 中的复杂运算符如表 8-6 所示。

表 8-6　复杂运算符

运算符	运算对象类型说明	描　　述
A[n]	A 是一个数组，n 是一个 int	返回数组 A 的第 n 个元素，第 1 个元素的索引为 0
M[key]	M 是一个 Map<K,V>且 key 的类型为 K	返回对应于映射中关键字的值
S.x	S 是一个结构	返回 S 的 x 字段

8.5　Hive shell 操作

Hive 是一种数据库技术，可以定义数据库和表以分析结构化数据。主体结构化数据分析是以表方式存储数据的，并通过查询进行分析。本节将介绍如何创建 Hive 数据库，配置单元包含一个名为 default 的默认数据库。

8.5.1　数据库操作

1. 创建数据库

CREATE DATABASE 命令用来创建数据库。在 Hive 中，数据库是一个命名空间或表的集合。创建数据库时采用的命令语法格式如下。

```
CREATE  DATABASE|SCHEMA [IF NOT EXISTS] <数据库名>
```

IF NOT EXISTS 是一个可选子句，用来通知用户已经存在相同名称的数据库。

【例 8-5】　创建一个名为 testdb 的数据库。

```
CREATE DATABASE  IF NOT EXISTS testdb;
```

2. 删除数据库

DROP DATABASE 语句用于删除所有的表和数据库，其语法如下。

```
DROP DATABASE Statement DROP (DATABASE|SCHEMA) [IF EXISTS] <数据库名>[RESTRICT
|CASCADE];
```

【例 8-6】　删除名为 testdb 的数据库。

```
DROP DATABASE IF EXISTS testdb;
```

8.5.2 表操作

1. 创建表

CREATE TABLE 语句用于在 Hive 中创建表,其语法格式如下。

```
CREATE [TEMPORARY][EXTERNAL] TABLE [IF NOT EXISTS][数据库名.]<表名>[(col_name
data_type [COMMENT col_comment], ...)][COMMENT table_comment][ROW FORMAT row_
format][STORED AS file_format]
```

【例 8-7】 创建表 employee。

```
CREATE TABLE IF NOT EXISTS employee ( eid int, name String, > salary String,
destination String)>COMMENT 'Employee details'>ROW FORMAT DELIMITED>FIELDS
TERMINATED BY '\t'>LINES TERMINATED BY '\n'>STORED AS TEXTFILE;
```

2. 修改表

ALTER TABLE 语句用于在 Hive 中修改表,其语法格式如下。

```
ALTER TABLE <表名>RENAME TO <新表名>
ALTER TABLE <表名>ADD COLUMNS (<列>[, <列>...])
ALTER TABLE <表名>DROP [COLUMN] <列名>
ALTER TABLE <表名>CHANGE <列名><新列名><新类型>
ALTER TABLE <表名>REPLACE COLUMNS (<列>[, <列>...])
```

【例 8-8】 将表 employee 的名称修改为 clerk。

```
ALTER TABLE employee RENAME TO clerk
```

3. 删除表

DROP TABLE 语句用于在 Hive 中删除表,其语法格式如下。

```
DROP TABLE [IF EXISTS] <表名>
```

【例 8-9】 删除名为 employee 的表。

```
DROP TABLE IF EXISTS employee;
```

4. 表查询

HiveQL 是一种查询语言,Hive 在 Metastore 中处理和分析结构化数据。SELECT
语句用来从表中检索数据。WHERE 子句中的工作原理类似于一个条件,它使用这个条
件过滤数据,并返回一个有限的结果。内置运算符和函数产生一个表达式,满足子句中的

条件。语法格式如下。

```
SELECT [ALL | DISTINCT] <表达式1>, <表达式2>, ... FROM <表列>
[WHERE <条件>]
[GROUP BY <列>]
[HAVING <条件>]
[CLUSTER BY <列> | [DISTRIBUTE BY <列>] [SORT BY <列>]]
[LIMIT number];
```

【例 8-10】　employee 表有 Id、Name、Salary、Designation 和 Dept 等字段，查询和检索所有员工的详细信息。命令如下。

```
SELECT * FROM employee
```

8.6　Hive 的内置函数和 UDF

8.6.1　内置函数

Hive 的内置函数有数学函数和聚合函数两种。

1. 数学函数

Hive 支持以下数学函数。

- BIGINT round(double a)：返回类型为 BIGINT，最接近 a 的值。
- BIGINT floor(double a)：返回类型为 BIGINT，等于或小于 a 的最大值。
- BIGINT ceil(double a)：返回类型为 BIGINT，等于或大于 a 的最小值。
- double rand()，rand(int seed)：返回一个随机数。
- String concat(String A，String B,...)：返回从 A 后串联 B 所产生的字符串。
- String substr(String A，int start)：返回起始位置为 start、结束位置为 A 的子字符串。
- String substr(String A，int start，int length)：返回从给定长度的起始 start 位置开始的字符串。
- String upper(String A)：返回字符串 A 的大写格式。
- String ucase(String A)：同上。
- String lower(String A)：返回转换 A 的所有字符为小写所产生的字符串。
- String lcase(String A)：同上。
- String trim(String A)：返回字符串从 A 两端删除空格的结果。
- String ltrim(String A)：返回删除字符串 A 的左边空格所产生的字符串。
- String rtrim(String A)：返回删除字符串 A 的右边空格所产生的字符串。
- String regexp_replace(String A，String B，String C)：将字符串 A 中的符合 Java 正则表达式 B 的部分替换为 C，并返回结果字符串。

- int size(Map<K.V>)：返回映射类型的大小。
- int size(Array<T>)：返回数组类型元素的个数。
- value of<type>cast(<expr>as<type>)：把表达式 expr 的结果转换成 type 类型；例如，cast('1' as BIGINT)表示将字符'1'转换成大整数型；如果转换不成功，则返回 NULL。
- String from_unixtime(int unixtime)：将数据值时间转换为 UNIX 时间格式，转换的秒数从 UNIX 纪元(1970-01-0100：00：00 UTC)时间开始，按当前系统时区的时间戳字符串格式表示，如：1970-01-01 00：00：00。
- String to_date(String timestamp)：返回一个字符串时间戳的日期部分，如 o_date("1970-01-01 00：00：00") = "1970-01-01"。
- int year(String date)：返回年份部分的日期或时间戳字符串，如 year("1970-01-01 00：00：00") = 1970，year("1970-01-01") = 1970。
- int month(String date)：返回日期或时间戳字符串的月份部分，如 month("1970-11-01 00：00：00") = 11，month("1970-11-01") =11。
- int day(String date)：返回日期或时间戳字符串的当天部分，如 day("1970-11-01 00：00：00") = 1，day("1970-11-01") = 1。
- String get_json_object(String json_String，String path)：提取基于指定的 JSON 路径的 JSON 字符串的 JSON 对象，并返回提取的 JSON 字符串的 JSON 对象，如果输入的 JSON 字符串无效，则返回 NULL。

【例 8-11】 利用 round 函数求 2.6 四舍五入后的值。

```
SELECT round(2.6) from temp;
```

2. 聚合函数

Hive 包含内置聚合函数，这些函数的用法类似于 SQL 聚合函数。
- BIGINT count(*)，count(expr)，count(*)：返回检索行的总数。
- DOUBLE sum(col)，sum(DISTINCT col)：返回该组或该组中的列的不同值分组及所有元素的总和。
- DOUBLE avg(col)，avg(DISTINCT col)：返回该组或该组中的列的所有元素的平均值。
- DOUBLE min(col)：返回该组中列的最小值。
- DOUBLE max(col)：返回该组中列的最大值。

8.6.2 用户自定义函数

在 Hive 中，用户可以自定义一些函数，用于扩展 HiveQL 的功能，这类函数称为用户自定义函数(User Defined Function，UDF)。UDF 分为两大类：UDAF(用户自定义聚合函数)和 UDTF(用户自定义表生成函数)。在介绍 UDAF 和 UDTF 的实现之前，需要先介绍简单一些的 UDF 实现——UDF 和 GenericUDF，然后以此为基础在第 9 章介绍

UDAF 和 UDTF 的实现。

Hive 有两个不同的接口可以编写 UDF 程序,一个是基础的 UDF 接口,另一个是复杂的 GenericUDF 接口。

1. 基础的 UDF 接口

关系:org.apache.hadoop.hive.ql. exec.UDF。

说明:基础 UDF 的函数用来读取和返回基本类型,即 Hadoop 和 Hive 的基本类型,如 Text、IntWritable、LongWritable、DoubleWritable 等。

2. 复杂的 GenericUDF 接口

关系:org.apache.hadoop.hive.ql.udf.generic.GenericUDF。

说明:复杂的 GenericUDF 可以处理 Map、List、Set 类型。

Hive 要想使用 UDF,首先需要把 Java 文件编译、打包成 jar 文件,然后将 jar 文件加入 CLASSPATH 中,最后使用 CREATE FUNCTION 语句定义这个 Java 类的函数。

```
ADD jar /root/experiment/hive/hive-0.0.1-SNAPSHOT.jar;
CREATE TEMPORARY FUNCTION hello AS "edu.wzm.hive. HelloUDF";
DROP TEMPORARY FUNCTION IF EXIST hello;
```

8.7　本章小结

Hive 是将符合 SQL 语法的字符串解析成可以在 Hadoop 上执行的 MapReduce 工具。使用 Hive 应尽量按照分布式计算的一些特点设计 SQL,因为其和传统的关系型数据库有区别,所以需要去掉原有的在关系数据库下进行开发的一些固定思维。

本章主要介绍了 Hive 的特点、安装方法以及 Hive shell 命令、Hive 的数据类型、内置运算符和内置函数等。

习　题

一、单项选择题

1. 下列关于 Hive 的说法正确的是(　　)。
   A. Hive 是基于 Hadoop 的一个数据仓库工具,可以将结构化的数据文本映射为一张数据库表,并提供简单的 SQL 查询功能
   B. Hive 可以直接使用 SQL 语句进行相关操作
   C. Hive 能够在大规模数据集上实现低延迟的快速查询
   D. Hive 在加载数据的过程中不会对数据进行任何修改,只是将数据移动到 HDFS 中 Hive 设定的目录下

2. Hive 在定义一个自定义函数类时,需要继承的类是(　　　)。

    A. FunctionRegistry   B. UDF

    C. HIVE   D. MapReduce

3. Hive 创建数据库的命令是(　　　)。

    A. CREATE   B. CREATE TABLE

    C. CREATE DATA   D. CREATE DATABASE

二、填空题

1. Hive 主要由 _____、_____、_____和_____组成。

2. Hive 的数据类型包括_____、_____、_____和_____ 4 种。

3. Hive 数据表有_____、_____、_____、_____和_____ 5 种类型。

4. Hive 有 4 种类型的运算符,分别为_____、_____、_____和_____。

5. Hive 的内置函数有_____和_____。

6. Hive 有两个不同的接口可以编写 UDF 程序,一个是_____,另一个是_____。

三、简答题

1. 简述 Hive 的特点。

2. Hive 的主要作用是什么?

3. 配置 hive-site.xml 都修改了哪些属性? 请写出属性名称并解释该属性。

四、实战作业

1. Hive 的安装与配置。

(1) 从官网下载 Hive。

(2) 解压缩 Hive 到指定目录。

(3) 配置 Hive。

(4) 启动和检测 Hive。

2. 用 DDL 命令操作数据库。

(1) 创建简单的数据库 testdb。

(2) 查看当前的所有数据库。

(3) 使用正则表达式检索以 t 开头的数据库。

(4) 在创建数据库 testdb2 的同时,设置数据库的存储路径为"/user/mydb"。

(5) 在创建数据库 testdb3 的同时,给数据库添加注释。

(6) 查看数据库 testdb3 的注释和存储路径。

(7) 在创建数据库 testdb4 的同时,为数据库添加键-值对作为参数。

(8) 查看数据库 testdb4 的数据参数。

(9) 选择数据库 testdb4。

(10) 删除数据库 testdb3。

3. 使用 DDL 命令操作数据库表。

（1）创建一个普通表 user，该表有 id、name、address 列。

（2）创建一个外部表 external_table，并指定存储位置为"/user/test/external_table"。

（3）创建一个分区表，包含 id、name、city 列。

（4）创建一个与 user 中已经存在的表结构相同的表 user2。

（5）给表 user 增加字段 telephone、qq、birthday。

（6）将表 user 的 address 字段名修改为 addr。

（7）将表 user2 的名称修改为 test_table。

4. 使用 DML 命令操作数据库表。

（1）现有一张表，建表语句如下。

```
create table user( id int, name string, hobby array<string>, add map<String,
string>)
```

（2）退出 Hive shell，创建 login.txt。

（3）创建 login2.txt。

（4）加载本地数据到 Hive 表。

（5）加载 HDFS 中的文件。

（6）实现单表插入。

（7）实现多表插入。

（8）将查询结果输出到文件系统。

第 9 章

Hadoop 数据的快速通用计算引擎 Spark

学习目标

* 了解 Apache Spark 的概念、体系结构及特点。
* 掌握 Apache Spark 的安装与使用方法。
* 了解 Apache Spark 生态圈。
* 掌握 Apache Spark 基本编程应用。

Spark 是基于内存计算的大数据分布式计算框架。Spark 基于内存计算,提高了在大数据环境下数据处理的实时性,同时保证了高容错性和高可伸缩性,允许用户将 Spark 部署在大量廉价硬件之上,从而形成集群。Spark 主要为交互式查询和迭代算法设计,支持内存存储和高效的容错恢复。

Spark 的特点如下。

(1) 提供分布式计算功能,可以将分布式存储的数据读入,同时将任务分发到各个节点进行计算。

(2) 基于内存计算,将磁盘数据读入内存,将计算的中间结果保存在内存中,这样可以很好地进行迭代运算。

(3) 支持高容错。

(4) 提供多计算范式。

9.1　Spark 概述

2009 年,伯克利大学(UC Berkeley)的算法、机器与人(Algorithms,Machine and People,AMP)实验室将 Spark 作为一个研究项目创建,不久就发表了有关 Spark 的学术性文章,表明在一些特定任务中,Spark 的处理速度可以达到 MapReduce 的 10～20 倍。

2011 年,AMP 实验室开始开发 Spark 的上层组件,如 Shark 和 Spark 流,这些组件有时被称为伯克利数据分析栈(Berkeley Data Analytics Stack,BDAS)。

2010 年 3 月,Spark 开源,并于 2014 年 6 月进入 Apache 软件基金会。自创建以来,Spark 每个发布版本的贡献者的人数都在增长,Spark 1.0 拥有超过 100 位贡献者。尽管活跃等级迅速增长,但社区依然以一个固定的规划发布 Spark 的更新版本。Spark 1.0 在 2014 年 5 月发布,目前已发布了 Spark 3.0.0。

　　Spark 是一种与 Hadoop 相似的开源集群计算环境,但不同于 MapReduce 的是,其 Job 中间输出结果可以保存在内存中,从而不再需要读写 HDFS,因此 Spark 能更好地适用于数据挖掘与机器学习等需要迭代 MapReduce 的算法,可以更好地对大数据进行挖掘分析。Spark 是 Hadoop 之后的一种面向集群的计算环境,因此有必要弄清两者之间的区别和联系。

　　相比于 Hadoop,Spark 具有以下特点。

　　(1) 数据处理速度更快。由于 Spark 使用了弹性分布式数据集(Resilient Distributed Dataset,RDD),因此可以在内存上透明地存储数据,把处理过程的中间数据存储在内存中,减少对磁盘的读写次数,从而使数据处理的速度更快。Spark 还实现了亚秒级的延迟,这对于 Hadoop MapReduce 而言是无法想象的。

　　(2) Spark 的集群是为特定类型的工作负载设计的。Spark 和 Hadoop 一样,都是一种集群计算环境,但它可以针对那些在处理过程中需要大量重用数据集的迭代型工作进行负载。除了可以对数据集进行反复查询外,Spark 的典型应用场景就是各种机器学习算法,其中的模型训练过程一般都需要在某个特定的数据集上进行迭代运算。因此,Spark 的这种特性有利于降低用户进行数据挖掘的学习成本,促进大数据应用的开发进程。

　　(3) 形式多样的数据集操作原语。在 Hadoop 中,最基本的数据原语是 MapReduce 提供的 map 和 reduce,由此产生的一个局限就是有些算法无法用 MapReduce 实现。Spark 提供的数据集操作类型要多得多,即所谓的 Transformations,包括 map、filter、flatMap、sample、groupByKey、reduceByKey、union、join、cogroup、mapValues、sort、partionBy 等,以及 Count、collect、reduce、lookup、save 等多种操作,而且处理节点之间的通信模型不像 Hadoop 那样是唯一的 DataShuffle 模式。显然,这些丰富的数据集操作原语为大数据分析应用提供了灵活的支持。

　　(4) 流式计算、交互式计算和批量计算的支持。在 Spark 出现之前,存在 3 种计算模式,即以 MapReduce、Hive、Pig 等为代表的批处理系统,以 Storm 为代表的流式实时系统,以 Impala 为代表的交互式计算,尚缺乏一种可以同时进行这 3 种计算的灵活框架。

　　Spark 框架同时实现了对批处理、交互式计算和流式处理的支持,提供了一个统一的数据处理平台。Spark 使用 Spark streaming 操纵实时数据,进行流式计算。而 Hadoop 是为批处理而设计的,MapReduce 系统通过调度批量任务操作静态数据,适用于离线计算。虽然有研究对 Hadoop 进行了流式改进,但是基于 MapReduce 进行流式处理仍具有很大缺陷。Hadoop 是基于 HDFS 的,对数据的切分会产生中间数据文件,所能达到的数据片段会较大。

　　(5) 支持多语言。Spark 运行于 Java 虚拟机上,支持 Java、Scala、R、Clojure 和 Python 快速编写应用程序,这有助于开发人员用他们熟悉的编程语言创建并执行应用程序,特别是使用 Scala 可以像操作本地集合对象一样容易地操作分布式数据集。

　　Spark 可以运行在 Hadoop、Mesos 及各种云上。Spark 可以在 Hadoop 2.0 及以上版

本的 YARN 集群管理器上运行,可以从任何 Hadoop 数据源读取数据,包括 HBase、HDFS、Cassandra、Hive 等。Spark 的这一特性使其可以适用于现有的纯 Hadoop 应用程序的迁移。因此,在 Spark 推出之后,有许多使用 Hadoop 的公司都在纷纷转向 Spark。

但是 Spark 也并非必须依赖于 Hadoop 才能运行,它也可以独立运行。然而由于 Spark 本身没有提供文件管理系统,因此必须依靠其他分布式文件系统进行集成。Hadoop 的 HDFS 正是一种默认的选择,当然也可以选择其他基于云的数据系统平台。因此从这一点看,Spark 和 Hadoop 的集成是目前大数据最合适的应用模式。

在高层次上,每个 Spark 应用程序都包含一个驱动程序,它运行用户的主函数并在集群上执行各种并行操作。Spark 中的一个主要的抽象概念就是弹性分布数据集。在 Spark 2.0 之后,RDD 被数据集(Dataset)替换。Dataset 是类似 RDD 强类型(strongly-typed),但是在 Spark SQL 引擎下会更加优化。RDD 接口仍然受支持,可以在 RDD 编程指南中获得更完整的参考。但是,本书强烈建议使用 Dataset,因为其性能优于 RDD。Spark 可用于并行操作的共享变量,在默认情况下,当 Spark 在不同节点上作为一组任务并行运行时,它会将函数中使用的每个变量的副本发送给每个任务。有时需要在任务之间、任务和驱动程序之间共享变量。Spark 支持两种类型的共享变量:广播变量,可用于在所有节点上缓存内存中的值;累加器,这些变量只是"添加"的变量,如计数器和求和。

9.1.1 理解 Spark

Spark 是一个可扩展的基于分布式数据处理引擎的 Java 虚拟机(JVM),它处理数据的速度比其他数据处理框架更快。

Spark 的处理速度比 Hadoop MapReduce 在内存中的运行程序的速度快 100 倍,比在磁盘上的运行程度的速度快 10 倍。因为 Spark 在工作节点的主存中进行处理,所以可以避免在磁盘中进行不必要的 I/O 操作。Spark 提供的另一个优点是,即使在应用程序编程级别上也完全不写入磁盘,或者最少量地写入磁盘,并对这些任务进行链式处理。

与 Hadoop MapReduce 相比,Spark 在数据处理方面的效率更高。Spark 附带了一个非常先进的有向无环图(Directed Acyclic Graph,DAG)数据处理引擎。对于每个 Spark 作业,一个 DAG 的任务是由 DAG 数据处理引擎执行创建的,这在数学上的说法是,DAG 是由一组顶点和有向边组成的图,任务按 DAG 布局执行。在 Hadoop MapReduce 中,DAG 只包含两个顶点,其中一个顶点用于 Map 任务,另一个顶点用于 Reduce 任务。边指的是从 Map 顶点到 Reduce 顶点。结合基于 DAG 的数据处理引擎的内存数据处理可以使 Spark 具有非常高的效率。

Spark 可以处理的 DAG 任务可以更加复杂。Spark 附带了实用工具,可以很好地可视化任何正在运行的 Spark 作业的 DAG。

9.1.2 安装 Spark

Spark 运行在 Java 8+及 Python 2.7+/3.4+和 R 3.1+上。对于 Scala API,Spark 3.0.0 使用 Scala 2.12,需要使用兼容的 Scala 版本(2.12.x)。Spark 可以在 Windows 和与 UNIX 类似的系统(如 Linux、Mac OS)上运行,它可以很容易地在一台本地机器上运行,

只需要安装一个 Java 环境并配置 Path 环境变量,或者让 Java_Home 指向 Java 安装路径即可。此外,Spark 会用到 HDFS 与 YARN,因此需要先安装 Hadoop。

1. 下载 Spark 程序

访问 Spark 官方网站,下载 Spark 软件包,需要下载两个文件:scala-2.12.11.tgz 和 spark-3.0.0-bin-hadoop3.2.tar.tgz。下载后,文件存放在用户主目录下的"下载"目录中。

2. 设置 Maven 内存参数

需要对 MAVEN_OPTS 进行设置,以便使用更大的内存,配置命令如下。

```
export MAVEN_OPTS="-Xmx2g -XX:ReservedCodeCacheSize=512m"
```

Spark 使用了 Hadoop 的 HDFS 作为持久化存储层,因此在安装 Spark 时,应先安装与 Spark 版本相对应的 Hadoop。由于 Spark 计算框架使用 Scala 语言开发,因此部署 Spark 之前需要先安装 Scala 及 JDK。

Hadoop 完全分布式集群环境软件的配置可以参考如下版本。

Java 开发工具 JDK 版本:1.8.0 以上,本书采用 JDK 14.0.1。

Scala 版本:Scala 2.12.11。

Spark 版本:Spark 3.0.0。

出于学习的目的,本书程序只在单机环境下(即伪集群模式)进行安装和调试。

3. 安装 Scala

将下载的软件包移动到"/soft"目录下,并创建目录"/soft/scala",执行以下命令。

```
#mv ~/下载/scala-2.12.11.tgz  /soft
#mkdir  /soft/scala
```

1) 安装

切换到"/soft"目录,执行以下命令。

```
#cd /soft
#tar zxvf scala-2.12.11.tgz -C ./scala
```

软件解压缩后所在的路径为"/soft/scala/scala-2.12.11"。

2) 配置

编辑配置文件"/etc/profile"。

```
#vi /etc/profile
```

在文件末尾加入以下内容。

```
export SCALA_HOME=/soft/scala/scala-2.12.11
export PATH=${SCALA_HOMA}/bin:$PATH
```

4. 安装 Spark

（1）将软件包文件移动到"/soft"目录下，然后进行解压缩，执行以下命令。

```
#mv ～/下载/spark-3.0.0-bin-hadoop3.2.tar.tgz /soft
#cd /soft
#mkdir spark
#tar zxvf spark-3.0.0-bin-hadoop3.2.tar.tgz -C spark
#cd
```

Spark 解压缩后所在的路径为"/soft/spark/spark-3.0.0-bin-hadoop3.2"。
（2）编辑配置文件"/etc/profile"。

```
#vi /etc/profile
```

在文件末尾加入以下命令代码。

```
export SPARK_HOME=/soft/spark/spark-3.0.0-bin-hadoop3.2
export PATH=$PATH:${SPARK_HOME}/bin
```

关闭并保存，执行以下命令，使更改后的配置生效。

```
#source /etc/profile
```

（3）配置环境变量文件。
进入"$SPARK_HOME/conf"，修改环境文件 spark-env.sh，执行以下命令。

```
#cd $SPARK_HOME/conf
#cp spark-env.sh.template spark-env.sh
#vim spark-env.sh
```

在文件末尾加入以下命令代码。

```
export SPARK_MASTER_IP=<主机 IP>
export SCALA_HOME=/soft/scala/scala-2.12.11
export SPARK_WORKER_MEMORY=1g
export JAVA_HOME=/soft/jdk-14.0.1
```

具体的主机 IP 地址为主节点所在地址，执行 ifconfig 命令即可查看。

5. Spark 试运行

1）分别运行 Hadoop 和 Spark
启动 Hadoop 的脚本文件 start-all.sh，其在 $HADOOP_HOME/bin 目录下，可直接运行。启动 Spark 的脚本文件 start-all.sh，其在 $SPARK_HOME/sbin 目录下。启动命

令如下。

```
#start-all.sh
#cd $SPARK_HOME/sbin
#./start-all.sh
```

2）查看各个进程的启动情况

执行 jps 命令，如图 9-1 所示。

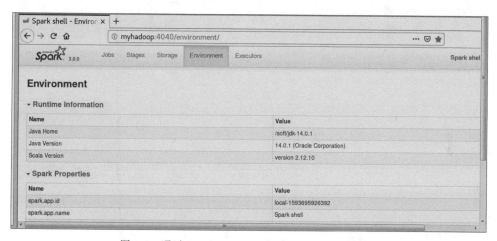

图 9-1 Master 节点启动

3）通过 Spark Web UI 查看 Spark 的工作状态

启动 Spark 的 shell 后，在浏览器中输入主节点的主机与端口号（默认端口号为 4040）即可查看 Spark 的工作状态，如图 9-2 所示。

图 9-2 通过 Spark Web UI 查看 Spark 的工作状态

至此，Spark 配置完成。

9.2 快速启动 Spark

1. 快速启动 Spark 概述

1）使用 Spark shell 进行交互式分析的基本方法

Spark shell 提供了一个学习应用程序接口（Application Program Interface，API）的简单方法，并提供了一个强大的交互式数据分析工具。Spark shell 可以在 Scala 或 Java VM 上运行，这是调用现有 Java 库的好方法，也可以在 Python 中使用。在 Spark 目录中运行以下命令即可启动 Spark shell。

```
#$SPARK_HOME/bin/spark-shell
Scala>
```

Spark 的主要抽象是一个被称为 Dataset(有关 Dataset 的内容请参阅 SQL 编程指南)的分布式的 item 集合。Dataset 可以通过 Hadoop 的 InputFormats(如 HDFS 文件)或者其他 Dataset 转换创建。下面在 Spark 源目录的 README 文件中创建一个新的 Dataset。

```
scala>val textFile =spark.read.textFile("README.md")
textFile: org.apache.spark.sql.Dataset[String] =[value: string]
```

可以直接从 Dataset 中获取值(value),也可以通过调用一些动作(action)或者转换 Dataset 获得一个新的 value。

```
scala>textFile.count()          //此数据集中的项目数
res0: Long =126  //可能和你的 README 不同,md 会随着时间的推移而改变,类似于其他输出
scala>textFile.first()          //此数据集中的首个项目
res1: String =#Apache Spark
```

下面将这个数据集转换为新数据集。使用文件中项目的子集调用 filter 返回一个新的数据集。

```
scala>val linesWithSpark =textFile.filter(line =>line.contains("Spark"))
linesWithSpark: org.apache.spark.sql.Dataset[String] =[value: string]
```

可以链式地操作转换(transformation)和动作。

```
scala>textFile.filter(line =>line.contains("Spark")).count()
                                        //有多少行包含"Spark"?
res3: Long =15
```

2) Dataset 上的更多操作

Dataset 动作和转换可以用于更复杂的计算,例如统计出现次数最多的单词:Scala/Python。

```
scala>textFile.map(line =>line.split(" ").size).reduce((a, b) =>if (a >b) a
else b)
res4: Long =15
```

首先映射一行为一个整数值,从而创建一个新的数据集。在该数据集上调用 reduce()以查找最大单词数。map()和 reduce()的参数是 Scala 函数(闭包),可以使用任何语言或 Scala/Java 库。例如,我们可以很容易地调用函数声明,下面使用 Math.max()函数使这

段代码更容易理解。

```
scala>import java.lang.Math
import java.lang.Math
scala>textFile.map(line =>line.split(" ").size).reduce((a, b) =>Math.max(a,
b))
res5: Int =15
```

MapReduce 是被 Hadoop 推广的一种常见的数据流模式，Spark 可以很容易地实现 MapReduce。

```
scala>val wordCounts =textFile.flatMap(line =>line.split(" ")).groupByKey
(identity).count()
wordCounts: org.apache.spark.sql.Dataset[(String, Long)] =[value: string,
count(1): bigint]
```

这里调用了 flatMap，把行数据集转换成单词数据集，然后结合 groupByKey() 和 count() 计算文件中每个单词的个数，并将其作为一个 (String，Long) 的 Dataset 对。可以通过调用 collect() 在 shell 中收集各单词的计数值，命令及执行结果如下。

```
scala>wordCounts.collect()
 res6: Array[(String, Int)] =Array((means,1), (under,2), (this,3), (Because,
1), (Python,2), (agree,1), (cluster.,1), ...)
```

3）缓存

Spark 还支持抽取（Pulling）数据集到一个群集范围的缓存中。例如，当查询一个小的数据集 hot 或运行一个像 PageRANK 这样的迭代算法时，数据被重复访问时是非常高效的。下面给出一个简单的例子，即标记 linesWithSpark 数据集到缓存中。

```
Scala/Python
scala>linesWithSpark.cache()
res7: linesWithSpark.type =[value: string]
scala>linesWithSpark.count()
res8: Long =15
scala>linesWithSpark.count()
res9: Long =15
```

使用 Spark 探索和缓存一个 100 行的文本文件看起来比较笨拙。有趣的是，即使这些文本文件跨越几十个或者几百个节点，这些相同的函数也可以用于非常大的数据集，也可以像编程指南中描述的一样，通过连接 bin/spark-shell 到集群中，使用交互式的方式做这件事情。

2. 独立应用程序

假设希望使用 Spark API 创建一个独立的应用程序，并在 Scala（SBT）、Java（Maven）

和 Python 中练习一个简单的应用程序。

下面将在 Scala 中创建一个非常简单的 Spark 应用程序。程序文件名为 SimpleApp.scala，它可以在 Scala、Java 或 Python 中运行。

```
Scala/Java/Python
/* SimpleApp.scala */
 import org.apache.spark.sql.SparkSession

 object SimpleApp {
    def main(args: Array[String]) {
      val logFile ="YOUR_SPARK_HOME/README.md"        // 应该是系统中的某个文件
      val spark = SparkSession. builder. appName ( " Simple  Application ").
      getOrCreate()
      val logData =spark.read.textFile(logFile).cache()
      val numAs =logData.filter(line =>line.contains("a")).count()
      val numBs =logData.filter(line =>line.contains("b")).count()
      println(s"Lines with a: $numAs, Lines with b: $numBs")
      spark.stop()
    }
 }
```

注意：对于这个应用程序，应该定义一个 main() 方法，而不是扩展 scala.App；若使用 scala.App 的子类，则该程序可能无法正常运行。

该程序仅统计了 Spark README 文件中每行包含 a 的数量和包含 b 的数量。注意：需要将 YOUR_SPARK_HOME 替换为 Spark 的安装路径。不同于先前使用 Spark shell 操作的示例，之前初始化了自己的 SparkContext，而现在初始化了一个 SparkContext 作为应用程序的一部分。

调用 SparkSession.builder 构造一个 SparkSession 的对象，然后设置应用名称（调用 appName 设置），最终调用 getOrCreate 以获得 SparkSession 对象实例。

因为我们的应用依赖了 Spark API，所以包含一个名为 build.sbt 的 sbt 配置文件，它描述了 Spark 的依赖，该文件也会添加一个 Spark 依赖的 repository。

```
name :="Simple Project"
version :="1.0"
scalaVersion :="2.12.11"
libraryDependencies +="org.apache.spark" %%"spark-sql" %"3.0.0"
```

为了让 sbt 正常运行，需要根据经典的目录结构布局 SimpleApp.scala 和 build.sbt 文件。在配置成功后，可以创建一个包含应用程序代码的 jar 包，然后使用 spark-submit 脚本运行我们的程序。

```
#Your directory layout should look like this
$ find .
```

```
.
./build.sbt
./src
./src/main
./src/main/scala
./src/main/scala/SimpleApp.scala

#Package a jar containing your application
$sbt package
...
[info] Packaging {..}/{..}/target/scala-2.12/simple-project_2.12-1.0.jar

#Use spark-submit to run your application
 $YOUR_SPARK_HOME/bin/spark-submit \
   --class "SimpleApp" \
   --master local[4] \
   target/scala-2.12/simple-project_2.12-1.0.jar
...
Lines with a: 46, Lines with b: 23
```

3. 快速跳转

为了在集群上运行应用程序，需要进一步查阅相关资料。

最后，Spark 的 examples 目录中包含了一些示例（Scala、Java、Python、R），可以按照如下方式运行它们。

```
#针对 Scala 和 Java, 使用 run-example
 ./bin/run-example SparkPi

#针对 Python 示例, 直接使用 park-submit
 ./bin/spark-submit examples/src/main/python/pi.py
#针对 R 示例, 直接使用 spark-submit
 ./bin/spark-submit examples/src/main/r/dataframe.R
```

9.3　Spark 生态圈

Spark 已经建立了自己的生态圈，如图 9-5 所示。处于底层的是 Spark 的核心组件，是其执行引擎，包括弹性分布数据集（这是 Spark 最基本的抽象）与 Spark 任务调度等。在内存中对 RDD 进行快速处理是 Spark 的核心能力，而在此基础上，Spark 还提供了 SparkSQL、Spark Streaming、MLlib 及 GraphX 等相关组件。

在 Spark 中，RDD 是一种重要的数据结构，其具有容错性和并行性，目的是让用户显式地将数据存储到磁盘和内存中，并能控制数据的分区。

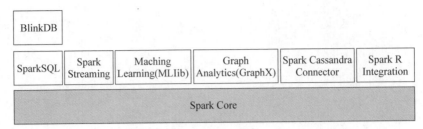

图 9-3　Spark 生态圈

此外,为了更好地进行数据维护,RDD 提供了一组丰富的操作。在这些操作中,诸如 map、flatMap、filter 等转换操作实现了 Monad 模式,可以与 Scala 的集合操作进行较好的配合。除此之外,RDD 还提供了诸如 join、groupByKey、reduceByKey 等更为方便的操作,以支持常见的数据运算。

RDD 提供了对多种数据计算模型的支持,使得 Spark 能够适用于批处理、流式处理等多种大数据场景。通常来说,针对数据处理的常见计算模型有迭代算法(Iterative Algorithm)、关系查询(Relational Querie)、MapReduce 函数式处理、流式处理(Stream Processing)等。例如,Hadoop MapReduce 采用了 MapReduce 模型,实现了批量处理;Storm 采用了流式处理模型,具备流式处理能力;RDD 则混合了这 4 种模型。

值得注意的是,Spark 2.1 以后,Dataset 逐步取代了 RDD。Dataset 是一个分布式的数据集合。Dataset 是 Spark 1.6 提供的一个新的接口,它具有 RDD 的优点(强类型,具有使用强大的 lambda 函数的能力)以及 SparkSQL 优化执行引擎的优势。一个数据集可以从 JVM 的对象构建,然后使用功能转换(map、flatmap、filter 等)进行操作。Dataset API 可用于 Scala 和 Java,但 Python 不支持 Dataset API。由于 Python 的动态性质,Dataset API 的许多优点已经可用(即可以通过 row.columnName 访问一个行字段);R 的情况类似。

1. 无类型化 Dataset 操作(aka DataFrame 操作)

一个 DataFrame 是形成指定列的一个数据集,从概念上说,它相当于关系数据库中的一个表,或者是 R 和 Python 中一个的数据框架,而且其在后台有更丰富的优化。

下面给出一些使用数据集进行结构化数据处理的基本示例。

```
Scala/Python
//此导入需要使用"$-"符号
  import spark.implicits._
  //以树格式打印架构
  df.printSchema()
  //根
// |--age: long (nullable =true)
  // |--name: string (nullable =true)
  // Select only the "name" column
  df.select("name").show()
```

```
// +-------+
// | name|
// +-------+
// |Michael|
// | Andy|
// | Justin|
// +-------+
//选择所有人,按年龄递增 1
df.select($"name", $"age" +1).show()
// +-------+---------+
// | name|(age +1) |
// +-------+---------+
// |Michael| null |
// | Andy| 31 |
// | Justin| 20 |
// +-------+---------+
//选择 21 岁以上的人
df.filter($"age" >21).show()
// +---+----+
// |age|name|
// +---+----+
// | 30|Andy|
// +---+----+
//按年龄计算人数
df.groupBy("age").count().show()
// +----+-----+
// | age|count|
// +----+-----+
// | 19| 1|
// |null| 1|
// | 30| 1|
// +----+-----+
```

2. 创建 Dataset

Dataset 类似于 RDD,但它不会在网络上为传输处理而使用 Java 序列化或序列化框架,它使用指定编码器序列化对象。虽然编码器和标准序列化都负责将对象转换为字节,但编码器是由动态代码生成且允许 Spark 执行许多诸如过滤、排序、Hash 等不用将反序列化字节返回到对象的操作格式。相关示例如下。

```
Scala/Python
case class Person(name: String, age: Long)

//为 case 类创建编码器
```

```
val caseClassDS = Seq(Person("Andy", 32)).toDS()
caseClassDS.show()
// +----+---+
// |name|age|
// +----+---+
// |Andy| 32|
// +----+---+
///大多数常见类型的编码器通过导入自动导入 spark.implicits._
    val primitiveDS = Seq(1, 2, 3).toDS()
    primitiveDS.map(_ +1).collect()          // Returns: Array(2, 3, 4)
    //通过提供类可以将数据框架转换为数据集。映射将按名称完成
    val path = "examples/src/main/resources/people.json"
    val peopleDS = spark.read.json(path).as[Person]
    peopleDS.show()
    // +----+-------+
    // | age| name|
    // +----+-------+
    // |null|Michael|
    // | 30| Andy|
    // | 19| Justin|
    // +----+-------+
```

SparkSQL 主要用于数据处理和对 Spark 数据执行类 SQL 查询。通过 SparkSQL，可以针对不同格式和不同来源的数据（如 JSON、Parquet 或关系数据库等）执行 ETL 数据抽取操作，然后完成特定的查询动作。

SparkStreaming 可以用于处理实时数据流，其处理模式基于微批处理计算，它使用一种本质上是 RDD 序列的 DStream 抽象处理实时数据。

MLlib 是 Spark 对常用的机器学习算法的库实现，是一种分布式机器学习架构。MLlib 目前支持 4 种常见的机器学习问题，即二元分类、回归、聚类及协同过滤，同时也包括一个底层的梯度下降优化基础算法。

GraphX 是一个分布式图处理框架，基于 Spark 平台提供对图计算和图挖掘的编程接口，它极大地满足了开发人员对分布式图处理的需求。图的分布式处理实际上是把图拆分为很多子图，再分别对这些子图进行并行计算，它可以帮助用户以图形的形式表现文本和列表数据，从而找出数据中的不同关系。Spark 2.0 提供了一些典型图算法的封装，包括 PageRank 算法、标签传播算法等。

SparkR 是针对 R 统计语言的程序包，R 用户可通过其在 R 壳（shell）中使用 Spark 功能。

BlinkDB 是一种大型并行的近似查询引擎，用于在海量数据上执行交互式 SQL 查询，允许用户对海量数据执行类 SQL 查询，可以通过牺牲数据精度减少查询响应时间，因此在速度重要性高于精确性的情况下非常有用。

CassandraConnector 可用于访问存储在 Cassandra 数据库中的数据，并可以在这些

数据上执行数据分析。

从开发者的角度来看,Spark 的组成结构如图 9-4 所示。该结构包含 3 部分,即数据存储、管理框架和计算接口 API。

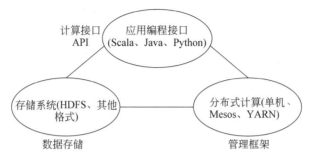

图 9-4　开发者视角下的 Spark 组成结构

Spark 使用 HDFS 文件系统存储数据,它可用于存储任何兼容于 Hadoop 的数据源,包括 HDFS、HBase、Cassandra 等。

利用 API,应用开发者可以使用标准的 API 接口创建基于 Spark 的应用。Spark 提供 Scala、Java 和 Python 等程序设计语言的 API。

Spark 既可以部署在一个单独的服务器上,也可以部署在像 Mesos 或 YARN 这样的分布式计算框架上,具体取决于开发环境。

9.4　Spark 编程

下面介绍几种常用的 Spark 编程。

9.4.1　Structured Streaming 编程

结构化流(Structured Streaming)是一种可扩展的、可容错的流处理引擎,它建立在 SparkSQL 引擎上,可用与静态数据上的批处理计算相同的方式表示流计算。SparkSQL 引擎负责逐步和连续地运行它,并随着流数据的持续到来而更新最终结果。可以在 Scala、Java、Python 和 R 中使用 DataSet 和 DataFrame API 表示流聚合、事件的时间窗口、流到批处理连接等,在同一个优化的 SparkSQL 引擎上执行计算。最后,系统通过检查点和提前写入日志确保端到端的精确容错性。简而言之,结构化流提供了快速、可伸缩、容错、端到端的一次性精确流处理,而无须用户考虑流处理。

下面看一个完整的 Scala 语言编码是如何表示结构化流的,这是一个从 TCP 套接字上的数据服务器监听接收文本数据单词计数的程序。

首先需要输入必要的类,并创建一个本地 SparkSession 以及与 Spark 相关的所有功能起点。

```
import org.apache.spark.sql.functions._
import org.apache.spark.sql.SparkSession

val spark =SparkSession
  .builder
  .appName("StructuredNetworkWordCount")
  .getOrCreate()

import spark.implicits._
```

然后创建一个 DataFrame,负责从一个服务器 localhost:9999 监听接收文本数据,并转换 DataFrame 以计算单词数。

```
// Create DataFrame representing the stream of input lines from connection to
localhost:9999
//创建表示来自与 localhost:9999 连接的输入行流的 DataFrame
  val lines =spark.readStream
    .format("socket")
    .option("host", "localhost")
    .option("port", 9999)
    .load()

  // 把行分割为单词
  val words =lines.as[String].flatMap(_.split(" "))
  // 生成运行的单词计数
  val wordCounts =words.groupBy("value").count()
```

9.4.2　Spark Streaming 编程

Spark Streaming 是一个可以对实时数据实现可扩展、高吞吐量、容错流处理的流核心 Spark API 的扩展。数据可以从源于 Kafka、Flume、Kinesis 或 TCP 的套接字获得,可以使用类似于 Map、Reduce、join 和 Window 的高级函数表示的复杂算法进行处理。处理过的数据会被推送到文件系统、数据库和实时仪表板,如图 9-5 所示。事实上,可以在数据流上应用 Spark 的机器学习和图形处理算法。

图 9-5　内部 Spark Streaming 处理过程

在内部，Spark Streaming 接收实时输入数据流，并将数据分成批处理，然后由 Spark 引擎进行处理，从而生成最终的批处理结果流，过程如图 9-6 所示。

图 9-6　Spark Streaming 处理过程

以下同样是一个统计在 TCP 套接字上数据服务器监听接收文本数据的单词数的示例，让我们快速看看一个简单的流处理程序是什么样子的。

```
import org.apache.spark._
import org.apache.spark.streaming._
import org.apache.spark.streaming.StreamingContext._ // not necessary since
Spark 1.
    //创建一个本地 StreamingContext,它具有 2 个工作线程且批处理间隔为 1 秒
    //主服务器需要 2 个内核以防止饥饿场景

    val conf =new SparkConf().setMaster("local[2]").setAppName("NetworkWordCount")
    val ssc =new StreamingContext(conf, Seconds(1))
```

使用这个语境可以创建一个 DStream 代表从一个 TCP 传来的数据流，指定主机名（如 localhost）和端口（如 9999）。

```
// Create a DStream that will connect to hostname:port, like
//创建一个与主机名:端口(如 localhost:9999)连接的数据流
    val lines =ssc.socketTextStream("localhost", 9999)
```

这条 DStream 代表将要从数据服务器接收到的数据流。在这个 DStream 中，每条记录是一行文本。接下来，通过空格符把文本行拆分成单词。

flatMap 是一个一对多的 DStream 操作，这个操作通过将源 DStream 中的每条记录生成多条记录而创建一个新的 DStream。在这种情况下，每行都将被分成多个单词，单词流表示为 words DStream。接下来，进行单词计数。

```
// 按单词分割每行
    val words =lines.flatMap(_.split(" "))
import org.apache.spark.streaming.StreamingContext._
                                            //从 Spark 1.3 开始就不需要了
    // 在每次批处理中进行单词计数
    val pairs =words.map(word =>(word, 1))
    val wordCounts =pairs.reduceByKey(_ +_)
```

```
//把该数据流中生成的每个 RDD 的前 10 个元素打印到控制台
wordCounts.print()
```

words DStream 被进一步映射(一对一转换)到一个 DStream 对(word,1),然后降低在每个批处理数据中取得词的频率。最后,wordCounts.print()将打印出每秒生成的单词数。

```
ssc.start()                          // 开始计算
ssc.awaitTermination()               // 等待计算终止
```

9.4.3 机器学习库和 GraphX 编程

1. 机器学习库

机器学习库(Machine Learning Library,Mllib)是 Spark 的机器学习库,其目标是使实用的机器学习可扩展且简单易用。从更高层面上看,Mllib 提供了如下工具。

(1) ML 算法:常见的学习算法,如分类、回归、聚类和协作过滤。

(2) 特征化:特征提取、转换、降维和选择。

(3) 管道:用于构建、评估和调优 ML 管道的工具。

(4) 持久性:存储和加载算法、模型及管道。

(5) 实用程序:线性代数、统计学、数据处理等。

MLlib 提供的机器学习算法包括分类、回归、协同过滤、聚类等子类,每个类别提供的具体算法如下。

(1) 分类算法:逻辑回归、朴素贝叶斯、决策树分类器、随机森林分类器、梯度提升树(Gradient Boosted Trees,GBT)、多层感知器分类器、One-vs-Rest 分类器等。

(2) 回归算法:线性回归、广义线性回归、决策树回归、随机森林回归、梯度提升树回归、生存回归、等渗回归(Isotonic Regression)等。

(3) 聚类:K-means、Bisecting K-means、高斯混合模型(GMM)聚类、Latent Dirichlet Allocation(LDA)等。

(4) 协同过滤算法:交替最小二乘法。

特征处理类提供的 API 也比较多,大概可以分成 3 个子类,即特征提取类、特征选择类和特征变换类。这 3 个子类具体包含的算法如下。

(1) 特征提取类包含 TF-IDF、Word2Vec 和 StandordScaler 等算法。

(2) 特征选择类包含 ChiSqSelector、RFormula、VextorSlicer 等算法。

(3) 特征变换类用于对特征进行缩放、转换、修改等操作,具体的算法有 StopWordsRemover、N-gram、PCA、DCT、归一化、最大最小化、QuantileDiscretizer 等。

Spark 中的管道提供了一种设计流水线式(Pipeline)工作流程的途径,类似于软件体系架构中的管道模型。有了这种机制,开发者就可以将机器学习开发过程中所需的数据加载、特征处理、分类器训练及分类等过程以一种工作流的方式连接起来,这样做的好处是可以很方便地替换算法。例如,Spark MLlib 中提供了很多分类器,但是针对某个实际问题,通常难以知道哪种分类器能获得更好的性能,这时就可以利用这种 Pipeline 机制,在不改变整体流程的前提下替换各种分类算法,从而得到最好的效果。

为了实现 Pipeline,Spark MLlib 定义了其结构组成。Pipeline 是一种工作流模型,其中的基本组件包括 Transformer 和 Estimator 两种。

Transformer 是一个包括特征变换器和学习模型的抽象。从技术上看,Transformer 应用了一个 transform()方法,即通过附加一个或多个列将一个 DataFrame 转换为另一个 DataFrame。

- 特征变换器可以提取一个 DataFrame,读取一个列(如文本),将其映射到新列(如特征向量),并输出一个附加了映射列的新 DataFrame。
- 学习模型可以采用 DataFrame。读取包含特征向量的列,预测每个特征向量的标签,并输出一个新的 DataFrame。该 DataFrame 使用预测标签作为附加列。

Estimator 可以看作是一种学习型算法。从技术上看,Estimator 使用 fit()方法,该方法接收一个 DataFrame,然后生成一个 Model,此即为一个 Transformer。例如,一个诸如 LogisticRegression 之类的学习算法即是一个 Estimator,其调用 fit()方法训练 LogisticRegressionModel。这就是一个 Model,因此这是一个 Transformer。

在结构上,一个 Pipeline 包含一个或多个由 PipelineStage 组成的有序序列。每个步骤(Stage)完成一个任务,如数据集处理转化、模型训练、参数设置和数据预测等。而每个步骤中的组件就是 Transformer 或 Esitimator。在这个有序序列中,每个步骤都是按顺序执行的。图 9-9 所示为一个对输入文本集进行学习以构建逻辑回归模型的 Pipeline,其中的 Tokenizer 是完成类似词汇切分结果而构建的一个特征向量,而 LogisticRegression 则执行模型训练,其最终可以产生一个逻辑回归模型。

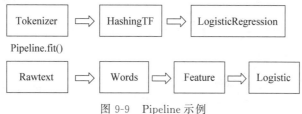

图 9-9　Pipeline 示例

综上所述,MLlib 具有以下特点。

(1) 容易使用:可以使用任何 Hadoop 数据源,包括 HDFS、HBase 或本地文件,可用语言包括 Java、Scala、Python 和 R。

(2) 高性能实现:速度比 MapReduce 快 100 倍。

(3) 容易部署:可以直接在 Hadoop 2 集群上运行,也可以单独运行,或者运行于 EC2、Mesos。

2. GraphX 编程

GraphX 在 Spark 中是一个用于图形和图形并行计算的新组件。在一个较高的层级上,GraphX 通过引入新的图抽象扩展了 Spark RDD:定向图上的每个顶点和边的性质,支持图计算。GraphX 公开了一组基本的操作器(如子图、连接顶点和聚类消息)以及优化的变种 Pregel API。此外,GraphX 包括日益增多的图集算法和建设者简化图形分析任务。

1)启动

执行以下命令将 Spark 和 GraphX 导入项目。

```
import org.apache.spark._
import org.apache.spark.graphx._
import org.apache.spark.rdd.RDD
```

如果不使用 Spark shell,则还需要一个 sparkcontext。更多相关内容请参阅 Spark 快速启动指南。

2)一个实例

【例 9-1】 假设想从一些文本文件中建立一个图表,将图表限制为重要的关系和用户,在子图上运行页面排名,最后返回与顶级用户相关联的属性。可以用以下几行 GraphX 语句实现上述操作。

```
import org.apache.spark.graphx.GraphLoader

  //加载用户数据并解析为用户 id 和属性列表的元组
  val users =(sc.textFile("data/graphx/users.txt")
    .map(line =>line.split(",")).map( parts => (parts.head.toLong, parts.
    tail) ))
  //分析已经是 userId->userId 格式的边数据
  val followerGraph = GraphLoader.edgeListFile(sc, "data/graphx/followers.
  txt")
  //附加用户属性
  val graph =followerGraph.outerJoinVertices(users) {
    case (uid, deg, Some(attrList)) =>attrList
    //有些用户可能没有属性,因此我们将其设置为空
    case (uid, deg, None) =>Array.empty[String]
  }
  //将图形限制为具有用户名和名称的用户
  val subgraph =graph.subgraph(vpred =(vid, attr) =>attr.size ==2)

  // 计算 PageRank
  val pagerankGraph =subgraph.pageRank(0.001)
  //获取顶级 pagerank 用户的属性
   val userInfoWithPageRank = subgraph. outerJoinVertices ( pagerankGraph.
  vertices) {
    case (uid, attrList, Some(pr)) =>(pr, attrList.toList)
```

```
    case (uid, attrList, None) =>(0.0, attrList.toList)
  }
println(userInfoWithPageRank.vertices.top(5)(Ordering.by(_._2._1)).
mkString("\n"))
```

9.5　本 章 小 结

　　本章主要介绍了 Spark 的基本概念、组件构成、生态圈及其特性、编程应用,以及如何理解 Spark 的发展及其强大的功能。本章通过与 Hadoop MapReduce 的比较使读者清楚地认识到 Spark 的优势与不足,并从中取长补短、趋利避害,以更好地使 Spark 服务于与集群数据相关的操作。较新版本的 Spark 已经通过更优的 Dataset 逐步发挥其作用,这也从另一个方面说明了集群数据处理技术正在向快速、交互、可靠、安全的方向发展,人们的所需即努力的方向。

　　安装、配置、启动和使用 Spark 编程以解决大数据处理问题是应用 Spark 的目的。本章对部分 Spark 组件进行了介绍,旨在引导读者对 Spark 进行更深入的探索和更广泛的应用。

习　　题

一、选择题

　　1. 下列不是 Spark 的四大组件的是(　　　)。

　　　　A. Spark Streaming　　　　　　　　B. MLlib

　　　　C. GraphX　　　　　　　　　　　　D. SparkR

　　2. (　　　)是 Spark 对常用的机器学习算法的库实现,它是一种分布式机器学习架构,支持 4 种常见的机器学习问题,即二元分类、回归、聚类及协同过滤。

　　　　A. MLlib　　　　B. BlinkDB　　　　C. DBS　　　　　D. GraphX

　　3. 下列端口中不是 Spark 自带的服务端口的是(　　　)。

　　　　A. 8080　　　　B. 4040　　　　　C. 8090　　　　　D. 18080

　　4. 在 Spark 2.1 之后,(　　　)正式替代 RDD,它是像 RDD 一样的 strongly-typed(强类型)。

　　　　A. Hadoop　　　　B. Dataset　　　　C. Scala　　　　D. MapReduce

　　5. Spark Job 默认的调度模式是(　　　)。

　　　　A. FIFO　　　　B. FAIR　　　　　C. 无　　　　　　D. 运行时指定

　　6. 下列不是本地模式运行条件的是(　　　)。

　　　　A. spark.localExecution.enabled=true　　B. 显式指定本地运行

　　　　C. finalStage 无父 Stage　　　　　　　　D. partition 默认值

　　7. 下列不是 RDD 的特点的是(　　　)。

A. 可分区　　　　　B. 可序列化　　　　　C. 可修改　　　　　D. 可持久化

8. 下列 Spark 支持的分布式部署方式中错误的是(　　　)。

　　A. standalone　　　　　　　　　　B. Spark on mesos

　　C. Spark on YARN　　　　　　　　D. Spark on Local

9. 下列操作中是窄依赖的是(　　　)。

　　A. join　　　　　B. filter　　　　　C. group　　　　　D. sort

10. Spark 的 master 和 worker 通过(　　　)方式进行通信。

　　A. http　　　　　B. nio　　　　　C. netty　　　　　D. Akka

二、简答题

1. 如何安装和配置 Spark?

2. 如何进行 Spark 集群的安装、配置与启动? 说出利用 Spark shell 提交任务给集群及在 Web UI 中查看 Spark 任务运行的实例。

3. 什么是 Dataset? 它与 RDD 相比具有哪些优点?

4. 简述机器学习的发展历史。

5. 利用 GraphX 编程完成一个简单的图数据处理。

6. 机器学习库提供的工具有哪些? 如何将它们运用于数据处理?

7. 简述 Structured Streaming 处理技术和 Spark Streaming 处理技术各自的功能和处理过程。

三、编程题

1. 编写 Spark 应用程序。该程序可以在本地文件系统中生成一个数据文件 peopleinfo.txt,该文件包含序号、性别和身高 3 列,格式如下。

```
peopleinfo.txt
1  F  160
2  M  172
3  M  176
4  F  168
```

2. 编写 Spark 应用程序。该程序可以对 HDFS 文件中的数据文件 peopleinfo.txt 进行统计,请通过计算得到男性人数、女性人数、男性最高身高、女性最高身高、男性最低身高、女性最低身高。

第3篇　大数据应用开发综合实例

　　本篇综合运用前述的 Hadoop 及 Spark 等知识,以 MovieLens 数据集为例,分析电影评级数据并展现数据,基于 Spark 的机器学习库构建推荐系统。通过实际的电影评级数据集掌握大数据的采集、存储、实时预处理、实时数据分析和数据展示。通过掌握的推荐知识,运用大数据的机器学习库对数据实现更高层次的处理,并构建推荐算法。

　　分析数据采用的 MovieLens 数据集主要由电影数据表、电影评级表、用户表等组成。本篇在介绍数据分析和展现时都以这些数据表为基础,而对数据的导入、处理、清理则会综合运用前面各章的知识;同时,在对这些数据进行展示和分析的过程中,本篇会尽量采用不同的处理手段,以帮助读者巩固之前讲授的知识。

第10章

编程环境与数据集准备

学习目标

- 掌握交互式分析平台 Zeppelin 的安装与配置方法。
- 掌握笔记的管理和笔记段落的使用方法。
- 掌握将数据集存储到 Hadoop 中的方法。

Apache 的交互式分析平台 Zeppelin 是一个基于 Web 的交互数据分析平台,它可以方便用户做出可数据驱动、可交互且可协作的精美文档,并且支持多种语言,包括 Scala(使用 Apache Spark)、Python(Apache Spark)、SparkSQL、Hive、Markdown、Shell 等。Zeppelin 提供了交互式的编程环境,有利于在线程序设计和数据及时展现。本章介绍 Zeppelin 编程环境,完成安装、熟悉功能和电影评级数据集 MovieLens 获取等基础工作。

10.1 Zeppelin 部署

Spark 采取了独立部署模式,并将 Zeppelin 部署到了 Master 机器上,如果条件允许,也能单独部署。

10.1.1 Zeppelin 安装

本书采用的 Zeppelin 版本为 0.9.0,其未提供中文界面,所以本章的配置菜单项都以英文显示,不直接翻译。Zeppelin 官方提供了以下 3 种安装方式。

(1)通过下载安装包进行安装。

(2)通过部署 docker 镜像安装。

(3)通过编译源码进行安装。

本章采取第 1 种方法安装 Zeppelin。

Apache Zeppelin 的官方网站提供了以下两种二进制包。

(1)zeppelin-0.9.0.bin-netinst.tgz,默认只提供 Spark 的解析器(Interpreter)。

(2)zeppelin-0.9.0-bin-all.tgz,提供各种 Interpreter(Apache Spark、Python、JDBC、Markdown 和 Shell 等)。

选择 zeppelin -0.9.0-bin-all.tgz 安装包进行安装。

从 Apache Zeppelin 官方网站直接下载 zeppelin -0.9.0-bin-all.tgz 安装包。切换到下载的安装包所在的目录,将软件包文件移动到指定目录"/soft/"下并解压缩,命令如下。

```
#mv ~/下载/zeppelin-0.9.0-bin-all.tgz /soft
#cd /soft
#tar -xvf zeppelin-0.9.0-bin-all.tgz
#cd zeppelin-0.9.0-bin-all
#ls -l
```

解压缩后的目录结构如图 10-1 所示。

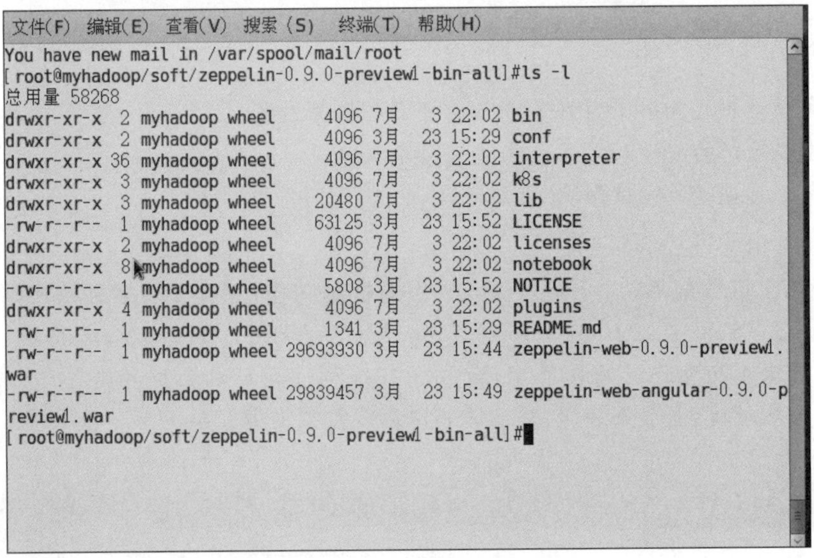

图 10-1　安装包目录结构

为了维护方便,在"/soft"目录下建立软链接 zeppelin。

```
#ln -s /soft/zeppelin-0.9.0-bin-all /soft/zeppelin
```

用 ls 命令列出所创建的软链接,如图 10-2 所示。

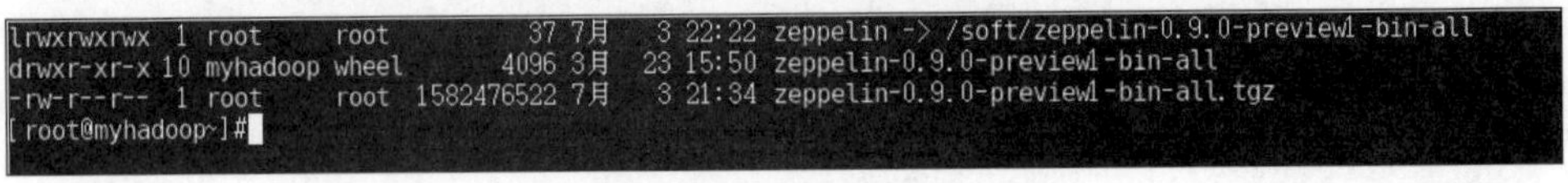

图 10-2　创建软链接

当有新版本发布时,下载安装配置后,只需要更改软链接,就能方便地使用新版本,而不需要修改之前已经配置好的环境变量。

10.1.2　Zeppelin 配置

Zeppelin 的配置文件都在 conf 目录下,用 ls 命令列出配置目录文件,如图 10-3

所示。

```
[root@myhadoop/soft/zeppelin/conf]#cd /soft/zeppelin/conf
[root@myhadoop/soft/zeppelin/conf]#ls -l
总用量 72
-rw-r--r-- 1 myhadoop wheel  1326 3月  23 15:29 configuration.xsl
-rw-r--r-- 1 myhadoop wheel  3486 3月  23 15:29 interpreter-list
-rw-r--r-- 1 myhadoop wheel  1340 3月  23 15:29 log4j.properties
-rw-r--r-- 1 myhadoop wheel  1471 3月  23 15:29 log4j.properties2
-rw-r--r-- 1 myhadoop wheel  1018 3月  23 15:29 log4j_yarn_cluster.properties
-rw-r--r-- 1 myhadoop wheel  5458 3月  23 15:29 shiro.ini.template
-rw-r--r-- 1 myhadoop wheel  5816 3月  23 15:29 zeppelin-env.cmd.template
-rw-r--r-- 1 myhadoop wheel  8488 3月  23 15:29 zeppelin-env.sh.template
-rwxr-xr-x 1 myhadoop wheel 23088 3月  23 15:29 zeppelin-site.xml.template
[root@myhadoop/soft/zeppelin/conf]#
```

图 10-3　配置目录 conf

Zeppelin 提供了便利的模板文件，包含 3 个文件：配置文件 zeppelin-site.xml、环境变量文件 zeppelin-env.sh 和登录权限控制文件 shiro.ini。

运行以下命令创建配置文件。

```
cp zeppelin-site.xml.template zeppelin-site.xml
cp zeppelin-env.sh.template zeppelin-env.sh
cp shiro.ini.template  shiro.ini
```

1. 修改配置文件 zeppelin-site.xml

Zeppelin 的默认服务端口为 8080。如果将 Zeppelin 与 Spark 部署在同一台设备上，则要改成其他端口，如 8181，原因是 Spark 也会使用到 8080。修改配置如图 10-4 所示。

```
<property>
  <name>zeppelin.server.addr</name>
  <value>0.0.0.0</value>
  <description>Server address</description>
</property>

<property>
  <name>zeppelin.server.port</name>
  <value>8181</value>
  <description>Server port.</description>
</property>
```

图 10-4　配置侦听端口

其他选项可以采用默认配置。其中，有一个配置项需要注意：Zeppelin 默认是以匿名(anonymous)模式登录的。为了提高安全性，可以设置访问登录权限，将 zeppelin.anonymous.allowed 选项设置为 false(默认为 true)，如图 10-5 所示。

同时需要配置 shiro.ini 文件，相关内容将在介绍修改登录权限控制文件 shiro.ini 时详细说明。

```
<property>
  <name>zeppelin.anonymous.allowed</name>
  <value>false</value>
  <description>Anonymous user allowed by default</description>
</property>
```

图 10-5　配置登录权限选项

2. 修改环境配置文件 zeppelin-env.sh

（1）指定 Spark 的连接方式。本章采用的 Spark 是以单机模式安装的，Spark 主机名为 master（根据实际情况设置），详细配置如图 10-6 所示。

```
# export JAVA_HOME=
export MASTER=spark://master:7077
# export ZEPPELIN_JAVA_OPTS
# export ZEPPELIN_MEM
# export ZEPPELIN_INTP_MEM
# export ZEPPELIN_INTP_JAVA_OPTS
# export ZEPPELIN_SSL_PORT
```

图 10-6　配置 MASTER 参数

（2）配置 Spark 解析器所需的 SPARK_HOME 参数。配置 SPARK_HOME 的目录，安装目录为"/soft/spark/spark-3.0.0-bin-hadoop3.2"，如图 10-7 所示。

```
#export SPARK_HOME=/soft/spark/spark-3.0.0-bin-hadoop3.2
```

图 10-7　配置 SPARK_HOME 参数

（3）配置 Hadoop 的文件目录，具体配置如图 10-8 所示。Zeppelin 访问 HDFS 存储无须使用 HDFS://master:9000/，直接使用目录的方式就能访问 HDFS 存储，相关内容将在后面的例子中详细说明。

```
# export HADOOP_CONF_DIR=/soft/hadoop-3.2.1/etc/hadoop
```

图 10-8　配置 HADOOP_CONF_DIR 参数

3. 修改登录权限控制文件 shiro.ini（可选）

shiro.ini 提供了配置样例，在样例基础上修改登录密码即可，权限配置如图 10-9 所示。

```
[users]
# List of users with their password allowed to access Zeppelin.
# To use a different strategy (LDAP / Database / ...) check the shiro doc
admin = password1, admin
user1 = password2, role1, role2
user2 = password3, role3
user3 = password4, role2
```

图 10-9　配置文件 shiro.ini 的默认配置

修改管理员账号 admin,密码为 gdkj8888。删除或注释掉 user1、user2、user3 等账号,修改后的配置如图 10-10 所示。

```
[users]
# List of users with their password allowed to access Zeppelin.
# To use a different strategy (LDAP / Database / ...) check the shiro doc
admin = gdkj8888, admin
```

图 10-10　修改管理员账号

10.1.3　运行 Zeppelin

1. 启动 Zeppelin

切换到 Zeppelin 主目录"/soft/zeppelin",然后运行脚本文件 bin/zeppelin-daemon.sh,命令如下。

```
#cd /soft/zeppelin
#bin/zeppelin-daemon.sh start
```

2. 使用 lsof 命令查看侦听端口

运行 lsof-i:8181,如果出现如图 10-11 所示的结果,则说明 Zeppelin 能正常使用了。

```
[hadoop@master logs]$ lsof -i:8181
COMMAND   PID   USER   FD   TYPE DEVICE SIZE/OFF NODE NAME
java    25394 hadoop  191u  IPv4 228202     0t0  TCP *:intermapper (LISTEN)
java    25394 hadoop  207u  IPv4 226855     0t0  TCP master:intermapper->172.16.20.134:56043 (ESTABLISHED)
```

图 10-11　查看侦听端口状态

10.1.4　连接测试 Zeppelin

在浏览器中访问 http://ip:8181(这里的 ip 是部署 Zeppelin 服务的 IP 地址),如果出现如图 10-12 所示的界面,则说明 Zeppelin 安装成功。

图 10-12　Zeppelin 首页

注意:这里右上角显示 anonymous,这是因为系统是以匿名(anonymous)模式登录的。

如果配置了 shiro 身份验证方式,则登录界面如图 10-13 所示。

图 10-13　Zeppelin 登录权限首页

配置身份验证后,菜单项等信息是不可见的。

10.1.5　用 admin 身份权限登录

配置访问权限后,创建的笔记不能被访问。单击右上角的 Login 按钮,出现登录界面,输入刚才创建的账号和密码,如图 10-14 所示。

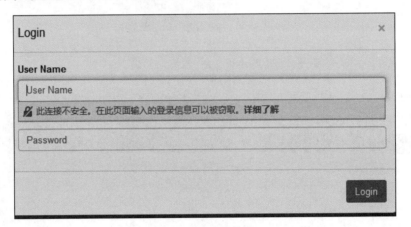

图 10-14　登录界面

认证通过后,右上角显示 admin,左边显示以前的笔记,如图 10-15 所示。

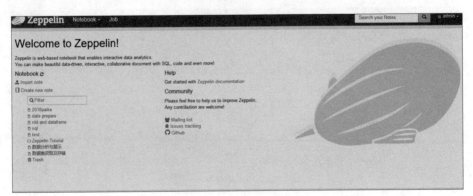

图 10-15　登录后的首页界面

10.2　Zeppelin UI

10.2.1　首页

Zeppelin UI 的功能布局比较简洁,如图 10-16 所示。

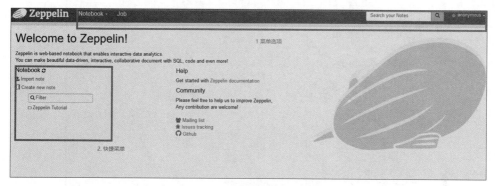

图 10-16　Zeppelin UI 功能布局

界面左侧是快捷菜单,如图 10-17 所示。

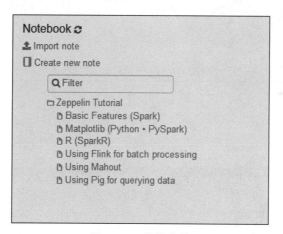

图 10-17　快捷菜单

快捷菜单中列出了所有现有的笔记,默认会有一个名为 Zeppelin Tutorial 的笔记目录,里面包含多个笔记,这些笔记默认存储在主目录下的 Notebook 文件夹中。

可以输入笔记名称以查询笔记,还可以创建一个新的笔记,并刷新现有笔记的列表(主要考虑手动将笔记复制到主目录下的 Notebook 文件夹中的情况)和导入笔记。

单击 Import note 链接可以打开 Import new note 对话框。在该对话框中,可以从本地磁盘或远程位置导入笔记(笔记存储在其他服务器,并知道访问 URL),如图 10-18所示。

默认情况下,导入笔记的名称与原始笔记相同,但可以用新的名称覆盖原始名称。

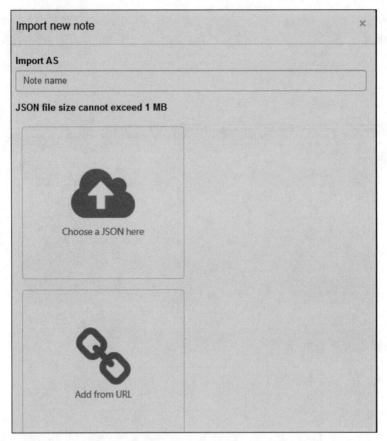

图 10-18　导入笔记

10.2.2　菜单

下面介绍 Zeppelin 的主要菜单项。

1. Notebook 菜单

Notebook 菜单提供了与主页中的笔记快捷菜单相同的功能,如图 10-19 所示。从下拉菜单中可以打开一个特定笔记、按名称过滤笔记和创建一个新笔记。

2. Job 菜单

Job 菜单是 Zeppelin 0.7.3 的新增功能,它可以设置执行任务以执行笔记,设置界面如图 10-20 所示。

Job 菜单能选择一个笔记并运行它。

3. 设置菜单

设置菜单可以让用户访问设置并显示有关 Zeppelin 的信息,如图 10-21 所示。

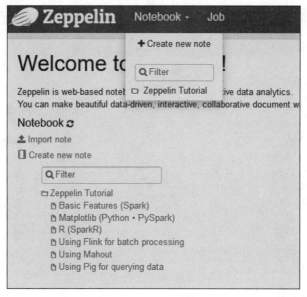

图 10-19　笔记菜单

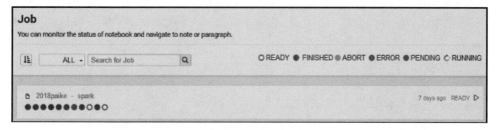

图 10-20　任务执行界面

图 10-21　设置界面

下面主要介绍配置解析器和配置 Configuration 选项的功能。

1）配置 Interpreter

选择该选项可以配置现有的 Interpreter 实例，添加和删除 Interpreter 实例。配置界面如图 10-22 所示。

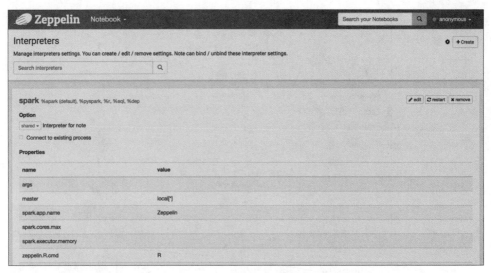

图 10-22　解析器配置界面

因为在后面的编程中会用到 Spark、Python、Shell 等编程语言，所以需要先配置好以下几个解析器。

（1）配置 Python 解析器。主要配置属性 zeppelin python 为"/data/anaconda3/bin/python3"，如图 10-23 所示。

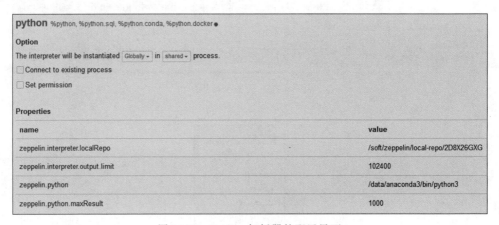

图 10-23　Python 解析器的配置界面

为了使用 Python 的机器学习功能，将 Python 3 中的 Anaconda3 集成环境安装在"/data/anaconda3"目录下，所以 Python 命令的执行路径为"/data/anaconda3/bin/python3"。

（2）配置 Spark 解析器，配置界面如图 10-24 所示。主要配置属性 master 为 spark：//master：7077。

2）显示配置信息

Configuration 选项用于显示当前 Zeppelin 的配置信息，如图 10-25 所示。

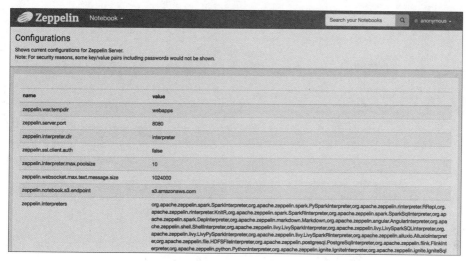

图 10-24　Spark 解析器的配置界面

图 10-25　系统配置信息

10.2.3　笔记

下面介绍笔记的构成和笔记的工具栏。

1. 笔记界面

每个 Zeppelin 笔记由 1～n 个段落（paragraph）组成，该笔记可以看作是一个个段落的容器，笔记界面如图 10-26 所示。

2. 段落

每个段落由代码部分（code section）和结果部分（result section）组成，段落界面如图 10-27 所示。

1）代码部分

代码部分用于输入代码，如图 10-28 所示。

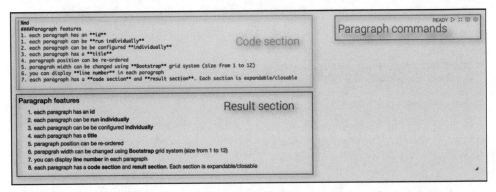

图 10-26　笔记界面

图 10-27　段落界面

```
%python
print ("你好，python ！！！！")
```

你好，python ！！！！

Took 0 sec. Last updated by admin at March 24 2018, 2:14:20 PM.

图 10-28　代码部分

2）结果部分

结果部分用于显示代码的执行结果，如图 10-29 所示。

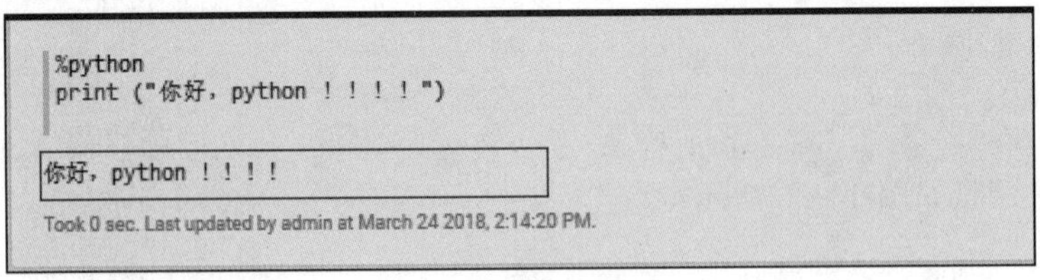

```
%python
print ("你好，python ！！！！")
```

你好，python ！！！！

Took 0 sec. Last updated by admin at March 24 2018, 2:14:20 PM.

图 10-29　结果部分

3）段落命令

在段落界面的右上角有 5 个功能按钮：代码段落状态、执行段落代码、隐藏/显示代码、隐藏/显示结果和配置段落，如图 10-30 所示。

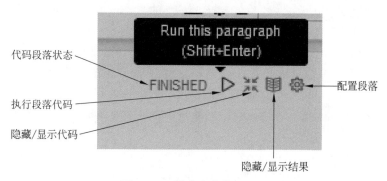

图 10-30　段落命令按钮界面

（1）代码段落状态。代码段落状态有 3 种：准备（READY）、等待（PENDING）和完成（FINISHED）。在图 10-30 中，当前状态为完成（FINISHED）状态。

（2）执行段落代码。用于执行代码并显示输出结果。

（3）隐藏/显示代码。用于控制代码部分是否显示。

（4）隐藏/显示结果。用于控制结果部分是否显示。

（5）配置段落。要想配置段落，只需要单击齿轮图标即可，如图 10-31 所示。

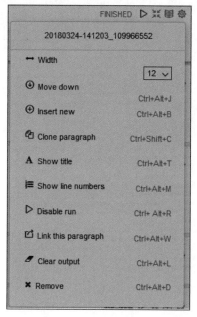

图 10-31　段落配置界面

段落配置界面的说明如下。

- 显示段落 Id（Show Id）。如 20180324-141203_109966552。
- 控制段宽（Width）。可以控制段落的宽度，每段的宽度范围为 1～12。
- 段落上移（Move up）。将当前段落移动到上一个段落的前面。
- 段落下移（Move down）。将当前段落移动到下一个段落的后面。

- 创建新段落(Insert new)。在当前段落后创建新的段落。
- 复制段落(Clone paragraph)。将当前段落复制到新的段落。
- 显示/隐藏标题(Show title)。显示/隐藏当前段落的标题。
- 显示/隐藏行号(Show line numbers)。显示/隐藏当前段落中代码的行号。
- 禁用运行(Disable run)。控制当前段落代码能否运行。
- 链接段落(Link this paragraph)。显示当前段落的链接,并在新窗口中显示段落的运行结果。
- 清除结果(Clear output)。清除结果部分的内容。
- 删除当前段落(Remove)。删除当前段落代码。

3. 笔记工具栏

笔记工具栏包含两部分:左侧工具栏和右侧工具栏。

1) 左侧工具栏

笔记的左侧工具栏如图 10-32 所示。

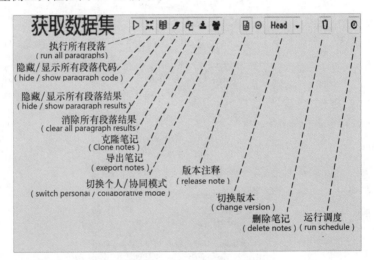

图 10-32 笔记左侧工具栏

左侧工具栏提供了笔记中所有段落代码的执行、段落结果的显示、段落代码的显示以及笔记的复制、导入、导出等功能。

2) 右侧工具栏

笔记的右侧工具栏如图 10-33 所示。

右侧工具栏提供了快捷键列表显示、绑定解析器、笔记权限控制和显示模式等功能。笔记显示模式有 default 模式、simple 模式和 report 模式三种。

10.2.4 Zeppelin 配置中的典型错误

1. 未正确配置 md 解析器

md 解析器配置错误,如图 10-34 所示。

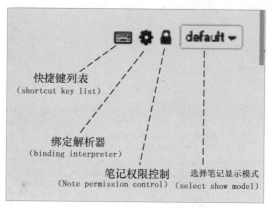

图 10-33　笔记右侧工具栏

```
%md
## Welcome to Zeppelin.
##### This is a live tutorial, you can run the code yourself. (Shift-Enter to Run)

paragraph_1423836981412_-1007008116's Interpreter md not found

org.apache.zeppelin.interpreter.InterpreterException: paragraph_1423836981412_-1007008116's Interpreter md not found
        at org.apache.zeppelin.notebook.Note.run(Note.java:621)
        at org.apache.zeppelin.socket.NotebookServer.persistAndExecuteSingleParagraph(NotebookServer.java:1647)
        at org.apache.zeppelin.socket.NotebookServer.runParagraph(NotebookServer.java:1621)
```

图 10-34　md 解析器配置错误时的界面

2. 未正确配置 Spark 解析器

Spark 解析器配置错误，如图 10-35 所示；Spark SQL 解析器配置错误，如图 10-36 所示。

```
Load data into table
%spark
import org.apache.commons.io.IOUtils
import java.net.URL
import java.nio.charset.Charset

// Zeppelin creates and injects sc (SparkContext) and sqlContext (HiveContext or SqlContext)
// So you don't need create them manually

// load bank data
val bankText = sc.parallelize(
    IOUtils.toString(
        new URL("https://s3.amazonaws.com/apache-zeppelin/tutorial/bank/bank.csv"),
        Charset.forName("utf8")).split("\n"))

case class Bank(age: Integer, job: String, marital: String, education: String, balance: Integer)

val bank = bankText.map(s => s.split(";")).filter(s => s(0) != "\"age\"").map(
    s => Bank(s(0).toInt,
        s(1).replaceAll("\"", ""),
        s(2).replaceAll("\"", ""),
        s(3).replaceAll("\"", ""),
        s(5).replaceAll("\"", "").toInt
    )
).toDF()
bank.registerTempTable("bank")

paragraph_1423500779206_-1502780787's Interpreter spark not found
```

图 10-35　Spark 解析器配置错误时的界面

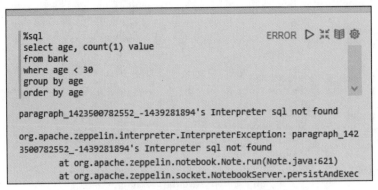

图 10-36　Spark SQL 解析器配置错误时的界面

如果出现以上界面,则要检查解析器配置是否正确,并在修改配置后重启 Zeppelin
服务。

10.3　获取 MovieLens 数据集

本节介绍在 Zeppelin 中通过 Hadoop 的 HDFS 等命令实现数据存储的方法,为此要
创建 Shell 类笔记。

1. 进入创建笔记界面

在 Zeppelin 界面的菜单中选择"创建笔记(Create new note)"选项,如图 10-37 所示。

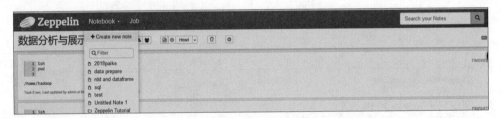

图 10-37　创建新笔记

2. 输入笔记名称并选择解释器

进入创建笔记界面后,输入笔记(Note)名称"数据采集与存储编程",并选择默认解
释器(Default Interpreter),如图 10-38 所示。

3. 生成新的笔记

生成新的笔记,如图 10-39 所示。

4. 获取 MovieLens 数据集

使用 HDFS 等命令收集与存储原始数据集。

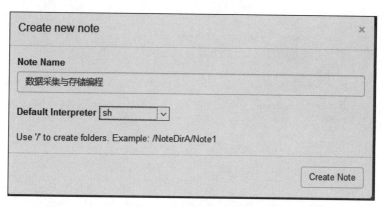

图 10-38 输入笔记名

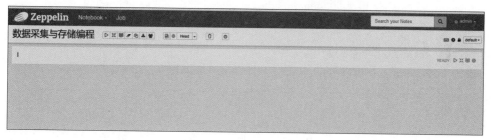

图 10-39 新生成的笔记

1) 查看工作目录

使用 pwd 命令查看当前工作目录,如图 10-40 所示。

图 10-40 获取当前目录

2) 查看当前目录

使用 ls 命令查看目录下的内容,如图 10-41 所示。

图 10-41 查看当前文件列表

3) 下载数据集(10 万用户评分数据集)

使用 wget 命令下载数据集,如图 10-42 所示。

```
  1 %sh
  2 wget http://files.grouplens.org/datasets/movielens/ml-100k.zip
  3

--2018-03-19 04:15:24--  http://files.grouplens.org/datasets/movielens/ml-100k.zip
Resolving files.grouplens.org (files.grouplens.org)... 128.101.34.235
Connecting to files.grouplens.org (files.grouplens.org)|128.101.34.235|:80... connected.
HTTP request sent, awaiting response... 200 OK
Length: 4924029 (4.7M) [application/zip]
Saving to: 'ml-100k.zip'

     0K .......... .......... .......... .......... ..........  1%  116K 41s
    50K .......... .......... .......... .......... ..........  2%  221K 31s
   100K .......... .......... .......... .......... ..........  3% 15.7M 21s
   150K .......... .......... .......... .......... ..........  4%  338M 15s
   200K .......... .......... .......... .......... ..........  5%  205K 17s
   250K .......... .......... .......... .......... ..........  6%  173M 14s
   300K .......... .......... .......... .......... ..........  7%  188M 12s
   350K .......... .......... .......... .......... ..........  8%  146M 10s
   400K .......... .......... .......... .......... ..........  9%  203K 11s
   450K .......... .......... .......... .......... .......... 10% 14.1M 10s
   500K .......... .......... .......... .......... .......... 11% 38.4M  9s
```

图 10-42　获取数据集

4）查看下载的数据集文件

使用 ls 命令查看下载的数据集文件 ml-100k.zip，如图 10-43 所示。

```
  1 %sh
  2 ls

ml-100k.zip
```
Took 0 sec. Last updated by admin at March 19 2018, 4:18:33 AM.

图 10-43　查看数据集文件

5）解压缩下载的数据集

使用 unzip 命令解压缩下载的数据集，如图 10-44 所示。

```
  1 %sh
  2 unzip ml-100k.zip

Archive:  ml-100k.zip
  creating: ml-100k/
 inflating: ml-100k/allbut.pl
 inflating: ml-100k/mku.sh
 inflating: ml-100k/README
 inflating: ml-100k/u.data
 inflating: ml-100k/u.genre
 inflating: ml-100k/u.info
 inflating: ml-100k/u.item
 inflating: ml-100k/u.occupation
 inflating: ml-100k/u.user
 inflating: ml-100k/u1.base
 inflating: ml-100k/u1.test
 inflating: ml-100k/u2.base
 inflating: ml-100k/u2.test
 inflating: ml-100k/u3.base
 inflating: ml-100k/u3.test
```

图 10-44　解压缩数据集文件

6）存储到 Hadoop 系统

把获取的数据集存储到 Hadoop 系统中，步骤如下。

（1）查看 Hadoop 的存储目录。使用 hdfs dfs -ls 命令查看 Hadoop 根目录下 datasets 是否存在，如图 10-45 所示。

```
  1 %sh
  2 hdfs dfs -ls /

Found 4 items
drwxr-xr-x   - hadoop supergroup          0 2018-03-15 01:01 /kylin
drwxr-xr-x   - hadoop supergroup          0 2018-03-15 00:55 /movielens
drwx-wx-wx   - hadoop supergroup          0 2018-03-15 01:01 /tmp
drwxr-xr-x   - hadoop supergroup          0 2018-03-17 21:58 /user
Took 4 sec. Last updated by admin at March 18 2018, 6:06:04 PM. (outdated)
```

图 10-45　查看 HDFS 存储

（2）创建 datasets 目录。使用 hdfs dfs -mkdir 命令创建"/datasets"目录，如图 10-46 所示。

```
  1 %sh
  2 hdfs dfs -mkdir /datasets
  3
Took 4 sec. Last updated by admin at March 18 2018, 6:06:23 PM. (outdated)
```

图 10-46　创建"/datasets"目录

（3）上传数据集到 datasets 目录。使用 hdfs dfs -put 命令上传数据集 ml-100k 到目录"/datasets"中，如图 10-47 所示。

```
  1 %sh
  2 hdfs dfs -put ml-100k /datasets/
Took 18 sec. Last updated by admin at March 18 2018, 6:07:21 PM. (outdated)
```

图 10-47　上传数据集 ml-100k 到目录"/datasets"中

（4）查看上传结果。使用 hdfs dfs -ls 命令查看上传目录，如图 10-48 所示。

```
  1 %sh
  2 hdfs dfs -ls /datasets/ml-100k
Found 23 items
-rw-r--r--   1 hadoop supergroup       6750 2018-03-19 02:42 /datasets/ml-100k/README
-rw-r--r--   1 hadoop supergroup        716 2018-03-19 02:42 /datasets/ml-100k/allbut.pl
-rw-r--r--   1 hadoop supergroup        643 2018-03-19 02:42 /datasets/ml-100k/mku.sh
-rw-r--r--   1 hadoop supergroup    1979173 2018-03-19 02:42 /datasets/ml-100k/u.data
-rw-r--r--   1 hadoop supergroup        202 2018-03-19 02:42 /datasets/ml-100k/u.genre
-rw-r--r--   1 hadoop supergroup         36 2018-03-19 02:42 /datasets/ml-100k/u.info
-rw-r--r--   1 hadoop supergroup     236344 2018-03-19 02:42 /datasets/ml-100k/u.item
-rw-r--r--   1 hadoop supergroup        193 2018-03-19 02:42 /datasets/ml-100k/u.occupation
-rw-r--r--   1 hadoop supergroup      22628 2018-03-19 02:42 /datasets/ml-100k/u.user
-rw-r--r--   1 hadoop supergroup    1586544 2018-03-19 02:42 /datasets/ml-100k/u1.base
-rw-r--r--   1 hadoop supergroup     392629 2018-03-19 02:42 /datasets/ml-100k/u1.test
-rw-r--r--   1 hadoop supergroup    1583948 2018-03-19 02:42 /datasets/ml-100k/u2.base
-rw-r--r--   1 hadoop supergroup     395225 2018-03-19 02:42 /datasets/ml-100k/u2.test
-rw-r--r--   1 hadoop supergroup    1582546 2018-03-19 02:42 /datasets/ml-100k/u3.base
-rw-r--r--   1 hadoop supergroup     396627 2018-03-19 02:42 /datasets/ml-100k/u3.test
-rw-r--r--   1 hadoop supergroup    1581878 2018-03-19 02:42 /datasets/ml-100k/u4.base
```

图 10-48　查看上传数据集 ml-100k

（5）查看其中的 README 文件的内容。使用 hdfs dfs -cat 命令查看上传目录 ml-100k 中的 README 文件，如图 10-49 所示。

```
1 %sh
2 hdfs dfs -cat /datasets/ml-100k/README
3

SUMMARY & USAGE LICENSE
============================================
MovieLens data sets were collected by the GroupLens Research Project
at the University of Minnesota.

This data set consists of:
        * 100,000 ratings (1-5) from 943 users on 1682 movies.
        * Each user has rated at least 20 movies.
        * Simple demographic info for the users (age, gender, occupation, zip)
```

图 10-49　查看数据集 ml-100k 中的 README 文件

README 文件包含较多内容，需要认真阅读。

10.4　本章小结

本章介绍了 Web 交互式分析平台 Apache Zeppelin 的主要功能和部署配置。Zeppelin 内置 Spark 引擎，支持 Python、Scala、Java 等多种语言，为编程和数据分析提供了便利的 Web 开发环境，非常适合学习和研究，可以提高效率。Apache Zeppelin 的分享功能也有利于相互学习和交流。

本章还通过运用 Apache Zeppelin，展示了获取有关电影评级的 MovieLens 数据集的方法，并将相应的原始数据集存储在 Hadoop 的 HDFS 中，为使用 Apache Spark 分析数据集做好了数据准备。

习　　题

1. 编写自动下载 MovieLens 数据集的脚本，并用任务方式执行。
2. 用 Shell 笔记实现数据集的删除。
3. 用 hdfs 命令实现浏览 u.user 中的数据。
4. 参考 Web 资料，查看 Apache Zeppelin 中 Spark 解析器的日志。

第11章

大数据分析与数据可视化

学习目标

- 掌握使用 Scala 代码实现数据分析的方法。
- 掌握使用 Spark SQL 实现数据分析与数据可视化的方法。
- 掌握使用 Python 代码实现数据分析与数据可视化的方法。

通过第 10 章的学习,我们已经准备好了交互式分析平台(Zeppelin),获取了用于分析的 MoveLens 数据集,并将其存储在搭建好的 Hadoop 的 HDFS 中,数据分析的工作将在 Zeppelin 上开展。本章将着重分析 MovieLens 数据集中较为重要的用户数据、影视数据和评级数据。通过分析和编程讲解数据的处理技巧和数据的可视化展示,读者应主要掌握以下 3 种数据分析方法。

(1) 运用 Scala 实现外部数据获取和数据处理。

(2) 运用 Spark SQL 进行数据统计与分析。

(3) 运用 Python 进行复杂的统计与数据可视化展示。

11.1 数 据 处 理

11.1.1 创建笔记

在 Zeppelin 上创建名为"用户数据分析"的笔记。

首先需要大致了解数据分析的对象 MovieLens 数据集,在 Zeppelin 环境下通过执行 Hadoop 中的 HDFS 的 cat 命令读取 README 文件,命令如下。

```
hdfs dfs -cat /datasets/ml-100k/README
```

命令执行结果如图 11-1 所示。

通过读取 u.info 也可以得到数据集的数据规模,如图 11-2 所示。

浏览 u.user 文件的说明部分,如图 11-3 所示。

u.user 文件应有 943 行用户数据。数据文件格式为 user id｜age｜gender｜occupation｜zip code,字段之间用"｜"分隔。对应的中文意思是：用户 id｜用户年龄｜用户性别｜用户职业｜用户邮政编码。

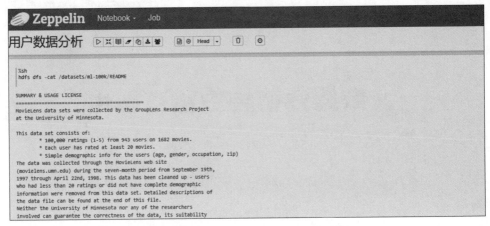

图 11-1　读取 ml-100k 的 README 文件

```
%sh
hdfs dfs -cat /datasets/ml-100k/u.info

943 users
1682 items
100000 ratings
```

图 11-2　读取 ml-100k 的 u.info 文件

```
u.user     -- Demographic information about the users; this is a tab
              separated list of
              user id | age | gender | occupation | zip code
```

图 11-3　u.user 文件说明

11.1.2　数据处理案例

在获取的 MoveLens 数据中，以用户数据为例进行基础分析，重点检查数据是否存在信息不规整、数据点缺失和异常值等问题，如数据格式是否正确、用户 id 是否重复、数据项是否缺失等。Apache Spark 提供了数据预处理的方便 API，下面使用 Scala 实现。

1. 从存储中提取原始数据

从 HDFS 存储中读取 u.user 文件，使用 RDD 的 API 查询总数。实现代码及执行结果如图 11-4 所示。

结果显示用户数据共有 943 行，与数据集用户的数据规模说明一致。

需要注意的是，因为 Zeppelin 会自动初始化 SparkContext 和 SQLContext，所以不能再显式地创建 SparkContext 和 SQLContext。Scala、Python、R 环境共享相同的SparkContext、SQLContext 和 ZeppelinContext 实例。SparkContext 自动创建并显示为变量名 sc，可以直接引用。

在访问 HDFS 存储时，可以直接使用目录的方式，代码及执行结果如图 11-5 所示。

```
1  %spark
2  //从HDFS存储中读取u.user数据，并将读取到的数据存储到RDD变量user data
3  val  user_data = sc.textFile("hdfs://master:9000/datasets/ml-100k/u.user")
4  user_data.count()
5

user_data: org.apache.spark.rdd.RDD[String] = hdfs://master:9000/datasets/ml-100k/u.user
res45: Long = 943
```

图 11-4　提取原始数据

```
1  %spark
2  //从HDFS中读取u.user数据，并将这些数据存储到RDD变量的user data中
3  var user_data=sc.textFile("/datasets/ml-100k/u.user")
4  user_data.count()

user_data: org.apache.spark.rdd.RDD[String] = /datasets/ml-100k/u.user MapPartitionsRDD[119] at textFile at <console>:31
res47: Long = 943
```

图 11-5　目录式提取原始数据的代码及执行结果

MovieLens 提供的 u.user 数据格式非常规范，可以节省处理异常数据的时间。

2. 检查数据是否唯一

以用户数据为例，用户 id 应唯一。因为要检查 id 是否唯一，所以需要从 RDD 原始数据中拆分出 id 字段以生成新的 RDD 数据，这一点配合使用 Spark Scala 的 map 函数和 split 函数可以方便地做到，同时使用 take 函数输出 RDD。代码及执行结果如图 11-6 所示。

```
1  %spark
2  val user_all = user_data.map(line=>line.split("\\|"))
3  val user_id =user_all.map(line=>line(0))
4  user_id.distinct.count()

user_all: org.apache.spark.rdd.RDD[Array[String]] = MapPartitionsRDD[129] at map at <console>:32
user_id: org.apache.spark.rdd.RDD[String] = MapPartitionsRDD[130] at map at <console>:34
res53: Long = 943
```

图 11-6　id 唯一检查结果的代码及执行结果

使用函数 line=>line.split("\\|")将字符串（如"1|24|M|technician|85711"）拆分成数组（如 Array(1，24，M，technician，85711)）；由于"|"是具有特定意义的字符，因此需要使用"\\"转义"|"字符。

使用 take 函数返回 user_data 的前 2 条数据，格式为：id|年龄|性别|职业|邮政编码。user_data 是一维数组，查看 user_data 的代码及执行结果如图 11-7 所示。

```
%spark
user_data.take(2)

res91: Array[String] = Array(1|24|M|technician|85711, 2|53|F|other|94043)
```

图 11-7　查看 user_data 的代码及执行结果

使用 take 函数返回 user_all 的前 2 个元素,即 2 行用户数据(格式为:id,年龄,性别,职业,邮政编码),user_all 是二维数组。代码及执行结果如图 11-8 所示。

```
1 %spark
2 user_all.take(2)

res90: Array[Array[String]] = Array(Array(1, 24, M, technician, 85711), Array(2, 53, F, other, 94043))
```

图 11-8　使用 take 函数返回 user_all 的前 2 条数据在二维数组中

在 user_all 的基础上,通过 map 函数将函数 line=>line(0)应用于 user_all 的每个元素,定义新的 RDD 变量 user_id,用于存储 id 数据,需要获取 id,因为 id 就是数组 line 的第 0 个元素,所以用 line(0)指代。通过 take 函数返回 user_id 的前 2 条数据,即 2 个 id。代码及执行结果如图 11-9 所示。

```
%spark
user_id.take(2)

res92: Array[String] = Array(1, 2)
```

图 11-9　使用 take 函数返回 user_id 的前 2 条数据中的 id 值

使用 distinct 函数将 user_id 去重,得到新的 RDD,在此基础上使用 count 函数求记录个数,得 943,与最初的记录数 943 相同,因此 u.user 的 user_id 没有出现重复。

3. 检查数据是否缺失

若碰到数据项缺失的情况,则可以采取两种手段处理:删除缺失的数据和对缺失值进行填充处理。

对缺失值采用简单的方法进行处理,其中,离散布尔型可以简单地添加第 3 个类别 missing,将其转换为一个分类变量。数值类型的数据可以填充任何平均数、中值或者一些其他预定义的值。

以用户数据为例,检查性别数据是否有为空的情况。使用 filter 函数筛选出需要的数据。代码及执行结果如图 11-10 所示。

```
1 %spark
2 import org.apache.commons.lang.StringUtils
3
4 val user_gender = user_all.map(line=>line(2))
5 val user_gender_empty = user_gender.filter(t => StringUtils.isEmpty(t))
6 user_gender_empty.count
import org.apache.commons.lang.StringUtils
user_gender: org.apache.spark.rdd.RDD[String] = MapPartitionsRDD[157] at map at <console>:42
user_gender_empty: org.apache.spark.rdd.RDD[String] = MapPartitionsRDD[158] at filter at <console>:43
res113: Long = 0
```

图 11-10　检查性别数据的代码及执行结果

需要判断字符串是否为空,使用 StringUtils.isEmpty 函数,引入 import org.apache.commons. lang.StringUtils 单元。

在 user_all 的基础上通过 map 函数将函数 line=>line(2)应用于 user_all 的每个元素,定义新的 RDD 变量 user_gender,用于存储性别数据。这时需要获取 id,因为 id 就是数组 line 的第 3 个元素,所以用 line(2)指代。

通过 take 函数返回 user_gender 的前 2 个记录,即前 2 条记录的性别。查看 user_gender 的代码及执行结果,如图 11-11 所示。

```
%spark
user_gender.take(2)

res127: Array[String] = Array(M, F)
```

图 11-11　查看 user_gender 的代码及执行结果

通过 filter 函数,使用 t =>StringUtils.isEmpty(t)作为筛选条件,将性别为空的数据筛选出来并将其保存到新的 RDD 变量 user_gender_empty 中。根据 user_gender_empty.count 为 0 可以判断出用户数据性别没有缺失值。

4. 检查数据是否异常

用户性别的取值要么为 M,要么为 F,检查是否有第 3 种取值的数值出现。

采用 map 和 reduceByKey 这两个函数配合统计性别取值,实现代码及执行结果如图 11-12 所示。

```
%spark
val user_gender_tmp = user_gender.map(line=>(line,1))
val user_gender_count = user_gender_tmp.reduceByKey((x,y) => x + y)
user_gender_count.collect

user_gender_tmp: org.apache.spark.rdd.RDD[(String, Int)] = MapPartitionsRDD[316] at map at <console>:48
user_gender_count: org.apache.spark.rdd.RDD[(String, Int)] = ShuffledRDD[317] at reduceByKey at <console>:50
res187: Array[(String, Int)] = Array((F,273), (M,670))
```

图 11-12　统计性别的代码及执行结果

采用 case class 和 DataFrame 这两个函数也可以检查用户性别,实现代码及执行结果如图 11-13 所示。

```
 1 %spark
 2 case class User(userid:Integer,age:Integer,gender:String, occupation:String, zipcode:String)
 3 val users = user_data.map(s=>s.split("\\|")).map(
 4     s=>User(s(0).toInt,s(1).toInt,s(2),s(3),s(4))
 5         )
 6 // 转变为 DataFrame
 7 val userdf = users.toDF()
 8 val userdf_gender = userdf.groupBy("gender").count()
 9 userdf_gender.show
10

defined class User
users: org.apache.spark.rdd.RDD[User] = MapPartitionsRDD[212] at map at <console>:46
userdf: org.apache.spark.sql.DataFrame = [userid: int, age: int ... 3 more fields]
userdf_gender: org.apache.spark.sql.DataFrame = [gender: string, count: bigint]
+------+-----+
|gender|count|
+------+-----+
|     F|  273|
|     M|  670|
+------+-----+
```

图 11-13　采用 case class 和 DataFrame 函数检查用户性别的代码及执行结果

Spark 的 DataFrame 派生于 RDD 类,它提供了非常强大的数据操作功能。

根据用户数据的结构定义了样本类。

```
User(userid: Integer, age: Integer, gender: String, occupation: String, zipcode:
String)
```

在 map 函数中用到了样本类 User。由于 id 和 age 为整数,因此需要用 toInt 将字符串转换成整型。使用 take 函数查看 users 的值的代码及执行结果如图 11-14 所示。

```
%spark
users.take(2)

res151: Array[User] = Array(User(1,24,M,technician,85711), User(2,53,F,other,94043))
```

图 11-14　使用 take 函数查看 users 的值的代码及执行结果

同时,使用 toDF 函数将 RDD 变量 users 转换赋值给新的 DataFrame 变量 userdf。查看 userdf 的取值的代码及执行结果如图 11-15 所示。

```
%spark
userdf.take(2)

res150: Array[org.apache.spark.sql.Row] = Array([1,24,M,technician,85711], [2,53,F,other,94043])
```

图 11-15　查看 userdf 的取值的代码及执行结果

userdf_gender 为 DataFrame 变量 userdf 根据性别(gender)分组求记录数所返回的 DataFrame。

最后使用 show 函数将 userdf_gender 数据输出显示。从结果显示中可以得知,性别数据没有异常值。

同样,可以对电影数据(u.item)、影评数据(u.data)进行相应的数据处理。

11.2　数据分析与可视化

经过数据处理后,就能对这些数据进行统计与分析了。本节将运用 Spark SQL 进行统计分析与展示。在 Zeppelin 上创建名为“数据统计与分析”的笔记,选择 Spark 作为解析器,操作界面如图 11-16 所示。

以用户数据为例,分析一些与用户数据相关的统计。

11.2.1　注册临时表 users

根据 DataFrame 变量 userdf 注册临时表,代码及执行结果如图 11-17 所示。这时无明显输出结果,说明执行成功。

11.2.2　浏览 users

首先通过简单的查询语句认识 Spark SQL 的功能,需要输入％sql 指定解析器,代码如下。

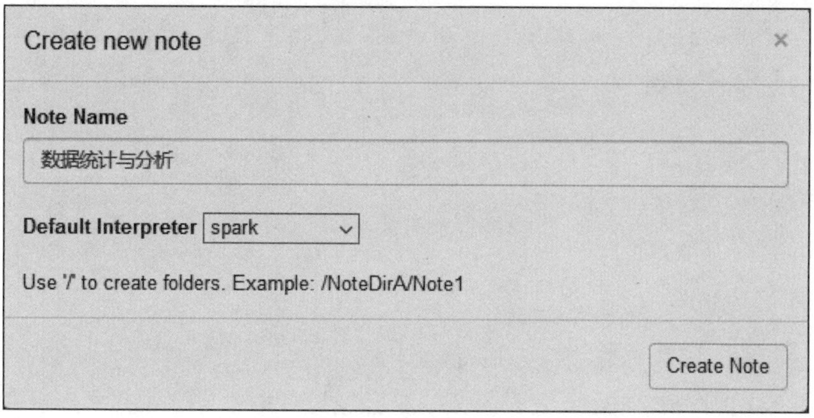

图 11-16　创建笔记

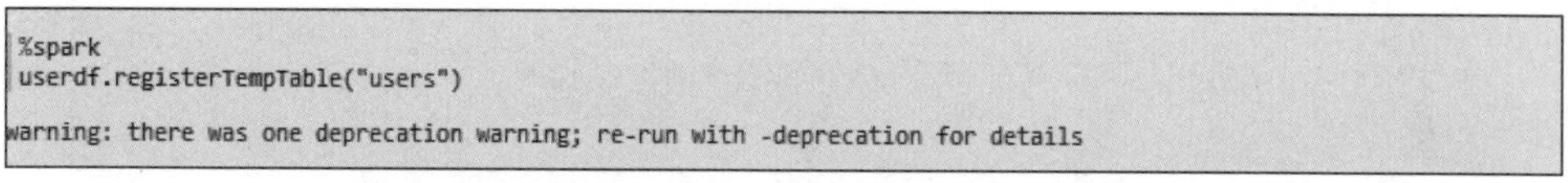

```
%spark
userdf.registerTempTable("users")
warning: there was one deprecation warning; re-run with -deprecation for details
```

图 11-17　注册临时表 users 的代码及执行结果

```
%sql
select * from users
```

代码执行结果如图 11-18 所示。

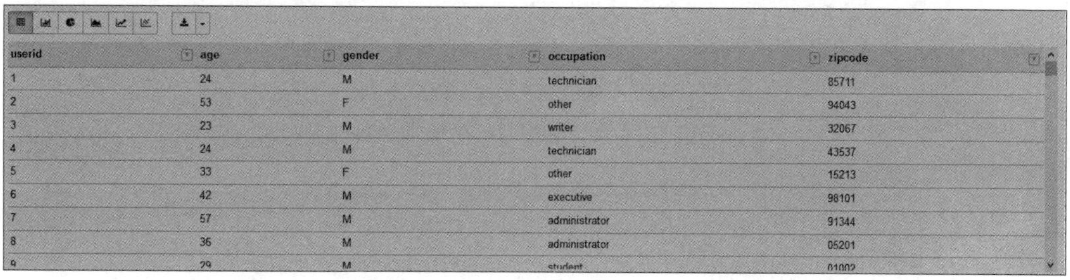

图 11-18　通过简单的查询语句显示 users 表的执行结果

代码执行结果可以采用丰富的可视化效果展示,可以采用表格显示原始的数据,也可以采用条形图、饼图、区域图、线图、散点图展示,展示控制按钮如图 11-19 所示。

11.2.3　统计年龄分布

我们希望知道用户的年龄分布情况,以便从年龄这个维度统计用户的特点。代码及执行结果如图 11-20 所示。注意:关键词 GROUP 和 BY 之间是有空格的。

切换成用条形图展示,结果如图 11-21 所示。

通过观察图例可以分析得知:用户的年龄集中在 19～51 岁,也就是说,提供数据集的网站的用户群体为青年和中年。其中,青年(20～30 岁)占比最多,需要重点关注。

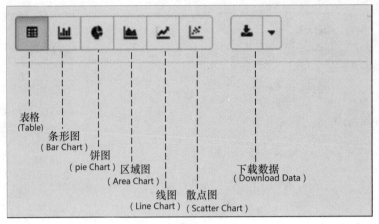

图 11-19　展示控制按钮

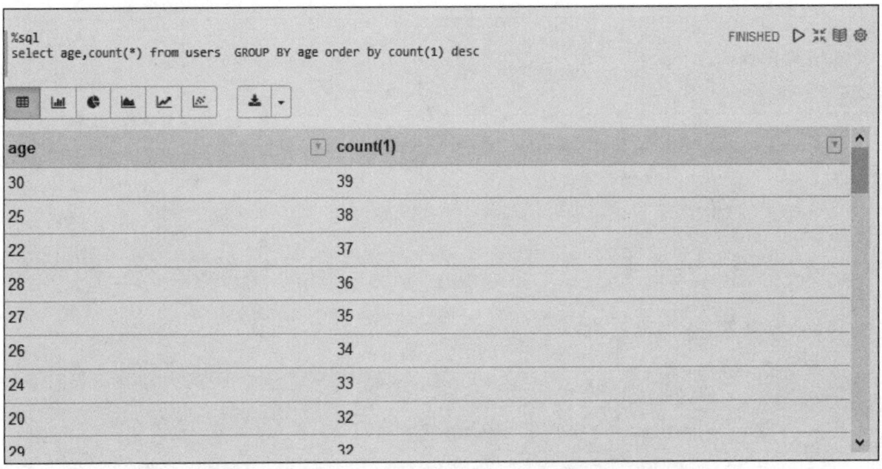

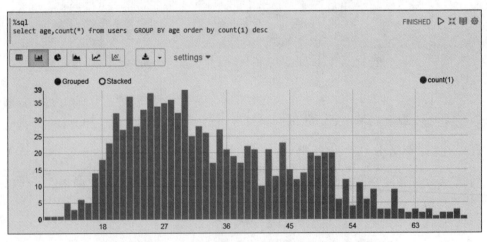

图 11-20　统计年龄结构表的代码及执行结果

图 11-21　统计年龄分布图——条形图的代码及执行结果

切换成散点图展示,结果如图 11-22 所示。

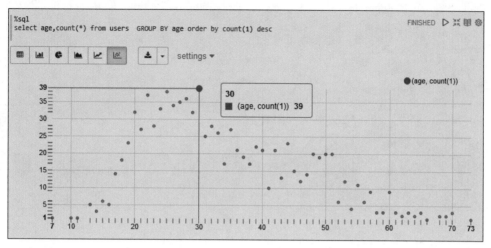

图 11-22 统计年龄分布图——散点图的代码及执行结果

11.2.4 统计职业分布

我们希望知道用户的职业分布情况,以便从职业这个维度统计用户的特点。默认采用数据表的形式展示,代码及执行结果如图 11-23 所示。

```
%sql
select occupation,count(*) from users  GROUP BY occupation order by count(1) desc
```

occupation	count(1)
student	196
other	105
educator	95
administrator	79
engineer	67
programmer	66
librarian	51

图 11-23 采用表格表示的职业统计代码及执行结果

切换成条形图展示,直观地查看分布结果,如图 11-24 所示。

切换成饼图展示,可以看出学生占比最大,如图 11-25 所示。

切换成区域图展示,如图 11-26 所示。

切换成线图展示,如图 11-27 所示。

切换成散点图展示,如图 11-28 所示。

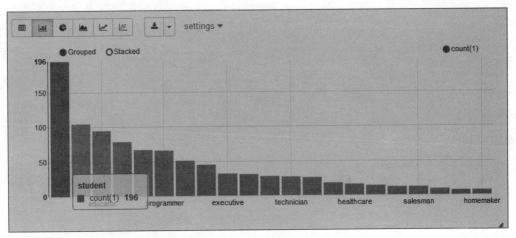

图 11-24 职业分布情况图——条形图

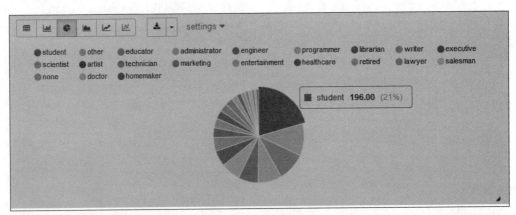

图 11-25 职业分布情况图——饼图

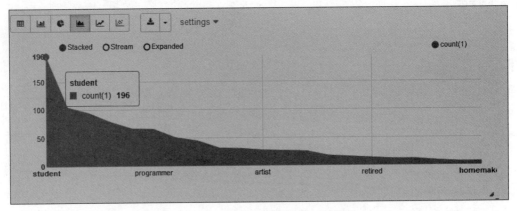

图 11-26 职业分布情况图——区域图

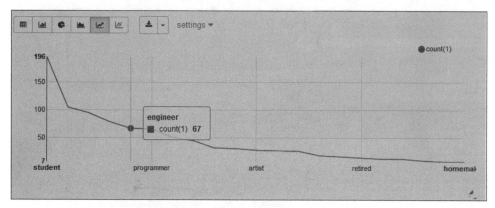

图 11-27　职业分布情况图——线图

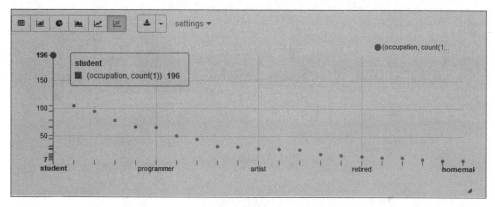

图 11-28　职业分布情况图——散点图

通过图例分析可以直观地看到学生、教育工作者的注册用户最多；IT 行业从业者（工程师、开发者）的注册用户较多；家庭主妇、医生的注册用户最少。开展业务时，相关人员需要重视学生、教育工作者、IT 行业从业者等用户群体的需求。

11.3　复杂逻辑处理

在 Zeppelin 上创建名为"数据高级处理"的笔记，设置默认解析器（Default Interpreter）为python，如图 11-29 所示。

11.3.1　评分统计分析

NumPy 是 Python 的一个科学计算库，它提供了矩阵运算功能。下面引用 NumPy处理复杂的业务数据统计分析，主要对评分数据进行分析。

在求中值时用到了中值函数：通过调用函数 numpy.median(x,[axis])实现对评分数据求中值，其中 axis 可指定轴方向，默认 axis＝None，对所有数求中值。中值是指将序列按大小顺序排列后排在中间的那个值，如果有偶数个数，则取排在中间的两个数的平均

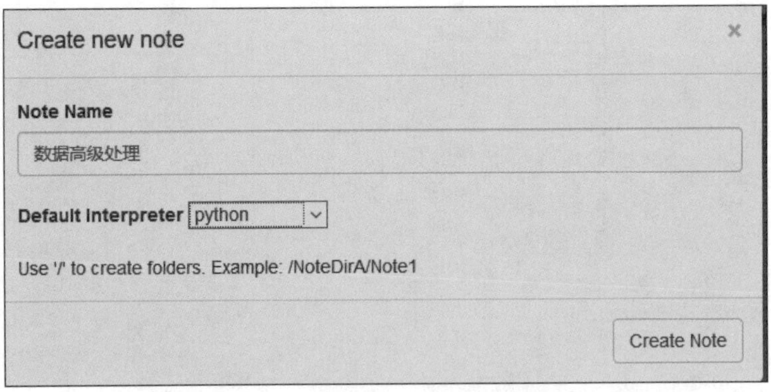

图 11-29　创建"数据高级处理"笔记

值。例如,序列[5,2,6,4,2]按从小到大的顺序可以排成 [2,2,4,5,6],排在中间的数是 4,所以这个序列的中值是 4。又如,序列[5,2,6,4,3,2]按从小到大的顺序可以排成 [2, 2,3,4,5,6],因为有偶数个数,排在中间的两个数是 3 和 4,所以这个序列的中值是 3.5。 从上述结果可以看到,最低的评分为 1,最高的评分为 5,因此评分的范围是 1～5。代码 及执行结果如图 11-30 所示。

```
1  %pyspark
2  import numpy as np
3
4  user_data = sc.textFile("/datasets/ml-100k/u.user")
5  num_users = user_data.map(lambda fields: fields[0]).count()
6
7  movie_data = sc.textFile("/datasets/ml-100k/u.item")
8  num_movies = movie_data.count()
9
10 rating_data =sc.textFile('/datasets/ml-100k/u.data')
11 rating_data = rating_data.map(lambda line: line.split('\t'))
12 ratings = rating_data.map(lambda fields: int(fields[2]))
13 num_ratings = rating_data.count()
14 max_rating = ratings.reduce(lambda x,y:max(x,y))
15 min_rating = ratings.reduce(lambda x,y:min(x,y))
16 mean_rating = ratings.reduce(lambda x,y:x+y)/num_ratings
17 median_rating = np.median(ratings.collect())
18 ratings_per_user = num_ratings/num_users;
19 ratings_per_movie = num_ratings/ num_movies
20 print ('最少评价: %d' %min_rating)
21 print ('最多评价: %d' % max_rating)
22 print ('平均评价: %2.2f' %mean_rating)
23 print ('中间值 评价: %d '%median_rating)
24 print ('平均评价/用户: %2.2f'%ratings_per_user)
25 print ('平均评级/电影: %2.2f' % ratings_per_movie)
26
```
最少评价: 1
最多评价: 5
平均评价: 3.53
中间值评价: 4
平均评价/用户: 106.04
平均评级/电影: 59.45

图 11-30　评分数据统计的代码及执行结果

　　Spark 也提供了一个名为 stats 的函数,该函数包含一个数值变量,用于类似的统计。 stats 函数的调用方法代码及运行结果如图 11-31 所示。

　　可以看出,用户对电影的平均评分(mean)约是 3.5,而评分中值(median)为 4,这就 能说明评分的分布稍倾向于高一些的得分。

```
1 %pyspark
2 ratings.stats()
(count: 100000, mean: 3.5298600000000024, stdev: 1.12566797076, max: 5.0, min: 1.0)
```

图 11-31 stats 函数的调用代码及执行结果

11.3.2 评分分布的条形图

要想验证评分的分布稍倾向于高一些的得分的假设,可以创建一个评分分布的条形图。

Matplotlib 是 Python 中常用的可视化工具之一,它可以非常方便地创建各种类型的 2D 图表和基本的 3D 图表,在各个科学计算领域都得到了广泛应用。Matplotlib 通过 import matplotlib.pyplot as plt 导入,统计评分分布的代码及运行结果如图 11-32 所示。

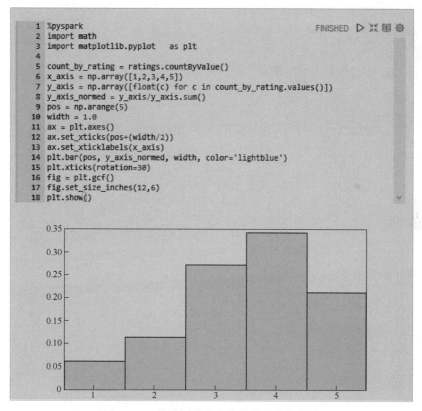

图 11-32 统计评分分布的代码及执行结果

结果和我们之前期待的相同,即评级的分布偏向中等以上。

11.4　本章小结

　　大数据的数据分析和数据可视化是初学者必备的分析技能。本章通过交互式分析平台(Zeppelin)提供的可视化功能,运用 Scala、SQL 和 Python 等语言学习了清洗、分析、探索、可视化等技能,在实战中积累了分析经验,掌握了数据分析和数据可视化的基本步骤和方法。

　　通过引用 Python 的 NumPy 和 Matplotlib 库,进行了更复杂的统计分析和数据可视化展示。

习　　题

1. 实现 u.item 的缺失数据处理工作。
2. 实现 u.data 的缺失数据处理工作。
3. 用 Spark SQL 输出评分跨度最长的用户。
4. 用 Scala 实现电影数据的展示。
5. 用 Python 统计职业情况,并用图表可视化展示。

构建推荐算法

学习目标

- 了解推荐系统的背景。
- 掌握推荐算法的基础。
- 理解使用 Spark MLlib ALS 构建推荐算法的原理。

在经过第 10 章和第 11 章的学习后,我们已经初步掌握了在已有的电影评分数据集上进行数据分析和可视化展现的方法。将数据分析转化为信息,而如果想在这些信息的基础上获得认知,并将其转化为有效的预测和决策,就需要进行数据挖掘。本章介绍如何使用 Spark MLlib ALS 构建推荐算法,为用户推荐电影。

12.1 协同过滤算法概述

在推荐算法中,协同过滤(Collaborative Filtering,CF)是常用的推荐算法之一。协同过滤的主要功能是预测和推荐。该算法通过对用户历史行为数据的挖掘发现用户的偏好,基于不同的偏好对用户进行群组划分,并为其推荐与他们品味相似的商品。

协同过滤推荐的基本思想是:如果用户在过去有相同的偏好(例如他们关注或者看过相同的电影),那么他们在未来也会有相似的偏好。例如,如果用户 A 和用户 B 的观看爱好重叠,而且用户 A 最近观看了一部电影,恰好用户 B 还没有观看过这部电影,那么这时基本的逻辑就是向用户 B 推荐这部电影。

12.2 协同过滤分类

协同过滤推荐算法分为两类,分别是基于用户的协同过滤算法(User-Based Collaborative Filtering)和基于物品的协同过滤算法(Item-Based Collaborative Filtering)。

协同过滤系统会基于商品或用户之间的相似性衡量指标推荐商品。相似用户喜爱的商品会推荐给另一位用户,既不需要了解商品的任何信息,也不限于特定领域,可以用于任何类型的产品,如电影、书籍等。

这种以用户为主体的算法比较强调的是社会性的属性,也就是,说这类算法更加强调把和你有相似爱好的其他用户的物品推荐给你。与之对应的是基于物品的推荐算法,这种推荐算法更加强调把和你喜欢的物品相似的物品推荐给你。

12.2.1　基于用户的协同过滤

基于用户的协同过滤是指给定一个用户访问(假设访问代表有兴趣)物品的数据集合,找到和当前用户历史行为有相近偏好的其他用户,将这些用户组成"近邻"。然后对当前用户没有访问过的物品利用其近邻的访问记录进行预测。如图 12-1 所示,用户 A 和用户 C 都访问了物品 A 和物品 C,所以可以计算出用户 C 是用户 A 的近邻,而用户 B 不是用户 C 的近邻。由于用户 C 访问过物品 D,系统认为用户 A 也可能对物品 D 感兴趣,所以系统会向用户 A 推荐用户 C 访问过的物品 D。

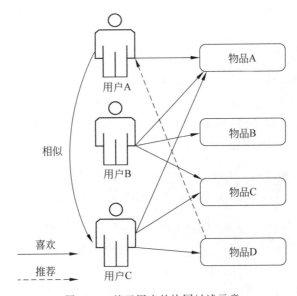

图 12-1　基于用户的协同过滤示意

根据用户数据创建用户-物品(user-item)矩阵,通过发现相似用户的偏好预测缺失的条目。

12.2.2　基于物品的协同过滤

基于物品的协同过滤是指利用物品之间的相似度,而不是用户之间的相似度计算预测值。如图 12-2 所示,由于物品 A 和物品 C 都被用户 A 和用户 B 访问过,因此认为它们的相似度更高。在用户 C 访问过物品 A 后,物品 C 就会被推荐给用户 C。

根据所有用户对物品或者信息的评价,发现物品之间的相似度,然后根据用户的历史偏好信息将类似的物品推荐给该用户。

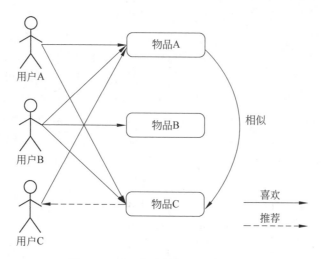

图 12-2　基于物品的协同过滤示意图

12.3　Spark 推荐模型库

　　Spark 推荐模型库当前只包含基于矩阵分解（Matrix Factorization）的实现，因此本书也将重点关注这类模型。这些模型在协同过滤中的表现十分出色，在 Netflix Prize 等知名比赛中的表现优异。

12.3.1　显式矩阵分解

　　当要处理的数据是由用户提供的自身偏好数据时，这些数据被称为显式偏好数据。这类数据包括物品评级、赞、喜欢等用户对物品的评价。

　　这些数据可以转换为以用户为行、物品为列的二维矩阵。矩阵的每个数据表示某个用户对特定物品的偏好。因为在大部分情况下，单个用户只会和少量的物品接触，所以该矩阵中只有少量的数据非零（即该矩阵很稀疏）。

　　例如，假设用户对电影的评分（user ratings）数据如下。
- 汤姆（Tom），星球大战（Star Wars），5。
- 简（Jane），泰坦尼克号（Titanic），4。
- 比尔（Bill），蝙蝠侠（Batman），3。
- 简（Jane），星球大战（Star Wars），2。
- 比尔（Bill），泰坦尼克号（Titanic），3。

以 user 为行、movie 为列构造对应评分矩阵（Rating Matrix）。

　　MF 是一种直接建模 user-item 矩阵的方法，利用两个低维度的小矩阵的乘积表示，属于一种降维技术。

　　因为这类模型试图发现对应"用户–物品"矩阵内在行为结构的隐含特征（这里表示为因子矩阵），所以也把它们称为隐特征模型。隐含特征或因子不能直接解释，但它可能表示了某些含义,例如对某个导演、种类、风格或演员的偏好。

由于是对"用户-物品"矩阵直接建模,因此采用这些模型进行预测也会相对直接:要计算给定用户对某个物品的预计评级,就从用户因子矩阵和物品因子矩阵中分别选取相应的行(用户因子向量)与列(物品因子向量),然后计算两者的点积即可。

对于物品之间相似度的计算,可以采用最近邻模型中用到的相似度衡量方法。不同的是,这里可以直接利用物品因子向量,将相似度计算转换为对两物品因子向量之间相似度的计算。因子分解类模型的好处在于,一旦建立了模型,对推荐的求解便相对容易。但这也有弊端,即当用户和物品的数量很多时,其对应的物品或用户的因子向量可能达到数以百万计,这将给存储能力和计算能力带来挑战。

因子分解类模型也存在某些弱点,相比最近邻模型,这类模型在理解性和可解释性上的难度都有所增加,其在模型训练阶段的计算量也很大。

12.3.2　隐式矩阵分解

上面针对的是评分之类的显式偏好数据,但在能收集到的偏好数据中也会包含大量的隐式反馈数据。在这类数据中,用户对物品的偏好不会直接给出,而是隐含在用户与物品的交互之中。二元数据(例如用户是否观看了某个电影或是否购买了某个商品)和计数数据(例如用户观看某个电影的次数)便是这类数据。

处理隐式数据的方法相当多。MLlib 实现了一个特定方法,它将输入的评级数据视为两个矩阵:一个二元偏好矩阵 P 和一个信心权重矩阵 C。

12.3.3　交替最小二乘法

交替最小二乘法(Alternating Least Squares,ALS)是一种求解矩阵分解问题的最优化方法,它功能强大、效果理想,而且相对容易并行化。ALS 的实现原理是迭代式地求解一系列最小二乘回归问题。在每次迭代时,固定用户因子矩阵或物品因子矩阵中的一个,然后用固定的这个矩阵以及评级数据更新另一个矩阵。然后,被更新的矩阵被固定住,再更新另一个矩阵,如此迭代,直到模型收敛(或迭代了预设的次数)。用户对物品的打分行为可以表示成一个评分矩阵 A(m * n),表示 m 个用户对 n 个物品的打分情况。其中,A(i,j)表示用户 $user_i$ 对物品 $item_j$ 的打分。但是,ALS 的核心基于下面这个假设:打分矩阵 A 可以用两个小矩阵 $UY_{m \times kY}$ 和 $VY_{n \times kY}$ 的乘积近似。

A,k≪m,n,这样就把整个系统的自由度从 $O(mn)$ 下降到了 $O((m+n) \cdot k)$。把人们的喜好和电影的特征都映射到这个低维空间,一个人的喜好映射到了一个低维向量 U_i,一个电影的特征变成了纬度相同的向量 V_j,那么这个人和这个电影的相似度就可以表述成这两个向量之间的内积 $U_i^T V_j$。

可以把打分理解成相似度,那么"打分矩阵 A(m * n)"就可以由"用户喜好特征矩阵 U(m * k)"和"产品特征矩阵 V(n * k)"的乘积 UV^T 近似得到了。

12.4　用 Spark MLlib ALS 构建推荐算法

12.4.1　获取 ml-1m.zip 文件

MovieLens 数据集有 6 040 个用户、3 706 部电影的信息及 100 万个评分。

从有关网站下载文件 ml-1m.zip，将解压缩出来的 ml-1m 目录上传到 HDFS 的"/dataset/"目录。

12.4.2　创建 RDD

根据新上传的数据集的说明定义 parseRating 和 parseRating 解析函数，代码如下。

```pyspark
%pyspark
from pyspark.mllib.recommendation import ALS, MatrixFactorizationModel, Rating
def parseMovie(line):
    fields =line.strip().split("::")
    return int(fields[0]),fields[1]
def parseRating(line):
    fields =line.strip().split("::")
    return int(fields[0]), int(fields[1]), int(fields[2])
moviesRDD =sc.textFile("/datasets/ml-1m/movies.dat").map(parseMovie)
ratingsRDD =sc.textFile("/datasets/ml-1m/ratings.dat").map(parseRating)
numRatings =ratingsRDD.count()
numUsers =ratingsRDD.map(lambda r:r[0]).distinct().count()
numMovies =ratingsRDD.map(lambda r:r[1]).distinct().count()
print (numRatings,numUsers,numMovies)
```

代码执行结果如图 12-2 所示。

```
1000209 6040 3706
```

图 12-2　输出数据集规模

根据创建的 RDD 计算出评分为 1 000 209，用户的数量为 6 040，电影的数量为 3 706。

12.4.3　创建 DataFrame

通过 moviesRDD 和 ratingsRDD 创建 DataFrame，以方便采用 SQL 获取相应的数据集，代码如下。

```pyspark
%pyspark
moviesSchema =['movieid','name']
ratingsSchema =['userid','movieid','rating']
```

```
moviesDF = moviesRDD.toDF(moviesSchema)
ratingsDF = ratingsRDD.toDF(ratingsSchema)
```

可以通过 printSchema 函数输出 moviesDF 和 ratingsDF 的 Schema,代码及执行结果如图 12-3 所示。

```
moviesDF.printSchema()
ratingsDF.printSchema()

root
 |-- movieid: long (nullable = true)
 |-- name: string (nullable = true)
root
 |-- userid: long (nullable = true)
 |-- movieid: long (nullable = true)
 |-- rating: long (nullable = true)
```

图 12-3   输出 Schema 的代码及运行结果

为 ratingsDF 和 moviesDF 创建临时表 ratings 和 movies,通过 ratings 获取电影评分数据,包括最低评分、最高评分和评分用户数量,代码如下。

```
%pyspark
ratingsDF.createOrReplaceTempView("ratings")
moviesDF.createOrReplaceTempView("movies")
ratingStats = spark. sql ( """ select movies. name, movieratings. maxrtng,
movieratings.minrtng, movieratings. cntusr from (select ratings. movieid, max
(ratings.rating) as maxrtng, min (ratings. rating) as minrtng, count (distinct
(ratings. userid)) as cntusr from ratings group by ratings. movieid)
movieratings join movies on movieratings. movieid = movies. movieid order by
movieratings.cntusr desc""")
```

代码执行结果如图 12-4 所示。

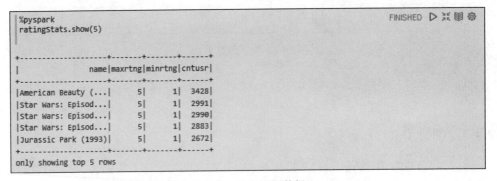

图 12-4   输出影评数据

获取最活跃的前 5 名用户的评价以及他们对电影进行评分的次数。

```
%pyspark
mostActive = spark.sql("""select ratings.userid,count(*) as cnt from ratings
group by ratings.userid order by cnt desc limit 5""")
```

将统计到的数据存放到变量 mostActive 中,show 函数输出 mostActive 中的前 5 条数据,代码执行结果如图 12-5 所示。

```
%pyspark                                          FINISHED ▷ ✕ ▦ ⚙
mostActive.show(5)

+------+----+
|userid| cnt|
+------+----+
|  4169|2314|
|  1680|1850|
|  4277|1743|
|  1941|1595|
|  1181|1521|
+------+----+
only showing top 5 rows
```

图 12-5 用 show 函数显示最活跃的前 5 名用户

根据所得结果,可以知道最活跃的用户 id 为 4169。

接下来获取用户 id 为 4169、评分高于 4 的电影数据,代码如下。

```
%pyspark
user4169 = spark. sql ( """ select ratings. userid, ratings. movieid, ratings.
rating, movies. name from ratings join movies on movies. movieid = ratings.
movieid where ratings.userid=4169 and ratings.rating>4""")
```

将统计到的数据存放到变量 user4169 中,用 show 函数输出 user4169,代码执行结果如图 12-6 所示。

```
%pyspark                                          FINISHED ▷ ✕ ▦ ⚙
mostActive.show(5)

+------+----+
|userid| cnt|
+------+----+
|  4169|2314|
|  1680|1850|
|  4277|1743|
|  1941|1595|
|  1181|1521|
+------+----+
only showing top 5 rows
```

图 12-6 用户 id 为 4169 的用户所看次数最多的前 5 部电影

12.4.4 构建训练和测试数据集

首先将评分数据分为两部分:训练(80%)和测试(20%)。针对训练数据预测推荐结果,然后将其与测试数据比较。本练习中只做一次迭代。

使用 radomSplit 方法创建训练数据集和测试数据集,并使用 cache 函数提高性能,代码如下。

```
%pyspark
RDD1,RDD2 =ratingsRDD.randomSplit([0.8,0.2])
trainingRDD =RDD1.cache()
testRDD =RDD2.cache()
```

输出 trainingRDD 和 testRDD,结果如图 12-7 所示。

```
print (trainingRDD.count())
print (testRDD.count())

800048
200161
```

图 12-7　训练数据和测试数据的条数

得到训练数据集的规模为 800 048,测试数据集的规模为 200 161。

12.4.5　构建模型

现在可以训练推荐模型,构建模型所用到的 ALS.train 方法的调用形式如下。

```
model=ALS.train(trainingRDD,rank, Iterations);
```

下面说明 ALS.train 方法用到的几个参数。

1. rank 参数

rank 参数对应 ALS 模型中的因子个数,也就是低阶近似矩阵中的隐含特征个数,因子个数一般越多越好,但它也会直接影响模型训练和保存时的内存开销,尤其是在用户和物品很多的时候。因此,在实践中,该参数常作为训练效果与系统开销之间的调节参数,通常该参数的合理取值范围为 10～200。

2. Iterations 参数

Iterations 参数对应运行时的迭代次数。ALS 能确保每次迭代都降低评分矩阵的重建误差,但一般经过少次迭代后,ALS 模型便已能收敛为一个比较合理的模型。这样一来,在大部分情况下都没有必要迭代太多次(迭代 10 次左右一般即可)。

例如,将使用的 rank 和 Iterations 参数的值都设置为 10,调用代码如下。

```
%pyspark
rank =10
numIterations =10
model =ALS.train(trainingRDD,rank,numIterations)
```

使用 dir 列出 ALS.train 提供的方法,如图 12-8 所示。

```
%pyspark
dir(model)                                          FINISHED  ▷ ※ ▤ ⚙

['__class__', '__del__', '__delattr__', '__dict__', '__dir__', '__doc__', '__eq__', '__format__', '__ge__', '__getattribute
__', '__gt__', '__hash__', '__init__', '__le__', '__lt__', '__module__', '__ne__', '__new__', '__reduce__', '__reduce_ex__
', '__repr__', '__setattr__', '__sizeof__', '__str__', '__subclasshook__', '__weakref__', '_java_loader_class', '_java_model
', '_load_java', '_sc', 'call', 'load', 'predict', 'predictAll', 'productFeatures', 'rank', 'recommendProducts', 'recommend
ProductsForUsers', 'recommendUsers', 'recommendUsersForProducts', 'save', 'userFeatures']
```

图 12-8　ALS.train 模型的可用方法列表

需要注意的是,因为 MLlib 中 ALS 的实现所用的操作都是延迟性的转换操作,所以只在当用户因子或物品因子的结果 RDD 调用了执行操作时,实际的计算才会发生。要想强制计算发生,则可以调用 Spark 的执行操作,如 count。

12.4.6　使用推荐模型预测

有了训练好的模型后,便可用它进行预测。预测通常有两种:为某个用户推荐物品,找出与某个物品相关或相似的其他物品。

下面从生成的模型中获取用户 id 为 4169 的用户的前 5 部电影预测。

```
%pyspark
user4169Recs = model.recommendProducts(4169,5)
```

使用 for 语句列出 user4169Recs 的内容,如图 12-9 所示。

```
%pyspark
for i in user4169Recs:
    print (i[1],i[2])

3092 5.320117365156817
3245 5.298421793562804
718 5.23736755070281
2512 5.193886429800294
2503 5.1352638086527795
```

图 12-9　用户 id 为 4169 的用户的前 5 部电影预测

12.4.7　用测试数据对模型进行评估

把生成的预测结果与 testRDD 的实际评分进行比较,以此评估模型。

需要把 testRDD 评分删除,创建只有用户 id 和电影 id 的匹配对,并将其作为参数传递给模型,从而产生预测的评分,然后使用 take 函数列出 testUserMovieRDD 的内容。代码及执行结果如图 12-10 所示。

可以通过调用 model 的 predictAll 产生预测的评分,将结果赋予 predictionsTestRDD,然后使用 take 函数列出 predictionsTestRDD 的内容,代码及执行结果如图 12-11 所示。

将 testRDD 转换成 predictionsTestRDD 的键值(用户 id 和电影 id)格式并将其和预测的评分数据进行连接操作,转换程序如下。

```
%pyspark
testUserMovieRDD = testRDD.map(lambda x: (x[0],x[1]))


testUserMovieRDD.take(2)


[(1, 2355), (1, 2804)]
```

图 12-10　测试数据评分的代码及执行结果

```
%pyspark

predictionsTestRDD = model.predictAll(testUserMovieRDD).map(lambda r: ((r[0],r[1]),r[2]))


predictionsTestRDD.take(2)

[((4904, 1304), 4.801687698035132), ((4904, 1280), 4.670533082595804)]
```

图 12-11　预测评分的代码及执行结果

```
%pyspark
ratingsPredictions = testRDD. map (lambda r: ((r[0], r[1]), r[2])). join
(predictionsTestRDD)
```

使用 for 语句列出 ratingsPredictions 的内容,如图 12-12 所示。

```
for i in ratingsPredictions.take(5):
    print (i)


((5260, 1250), (4, 4.502837831638901))
((4535, 2457), (4, 3.887443238191391))
((4387, 3705), (2, 2.7494880483090185))
((1383, 3169), (2, 3.2583017218043224))
((3290, 2688), (3, 2.307337859869399))
```

图 12-12　预测评分与测试数据的评分

对于用户 id 为 5260 和电影 id 为 1250 的数据,测试数据的实际评分为 4,预测评分为 4.5。

同样,对于用户 id 为 4535 和电影 id 为 2457 的数据,测试数据的实际评分为 4,预测评分为 3.887。

12.4.8　衡量模型的准确度

查看实际测试评分≤1、预测评分≥4 这种不理想的预测数据有多少,详细代码如下。

```
%pyspark
badPredictions =ratingsPredictions.filter(lambda r: (r[1][0]<=1 and r[1][1]>
=4))
```

使用 for 语句列出 badPredictions 的内容,不理想的预测数据如图 12-13 所示。

```
for i in badPredictions.take(2):
    print (i)
badPredictions.count()



((1680, 1546), (1, 4.115774576587809))
((4541, 243), (1, 5.8073813220038275))
437
```

图 12-13　不理想的预测数据

可以发现在 200 161 个测试数据中,有 437 个不理想的预测数据。

可以采用均方误差(Mean Squared Error,MSE)评估这个模型,代码如下。

```
%pyspark
MeanSquaredError =ratingsPredictions.map(lambda r: (r[1][0]-r[1][1]) * * 2).
mean()
print ("均方误差(MSE) =%2f" %(MeanSquaredError))
```

代码运行结果如图 12-14 所示。

```
%pyspark
MeanSquaredError = ratingsPredictions.map(lambda r: (r[1][0]-r[1][1])**2).mean()

print ("均方误差(MSE) = %2f" %(MeanSquaredError))

均方误差(MSE) = 0.798533
```

图 12-14　MSE 评估结果

模型的 MSE 为 0.7985,MSE 的数值越低,预测的结果越理想。

12.5　本章小结

Spark 作为新兴的、应用范围最为广泛的大数据处理开源框架,在机器学习方面也提供了对应的库。MLlib 是 Spark 中的机器学习库,它的目标是使实用的机器学习算法可扩展且容易使用。MLlib 目前支持 4 种常见的机器学习问题:分类、回归、聚类和协同过滤。在现今的推荐技术和算法中,最被人们广泛认可和采用的就是基于协同过滤的推荐算法。本章介绍了协同过滤算法的基本思想,运用 MLlib 中的 Spark MLlib ALS 快速构建了推荐算法,并在电影评分 MoivesLens 数据集中使用这种算法实现了电影推荐。

习　题

1. 多次训练模型,观察效果。
2. 使用其他算法获取电影评分数据(最低评分、最高评分和评分用户数量)。
3. 使用其他算法获取前 5 名活跃用户。

图 书 资 源 支 持

感谢您一直以来对清华版图书的支持和爱护。为了配合本书的使用，本书提供配套的资源，有需求的读者请扫描下方的"书圈"微信公众号二维码，在图书专区下载，也可以拨打电话或发送电子邮件咨询。

如果您在使用本书的过程中遇到了什么问题，或者有相关图书出版计划，也请您发邮件告诉我们，以便我们更好地为您服务。

我们的联系方式：

地　　址：北京市海淀区双清路学研大厦 A 座 714

邮　　编：100084

电　　话：010-83470236　010-83470237

客服邮箱：2301891038@qq.com

QQ：2301891038（请写明您的单位和姓名）

资源下载：关注公众号"书圈"下载配套资源。

资源下载、样书申请

书 圈

图书案例

清华计算机学堂

观看课程直播